Ekkehart Padberg

Management by Excellence

Ekkehart Padberg

Management by Excellence

Unternehmensressourcen gezielt mobilisieren und nutzen

GABLER

Bibliografische Information der Deutschen Nationalbibliothek
Die Deutsche Nationalbibliothek verzeichnet diese Publikation in der Deutschen Nationalbibliografie; detaillierte bibliografische Daten sind im Internet über <http://dnb.d-nb.de> abrufbar.

1. Auflage 2010

Lektorat: Stefanie A. Winter

Gabler ist Teil der Fachverlagsgruppe Springer Science+Business Media.
www.gabler.de

Umschlaggestaltung: KünkelLopka Medienentwicklung, Heidelberg
Druck und buchbinderische Verarbeitung: MercedesDruck, Berlin
Gedruckt auf säurefreiem und chlorfrei gebleichtem Papier
Printed in Germany

ISBN 978-3-8349-2060-7

Für Lennart und Gitti

Ein weiterer Baustein, um eine Welt zu schaffen

in der wir und andere gerne leben wollen.

Vorwort

Liebe Leser,

wie oft haben Sie schon Sätze gelesen, die etwa lauten: „Die zunehmende Globalisierung und ansteigende Dynamik des Marktes machen es immer schwieriger für die Unternehmen, im weltweiten Wettbewerb zu bestehen."

Solche Aussagen sind inzwischen längst zu Platituden geworden, denn die Globalisierungstendenz gibt es schon seit vielen Jahren. Die Unternehmen haben häufig darauf mit Entlassungen, Akquisitionen oder Verkäufen reagiert. Der Wettbewerb bleibt aber unvermindert hart und oftmals haben sich die Akquisitionen als Flop erwiesen, wurden rückabgewickelt, die Entlassungen haben zu Engpässen im Aufschwung geführt etc. Eine gute Strategie, sich nachhaltig auf die scharfe Wettbewerbssituation einzustellen, scheint derzeit nicht in Sicht.

Im vorliegenden Buch werden Ihnen nachhaltige Strategien dargelegt, indem die unternehmerischen Herausforderungen aus einem anderen Blickwinkel betrachtet werden.

Die gängigen Unternehmensreaktionen berücksichtigen immer nur die äußeren Einflüsse: die Wirkung von Wettbewerbern oder Märkten auf die Unternehmen bzw. die Möglichkeit, neue Unternehmen von außen zu akquirieren oder eigene Teile zu veräußern.

Der erste logische Schritt ist vielmehr die Frage nach den inneren Werten: Wie kann ich als Unternehmen meine mir heute zur Verfügung stehenden Ressourcen optimal einsetzen, um diesen Herausforderungen im Wettbewerb zu begegnen?

Genau hier setzt dieses Buch an: Es beginnt bei den vorhandenen Menschen und Ressourcen eines Unternehmens und wirft damit einen neuen Blick auf die verborgenen Potenziale, die in den Unternehmen aufgedeckt und aktiviert werden können.

Spätestens seit der Finanzkrise wissen wir, dass dem Management eines Unternehmens dabei eine wesentliche Rolle zukommt. Das Verhalten der Manager bestimmt in entscheidendem Maße den Erfolg eines Unternehmens. Noch vor Beginn der Finanzkrise hätten viele gesagt, dass die Bankmanager „gute" Manager seien, die hohe Unternehmensgewinne erwirtschaften. Nachdem nun das kollektive Verhalten im Bankenbereich die ganze Branche fast in den Abgrund gerissen hat, heißt es, es seien „schlechte" Manager, die viel zu hohe Boni für unkalkulierbare Risiken kassiert hätten. Je nachdem, welche Kriterien angelegt werden, ergibt sich also das ein oder andere Bild.

Wodurch zeichnet sich also ein „exzellentes" Management aus? Was ist eigentlich ein „guter Manager"?

Dieses Buch bietet Ihnen Antworten darauf, indem es am Ursprung der Wertschöpfung ansetzt: Am Anfang stehen Menschen – Mitarbeiter und Manager –, die über gemeinsame Ziele, Prozesse, Organisation, Strategie sowie viele andere Komponenten zusammen ein System bilden: ein Unternehmen, das aus sich heraus den Erfolg im Wettbewerb erzielen muss und kann.

Betrachten Sie sich selbst einmal als Unternehmen und entdecken Sie während der Lektüre, wie viel Potenzial darin steckt – für Ihren eigenen Erfolg und für den Ihres Unternehmens.

Dr. rer. nat. Stefan Diefenbach

Bereichsleiter Portfolio Strategie
T-Systems Enterprise Services GmbH

Danksagung

Wir stehen auf den Schultern von Riesen, soll einmal Isaak Newton gesagt haben, als er für seine Arbeiten geehrt wurde. Ich kann dem nur zustimmen, denn auch dieses Buch ist nur deswegen möglich geworden, weil es zahlreiche Menschen auf meinem Weg gab und gibt, die mich vieles gelehrt haben und die mich wohlwollend und kritisch begleiten.

Meine Mutter Marie Luise Padberg hat in mir die Neugier geweckt, immer wieder neue und unbekannte Wege zu gehen. Mein Vater war für mich mit seiner gedanklichen Klarheit immer wieder wichtige Orientierung für die innere Ökologie der Themen, mit denen ich mich beschäftige. Meine Frau Gitti und mein Sohn Lennart tragen mich zu jeder Zeit durch ihr tiefes Vertrauen und ihre Zuneigung. Darüber hinaus ist meine Frau auch meine wichtigste wohlwollende Kritikerin und Mentorin, die mit ihrem großen Sprachgefühl jede Formulierung überprüft hat, ob sie auch für Nicht-Fachleute lesbar und verständlich ist.

Zu meinen wichtigsten Mentoren gehört Horst Heed, der mich lehrte, wie man im Beratungsgeschäft hohe Qualität und Professionalität erreicht und erkennbar lebt. Tom Andreas war mein Lehrtrainer für NLP (Neurolinguistisches Programmieren). Von ihm habe ich nicht nur NLP gelernt, sondern erfahren dürfen, wie leicht auch Veränderungen in der Tiefe unserer Person sein können. Aus seinen Trainings und den damit verbundenen Unterlagen stammen Zitate an unterschiedlichsten Stellen dieses Buches. Da er jedoch noch kein Buch veröffentlicht hat, möchte ich ihm an dieser Stelle für die zahlreichen Inspirationen danken, die wie ein roter Faden in dieses Buch eingewebt sind. Bei Robert Dilts habe ich erleben dürfen, wie spielerisch und freudvoll Veränderungen bei uns selbst und in Unternehmen sein können. Von Bernd Isert und Mathias Varga von Kibed konnte ich lernen, wie systemische Strukturaufstellungen nutzbar gemacht werden können. Von Marco Cops habe ich gelernt, scheinbar Unmögliches zu denken und für sicher gehaltenes Wissen völlig neuen Sichtweisen zugänglich zu machen und dabei diesen Zustand der Irritation ressourcevoll zu erleben.

Ich fühle mich auch meinen Klienten und Kunden verpflichtet, die sich mir anvertraut haben und die ich dabei unterstützen durfte, ihre Ressourcen zu erkennen und nutzbar zu machen. Ohne die immer wieder anderen und neuen Fragestellungen gäbe es dieses Buch nicht. Sie waren es auch, die mich mit der Bitte, die verwendeten Methoden einmal nachlesen zu können, dazu inspiriert haben, dieses Buch zu schreiben.

Nicht zuletzt möchte ich mich bei meiner Lektorin Stefanie Winter bedanken, die mich mit ihrer freundlichen und sicheren Art durch den Prozess der Realisierung begleitet hat.

Diesen und vielen anderen Menschen, die meinen Weg begleitet haben, sage ich Dank.

Ekkehart Padberg

Inhaltsverzeichnis

Abbildungsverzeichnis

Tabellenverzeichnis

Einleitung

Unternehmer sehen sich heute mehr denn je vor der Herausforderung, Arbeit so effektiv und effizient wie möglich zu gestalten, um in Zeiten der Globalisierung dauerhaft wettbewerbsfähig zu bleiben. Den Führungskräften kommt in diesem Prozess eine Schlüsselrolle zu. Denn neben hoher fachlicher Kompetenz müssen sie sich durch Führungskunst auszeichnen, mit der sie visionär das Unternehmen voranbringen, notwendige Veränderungen gestalten und ihre Mitarbeiter strategisch führen, motivieren sowie den Teamgeist fördern.

Mit dieser Entwicklung verbunden ist die Tatsache, dass immer mehr Arbeit durch Kapital in Form von hoch automatisierten Maschinen und Computern ersetzt wird. In der Konsequenz sind in den Unternehmen in Relation zu früher immer weniger Mitarbeiter tätig und diese sind in hohem Maße aufeinander angewiesen. Die Leistungsfähigkeit eines Unternehmens hängt damit bei steigender Effizienz immer stärker von der Leistungsbereitschaft jedes einzelnen Mitarbeiters ab.

Voll leistungsfähig und leistungsbereit sind wir als Menschen grundsätzlich nur dann, wenn wir in einem guten Zustand sind, in dem wir unsere inneren Ressourcen voll und ganz verfügbar haben. Ängste, Konflikte und Sorgen führen zu einer Einengung der Wahrnehmung und setzen damit die Leistungsfähigkeit deutlich herab.

Gleichzeitig bringt die zunehmende Technisierung nur dann auf Dauer etwas Gutes für uns als Menschen, wenn wir sie im Sinne menschlicher Werte nutzen und gestalten. Denn die rein marktwirtschaftliche Ausrichtung von Wirtschaft und Unternehmen stößt an soziale, gesellschaftliche und ökologische Grenzen.

Heute die Arbeitswelt von morgen zu gestalten bedeutet, ein Umfeld zu schaffen, dem Führungskräfte, Mitarbeiter und Kunden gerne angehören wollen. Dies ist eine zentrale Rahmenbedingung für eine hoch technisierte und effiziente Arbeitswelt. Doch wie können Unternehmen eine Balance zwischen maximaler Effizienz und Menschlichkeit erreichen?

Einer der zentralen Schritte auf diesem Weg ist, das eigene Unternehmen als System zu begreifen, das dann seine optimale Leistungsfähigkeit erreicht, wenn es den Gesetzen des dynamischen Gleichgewichts folgt.

Als Metapher kann hier das Fahrradfahren dienen: Vorwärts kommen wir nur, solange Mensch und Maschine gut miteinander harmonieren. Erst durch den Menschen mit seinen hoch entwickelten Fähigkeiten zur Wahrnehmung und seiner Energie wird aus dem Fahrrad ein leistungsfähiges Fortbewegungsmittel. Für Mensch wie Fahrrad gilt auch unter dem Gesichtspunkt der Effizienz, dass das Fahrrad nur so gut und elegant gefahren werden kann, wie es die Fitness des Fahrers erlaubt. Doch selbst der fitteste Mensch wird nicht in der Lage sein, mit einem verrosteten alten Fahrrad die Tour de France zu gewinnen.

Dieses Bild macht sehr schnell deutlich, dass es nicht *die eine* optimale Lösung für Unternehmen gibt. Jedes Unternehmen ist allein aufgrund der in ihm arbeitenden Menschen ein höchst individuelles System. Auch der Einsatz von Technik ist in jedem Unternehmen in höchstem Maße einzigartig. Auch wenn oberflächlich betrachtet Unternehmen u. U. sogar das Gleiche produzieren und die gleichen Märkte bedienen, folgt die innere Gestaltung der Unternehmen auf allen Ebenen höchst individuellen Regeln.

Die Herausforderung besteht darin, Strukturen, Aktivitäten und Verhalten so miteinander in Einklang zu bringen, dass dieses dynamische Gleichgewicht für die Unternehmensentwicklung erfolgreich genutzt werden kann. Für die Führungskräfte entsteht hieraus die Anforderung, diese unterschiedlichen Aspekte in ihrer eigenen Person zusammenzuführen und zu integrieren und für die Mitarbeiter erfahrbar zu machen.

Führungskräfte, die diese komplexen Herausforderungen leisten wollen, benötigen auch leistungsfähige Werkzeuge, mit denen sie Mitarbeiter führen können. Insbesondere wenn sie durch ihre Führungskunst ein Umfeld schaffen wollen, in dem die Mitarbeiter ihre maximale Wirksamkeit entfalten. Hier setzen die in diesem Buch aufgezeigten Denkmodelle, Coaching-Werkzeuge und praktischen Übungen an. Sie unterstützen Führungskräfte, Coaches, Trainer und Berater dabei, Strukturen, Aktivitäten und Verhalten so miteinander zu vernetzen, dass daraus Lern- und Entwicklungsräume entstehen, die nachhaltige Wirkungen zeigen.

Zu diesem Zweck werden in diesem Buch bekannte und weniger bekannte Coaching-Werkzeuge aus dem Neurolinguistischen Programmieren (NLP), der systemischen Strukturaufstellung, der strategischen Unternehmensplanung und anderen Fachrichtungen daraufhin geprüft, wie sie für die praktische Arbeit vor Ort in Unternehmen eingesetzt werden können. Die Methoden und Techniken wurden deshalb angepasst, miteinander vernetzt und zu neuen Formaten weiterentwickelt.

NLP steht bei diesem Buch im Zentrum, da es sich international als die effektivste Methodik für individuelle Veränderungsarbeit bewährt hat. Da letztendlich alle Veränderungen in Unternehmen durch die beteiligten Personen getragen werden müssen, ist es eine logische Weiterentwicklung, NLP auch hier als Methodik nutzbar zu machen.

In der täglichen Arbeit des Autors als Unternehmensberater und Coach sind NLP und systemisches Arbeiten zu einem festen Bestandteil geworden. Der größte Vorteil liegt dabei in der Tatsache begründet, dass Veränderungen wesentlich leichter gelingen und bei den Beteiligten eine höhere Akzeptanz finden, als bei den klassischen Beratungsansätzen. Denn hierbei werden oftmals nach langwierigen Analysen durch die Berater Lösungen erarbeitet, die dann im Unternehmen implementiert werden, aber nur selten wirklich zum Unternehmen passen.

NLP wie auch die systemische Arbeit erlangen im Businesskontext aus diesem Grund eine immer größere Bedeutung. Dies zeigt sich letztlich auch daran, wie viele NLP-Coaches für die Top-Führungskräfte in Wirtschaft und Politik mittlerweile tätig sind.

Was Coaching-Werkzeuge für Unternehmer so wertvoll macht

Coaching findet heute weit über die Personalentwicklung hinweg Anwendung. Seine Werkzeuge sind geeignet, um in der Visions- und Wertearbeit, der Strategiearbeit, Organisationsentwicklung sowie im Projektmanagement neue und innovative Lern- und Erkenntnisprozesse in Gang zu setzen.

Coaching-Werkzeuge wurden in der Vergangenheit im Wesentlichen als Instrument für die Personalentwicklung eingestuft. Im Vordergrund standen hier Themen wie Teamentwicklung, Führungskräftetrainings und Einzelcoachings zur Bearbeitung von Verhaltensthemen bei Mitarbeitern.

Die Analyse der im Coaching eingesetzten Werkzeuge zeigt, dass diese entsprechend „übersetzt", dazu geeignet sind, in fast allen Bereichen der unternehmerischen Praxis den Unternehmenserfolg nachhaltig zu unterstützen.

Im Wesentlichen lassen sich hier fünf Felder für den Einsatz von Coaching-Werkzeugen identifizieren:

- Visions- und Wertearbeit
- Strategie
- Organisation
- Personalentwicklung
- Projektmanagement

Da Coaching-Werkzeuge im Kern darauf ausgerichtet sind, dem Klienten (Coachee) neue Wahrnehmungsräume zu öffnen, unterstützen sie ein aktives und innovatives Lern- und Erkenntnisverhalten. Genau darum geht es auch, wenn ein Unternehmen sich als dynamisches System weiterentwickeln will. Hierfür benötigen wir neue innovative Denk- und Handlungsansätze, die es uns ermöglichen, die vorhandenen Erkenntnisräume zu erweitern. Damit diese Erkenntnisse für das Unternehmen nutzbar gemacht werden können, müssen drei Randbedingungen gegeben sein:

- Neue Erkenntnisse müssen mit dem vorhandenen Wissen verknüpft werden können.
- Das neu erworbene Wissen muss eine Struktur und Regelhaftigkeit haben.
- Die neuen Erkenntnisse müssen die Menschen im Unternehmen (positiv) emotionalisieren.

Abbildung 1.1 [Voraussetzungen für erfolgreiches Lernen]

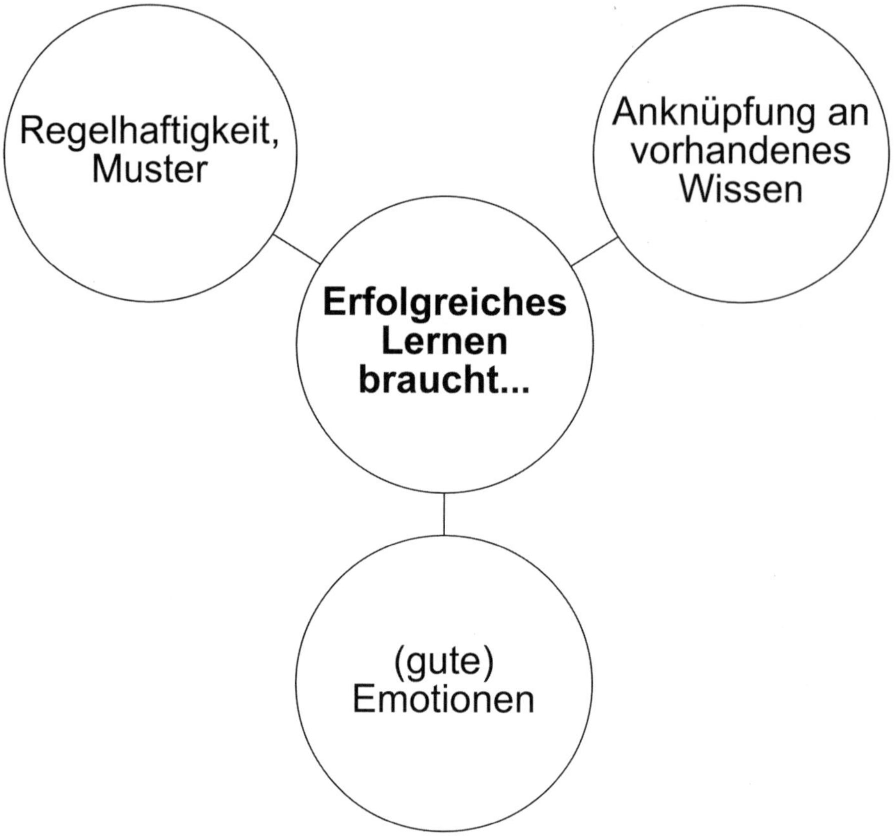

Diese drei Randbedingungen sind deswegen von so großer Bedeutung, weil im Gehirn eines jeden Menschen sonst kein Lernen möglich ist.[1] Gleiches gilt auch für ein Unternehmen als Ganzes, denn jede Organisation als System verhält sich hinsichtlich seines Lernverhaltens ganz ähnlich wie ein einzelner Mensch. Am deutlichsten wird dies, wenn man sich eine Organisation symbolisch als physisches Wesen mit bestimmten Eigenschaften vorstellt.

Am leichtesten lässt sich dies an einer kleinen Übung darstellen:

[1] Vgl. hierzu Grawe, Klaus, Neuropsychotherapie, Göttingen 2004

Arbeitsformat: Das Wesen des Unternehmens

1. Nehmen Sie eine beliebige Organisation. Je besser Ihnen diese bekannt ist, desto mehr Facetten können Sie beschreiben.
2. Beginnen Sie damit, sich die Organisation als ein Wesen visuell vorzustellen, und beschreiben Sie zunächst nur das Aussehen und die Körperhaltung.
3. Achten Sie darauf, ob Sie vielleicht sogar einen auditiven Eindruck von diesem Wesen haben.
4. Beobachten Sie, welche Gefühle dieses Wesen bei Ihnen auslöst.
5. Beschreiben Sie die Bedürfnisse, die dieses Wesen aus Ihrer Sicht hat.
6. Wenn Sie möchten, können Sie auch einen Wunsch/eine Bitte formulieren, die Sie an dieses Wesen haben.

(Abgeleitet aus dem Vier-Komponenten-Modell von Marshall B. Rosenberg, Gewaltfreie Kommunikation)

NLP in der Unternehmenspraxis

NLP (Neurolinguistisches Programmieren) ist die Coachingmethodik, die in präziser und nachvollziehbarer Weise ihre Vorgehensweise und die damit zu erwartenden Wirkungen beschreibt. Mit NLP unterstützte Veränderungsprozesse laufen mit wenig und oder ganz ohne Irritation ab, wodurch notwendige Veränderungen einfach und schnell zum lebendigen Bestandteil des Unternehmens werden. NLP arbeitet dabei wie jede wissenschaftliche Methodik mit unterschiedlichen Vorannahmen. Diese sind aus der Praxis entwickelt und haben sich vielfach bei Coaching-Klienten und bei Unternehmen in der Visions-, Strategie- und Projektarbeit bewährt.

NLP ist in diesem Zusammenhang eine der zentralen methodischen Ansätze, um Coaching-Werkzeuge für die Unternehmenspraxis nutzbar zu machen. Ein wesentlicher Grund hierfür ist, dass NLP eine der wenigen wirklich exakt beschriebenen methodischen Vorgehensweisen in diesem Bereich darstellt. Diese methodischen Grundlagen sind empirisch wie wissenschaftlich überprüfbar und werden durch die aktuellen Erkenntnisse der Hirnforschung mehr und mehr verifiziert. Für die Unternehmenspraxis ergibt sich hieraus die Möglichkeit, bereits im Vorfeld einer Anwendung im Unternehmen die Schlüssigkeit überprüfen zu können. Durch die unmittelbare Erlebbarkeit dieser Methodik können relevante Schritte im Unternehmen wesentlich systematischer geplant und umgesetzt werden. Auch werden durch die Methodik des NLP die möglichen negativen Folgen des jeweiligen Handlungsfeldes im Vorfeld der Umsetzung erkennbar. Die für das NLP so typischen Fertigkeiten und Werkzeuge sind damit ausgezeichnet geeignet, um das unternehmerische Handeln sehr gut zu unterstützen.

[1] Einige Vorannahmen des NLP

NLP basiert wie alle methodischen Konzepte auf Vorannahmen. Nutzer von NLP handeln nach diesen Vorannahmen[2], weil sie sie für hilfreich halten, ohne den Anspruch zu erheben, allgemeingültig zu sein. Sie sind Teil einer persönlichen inneren Haltung. Alle NLP-Vorannahmen dienen dem Ziel, mehr Wahlfreiheit und weniger Einschränkungen für sich und andere zu erlangen.

Die NLP-Vorannahmen bieten für den Einsatz im Unternehmen eine interessante Basis für alle Kommunikationsprozesse. Schon ein einfaches Beispiel zeigt dies:

Betrachten Sie einen Konflikt oder eine unangenehme Gesprächssituation, verwenden Sie nacheinander die nachfolgend genannten Vorannahmen. Setzten Sie diese wie eine Brille auf und schauen Sie hierdurch erneut auf diese Situation. Vielleicht erkennen Sie eine Reihe zusätzlicher Aspekte, die in dieser Situation hilfreich gewesen wären.

Mit ein wenig Übung lässt sich dieser Perspektivwechsel auch in anderen Gesprächssituationen unmittelbar nutzen. Der Effekt sind oftmals wesentlich zielgerichtetere, lösungsorientiertere und vor allem kürzere Gespräche mit weniger Nacharbeit.

Die nachfolgend dargestellten Sichtweisen auf einen möglichen Konflikt stellen nur einen sehr kleinen Ausschnitt möglicher Blickwinkel dar. Sie zeigen jedoch, wie sich unsere Sicht verändern kann, wenn wir bereit sind, einmal eine solche Situation aus einer anderen Perspektive wahrzunehmen.

Die folgende Liste der Vorannahmen enthält die in der NLP-Literatur am häufigsten zitierten:

- **Die Landkarte ist nicht das Gebiet.**

  Wir alle haben geprägt durch Erziehung, Bildung und unseren kulturellen Hintergrund verschiedene Vorstellungen von der Welt („Landkarten"), die unser Denken, Fühlen und Handeln beeinflussen. Keine dieser Vorstellungen bildet die Realität vollständig ab. Wir reagieren auf unsere Abbildung von der Realität, nicht auf die Realität selbst. Insofern kann ein und dieselbe Situation von Menschen völlig unterschiedlich erlebt und interpretiert werden.

  Beispiel Konfliktsituation:

  In der Landkarte meines Gesprächspartners ist vielleicht die von mir gedachte Lösung nicht denkbar oder nicht erlaubt. Möglich ist auch, dass er die Lösung aus seiner Perspektive nicht erkennen kann.

---

[2] Vgl. hierzu http://www.dvnlp.de/Vorannahmen_des_NLP.40.0.html

- **Menschen treffen innerhalb ihres Modells von der Welt grundsätzlich die beste ihnen zur Verfügung stehende Wahl.**

  „Probleme" entstehen durch eingeschränkte Wahrnehmung von Wahlmöglichkeiten – wenn wir diese erkennen, wählen wir die „nützlichere" oder „sinnvollere".

  Beispiel Konfliktsituation:

  Mein Gesprächspartner handelt innerhalb seines Weltmodells völlig logisch und konsequent. Die Frage, die wir uns also stellen können, ist: Wie muss man denken, damit diese Lösung richtig und sinnvoll ist?

- **Jedes Verhalten wird durch eine positive Absicht motiviert.**

  Jedes Verhalten erfüllt im Leben des Betreffenden eine positive Funktion (sekundärer Gewinn), unabhängig von möglichen negativen Nebenwirkungen.

  Beispiel Konfliktsituation:

  Wenn hinter dem Verhalten meines Gesprächspartners eine positive Absicht steckt: Welche bräuchte er, damit dieses Verhalten richtig und sinnvoll ist? Oftmals sind solche positiven Absichten erst auf einer höheren Intentionsebene sichtbar (vgl. Seite 63 ff).

- **Für jedes Verhalten gibt es einen Kontext, in dem es sinnvoll oder nützlich sein kann.**

  Das, was wir tun und gelernt haben (Verhalten), hatte irgendwann in unserem Leben Sinn. Kein Verhalten ist grundsätzlich falsch oder schlecht – sondern macht in irgendeinem Kontext Sinn. Ziel ist es, eine Vielfalt angemessener Wahlmöglichkeiten zu haben.

  Beispiel Konfliktsituation:

  In welchem Kontext könnte dieses Verhalten zweckmäßig gewesen sein? Die Überprüfung dieser Frage führt oftmals zurück zu dem Ursprungskontext, in dem das Verhalten erlernt wurde. Hier gibt es interessante Anknüpfungspunkte, die für eine Konfliktlösung hilfreich sind.

- **Jeder hat im Rahmen seiner physischen Möglichkeiten die 100-prozentige Eigenverantwortung für seinen Anteil am Kommunikationsprozess.**

  Dort, wo wir unsere Verantwortung für unseren Anteil der Kommunikation vollständig übernehmen, entfallen sämtliche Verschiebungsmöglichkeiten auf andere Personen. Wir haben die Wahlfreiheit und die volle Verantwortung, den Kommunikationsprozess zu gestalten.

Beispiel Konfliktsituation:

Wenn ich mich in einem Konflikt darauf konzentriere, welchen Teil ich zu einem gelungenen Kommunikationsprozess beitragen kann, und meinen Beitrag als etwas sehe, was der andere nehmen kann oder nicht, wird der Druck in einem Gespräch erheblich reduziert. Wenn der Gesprächspartner verbal durch Zuschreibungen übergriffig wird, kann ich durch eine Aufklärung wie z. B. „... Du meinst also, dass ich ..." erheblich zu einer Klärung des Konfliktes beitragen, indem jeder die Verantwortung für seinen Teil der Kommunikation übernimmt.

- **Menschen haben alle Ressourcen in sich, die sie benötigen, um ihr Leben erfreulich zu gestalten und/oder sich zu verändern.**

Probleme beruhen nicht auf „fehlenden" Ressourcen, sondern auf der momentan fehlenden Fähigkeit, sie zu erkennen.

Beispiel Konfliktsituation:

Je besser unser eigener innerer Zustand ist, desto mehr trauen wir uns zu. Wir nutzen in einem guten Zustand alle uns verfügbaren Ressourcen. In einem schlechten Zustand, wie z. B. bei einem Konflikt kann es geschehen, dass unter der Belastung die sonst vorhandenen Ressourcen nicht mehr erkennbar sind und dann subjektiv nicht mehr existieren. In hierarchischen Beziehungen zwischen Chef und Untergebenen kann je nach innerer Aufstellung schon diese Tatsache erheblichen Einfluss auf die Wahrnehmung der eignen Ressourcen haben.

- **Es gibt in der Kommunikation keine Fehler oder Defizite. Alles ist Reaktion. Jede Reaktion kann als Feedback und als Möglichkeit zum Lernen genutzt werden.**

Die Bedeutung der Kommunikation liegt in der Reaktion, die man erhält. Wir kommunizieren, um von unserem Gegenüber eine bestimmte Reaktion zu erhalten. Bleibt diese aus, so ist die eigene Botschaft nicht angekommen. Anstatt negativ darauf zu reagieren, ist es sinnvoll, das eigene Verhalten zu ändern.

Beispiel Konfliktsituation:

Wenn alles Reaktion ist, dann hat jedes Verhalten Einfluss auf einen Konflikt. So ist z. B. erst einmal die Annahme vonnöten, dass es so etwas wie einen Konflikt überhaupt gibt. Grundsätzlich existiert ein Konflikt, wenn es zwei oder mehr Beteiligte gibt, die unterschiedliche Bedürfnisse/Wünsche haben, die aus ihrer Sicht berechtigt sind und vom anderen nicht erkannt oder gewürdigt werden. Eine Würdigung der Bedürfnisse und Wünsche des Gesprächspartners kann die Wahrnehmung deutlich verändern und ein Beitrag zu einer Lösung sein, die im Sinne einer gemeinsamen positiven Intention hilfreich ist.

- **Der positive Wert eines Individuums bleibt konstant, obwohl die Angemessenheit von Verhalten bezweifelt werden kann.**

Die Trennung von Person (Persönlichkeit) und Verhalten ermöglicht Änderungen des Verhaltens, ohne die ganze Person ändern zu müssen. – Dies ist eine Vorannahme, die zu tiefem Respekt und Menschlichkeit führt, da sie jedem Menschen ein grundlegendes Gutsein zuspricht und eine kritische oder ablehnende Haltung zum Verhalten eben dieses Menschen anerkennt.

Beispiel Konfliktsituation:

Gerade in einem Konflikt neigen viele Menschen dazu, die gesamte Person mit dem Verhalten zu identifizieren. Gehe ich in einem Konflikt davon aus, dass nur das Verhalten für einen bestimmten Kontext nicht angemessen ist, dann lässt sich bei einem Konflikt über das angemessene („richtige“) Verhalten sprechen. Wird in einem Konflikt einem der Beteiligten unterstellt, er sei so und damit als Ganzes falsch, ist eine Eskalation des Konfliktes fast unvermeidlich.

- **Alles ist mit allem verbunden (Ökologie).**

Alles, was wir tun, erleben und wahrnehmen, hat komplexe Folgen für das Gesamtsystem, in dem wir leben. Wir bestimmen durch unsere Wahrnehmung die Grenzen der Systemgröße. Systeme streben nach Balance.

Beispiel Konfliktsituation:

Wie die erste Annahme zeigt, ist der Ausschnitt, den wir in der jeweiligen Situation von der Welt erkennen können, begrenzt. Gleichzeitig sind wir in einem System von Beziehungen und innerhalb dieses Beziehungsgeflechtes von einer Vielzahl von Einflüssen und Annahmen abhängig. Betrachten wir allein unser nächstes Umfeld wie Familie und Beruf, ist das, was wir unmittelbar erkennen können, begrenzt.

Das aus meiner Sicht unpassende Verhalten kann in einer Konfliktsituation z. B. daraus resultieren, dass mein Gesprächspartner gerade mit seinen Gedanken noch bei einem anderen Thema ist. Denkbar ist, dass der Chef im Gespräch mit seinem Mitarbeiter an seine Ehefrau denkt, mit der er in Scheidung lebt. Die nachdenkliche Haltung seines Chefs lässt den Mitarbeiter an seine letzte Firma denken, bei der die Beschäftigten beim kleinsten Fehler entlassen wurden. Das Beispiel ließe sich beliebig ausweiten. Was im Kommunikationsprozess tatsächlich passiert, ist auch das Ergebnis dieser komplexen Vernetzung. Dreht man dieses Beispiel um, also mit der Annahme, dem Chef geht es gerade beruflich sehr gut, die private Beziehung ist in einem guten Zustand und der Mitarbeiter hat bisher viele gute Erfahrungen im Umgang mit Problemlösungen gemacht, könnte der Verlauf des Gespräches deutlich anders sein.

Schon diese kleinen Beispiele zeigen auf, dass unsere Sicht auf die Welt nicht nur unsere Wahrnehmung verändern kann, sondern auch die Wahrnehmung anderer von uns erheblich beeinflusst.

In Unternehmen können diese Vorannahmen vielfältig nutzbar gemacht werden. Werden diese Annahmen z. B. in Verhandlungen oder Meetings eingesetzt, lassen sich die Sichtweisen des Verhandlungspartners deutlich leichter einbeziehen. Nutzbar sind diese Vorannahmen auch für die Klärung von Konflikten oder sogar, um die eigene Positionierung des Unternehmens am Markt zu überprüfen.

[2] Die neurologischen Ebenen der Wahrnehmung

Die neurologischen Ebenen der Wahrnehmung spielen im NLP eine zentrale Rolle. Sie sind das Kerngerüst, um zu verstehen, wie unsere Wahrnehmung aufgebaut ist und funktioniert. Sie prägen unser Denken und Handeln bis hin zu unserem Verständnis von Sinn und Zugehörigkeit und bilden die Grundlage für Veränderungsprozesse.

Die neurologischen Ebenen der Wahrnehmung sind die aufeinander aufbauenden Grundsortierungen, nach denen wir unsere Welt ordnen und auf Stimmigkeit prüfen. Jedes Verhalten braucht einen spezifischen Kontext. So verhalten wir uns z. B. im beruflichen Umfeld anders als im privaten Umfeld. Im Detail unterscheiden wir hier eine Vielzahl von Kontexten, die ganz bestimmte Verhaltensweisen erfordern. Fähigkeiten und Talente wiederum sind notwendig, damit wir uns in einer bestimmten Art und Weise verhalten können. Hierfür benötigen wir eine innere Begründung/Motivation, die sich aus unseren Werten, Überzeugungen, Glaubens- und Denksätzen ableitet. Nur dann, wenn Kontext, Verhalten, Fähigkeiten und Werte stimmig ineinandergreifen, können wir unsere Rolle, Identität definieren. Aus unserer Rolle können wir dann den Sinn ableiten und auch unsere Zugehörigkeit.

Die neurologischen Ebenen wurden von Robert Dilts[3] entdeckt und sind heute eines der zentralen Elemente der NLP-Arbeit. Seit einigen Jahren lassen sich jetzt die Prozesse, die auf den einzelnen Ebenen aktiv werden, mit Hilfe der bildgebenden Verfahren der Neurologie nachweisen.[4]

Auf jeder Ebene gelten andere Regeln der Veränderung. Veränderung auf einer höheren Ebene wirkt in der Regel in die tiefere Ebene hinein, was man umgekehrt nicht erwarten kann. Z. B. ist Rapport[5] auf einer Umgebungsebene (Kleidung, gleicher Ort etc.) nicht so wirkungsvoll, wie Rapport auf der Ebene der Werte (gemeinsame Werte und Überzeugungen).

---

[3] Dilts, Robert, Applications of Neuro-Linguistic Programming: A practical guide to communication, learning and change, Meta Publications, Capitola, Ca. 1983.

[4] Grawe, Klaus, Neuropsychotherapie, Göttingen 2004., Hüther, Gerald, Bedienungsanleitung für ein menschliches Gehirn. Göttingen 2001. Roth, Gerhard, Das Gehirn und seine Wirklichkeit, Kognitive Neurobiologie und ihre philosophischen Konsequenzen, Frankfurt am Main 2001. Roth, Gerhard, Fühlen, Denken, Handeln , Wie das Gehirn unser Verhalten steuert, Frankfurt am Main 2003.

[5] Der Begriff Rapport bedeutet im guten Kontakt sein. Er ist das Ergebnis der Tatsache, dass wir uns auf die Welt unseres Gesprächspartners eingelassen haben. Je besser dies gelingt, desto intensiver ist dieser gute Kontakt.

Abbildung 2.1 [Neurologische Ebenen der Wahrnehmung]

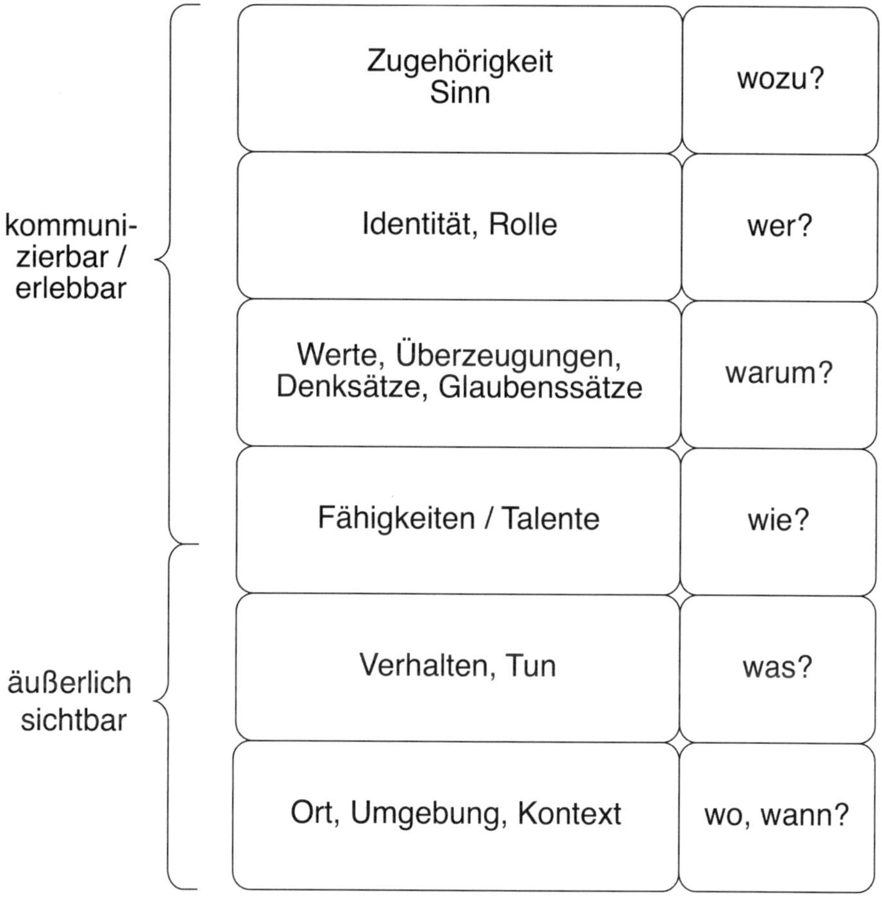

Auf der untersten Ebene geht es darum, den **Kontext/das Umfeld** festzulegen, in dem wir eine konkrete Aufgabe, ein Ziel oder eine Vision realisieren möchten. Es gilt, einen Kontext zu wählen, den wir bevorzugen oder anstreben. Schon an dieser Stelle sei darauf hingewiesen, dass alle logischen Ebenen Veränderungen erfahren können, wenn eine klare Vision, Handlungsabsicht oder ein Ziel erkennbar wird.

Selbstverständlich gibt es nicht immer den idealtypischen Kontext, da bestimmte Handlungen in einem vorgegebenen Rahmen stattfinden. So ist z. B. der Kontext eines bestimmten Arbeitsplatzes festgelegt und scheint auf den ersten Blick unveränderbar. Und doch verändert sich auch unser Umfeld dadurch, dass wir uns verändern. Denn mit der Art und Weise, wie wir uns in dieses Umfeld einbringen, nehmen wir darauf Einfluss.

Auf der zweiten Ebene wird benannt, was es hier zu **tun** gibt, was getan werden muss, um das angestrebte Ziel zu erreichen.

Auf der dritten Ebene werden die **Fähigkeiten und Talente** herausgearbeitet, die es uns ermöglichen, die Dinge zu tun, die wir auf der zweiten Ebene benannt haben. Hier bedarf es einer besonderen Sorgfalt, die verdeckten Talente erkennbar zu machen. Verdeckt deswegen, weil sie uns so vertraut sind, dass wir sie als selbstverständlich bei anderen voraussetzen. Oftmals sind sie auch deshalb verdeckt, weil wir den Einsatz bestimmter Fähigkeiten nicht mit diesem Kontext verbinden oder vermeiden, diese einzusetzen. Besondere Aufmerksamkeit ist immer dann geboten, wenn wir bei anderen mit Unverständnis reagieren, weil wir unsere Art, die Welt zu sehen, für allgemeines Wissen halten. Hier gilt es genau nachzufragen, welche Fähigkeiten noch benötigt werden, um das Ziel zu erreichen.

Die vierte Ebene bezieht sich auf die **Werte, Denk- und Glaubenssätze**. Sie zeigt auf, warum wir etwas tun und welche Bedeutung es hat. Sie ist die zentrale Ebene, auf der wir unser Handeln begründen. Auf dieser Ebene wird die innere Motivation benannt. Hilfreich ist es hier, nicht nur die nominalisierte Benennung des Wertes zu erfragen, sondern den vollständigen Glaubens- oder Denksatz, in den er eingebunden ist. Wenn also jemand sagt, „Ehrlichkeit“ ist ein zentraler Wert, dann wäre eine Formulierung wie z. B. „absolute Ehrlichkeit in jeder Lebenssituation ist für mich die Basis allen Handelns ...“ sicherlich anders zu verstehen als eine Formulierung wie z. B. „Ein ehrliches miteinander Umgehen ist grundsätzlich wichtig ...“.

Die fünfte Ebene ist die der **Identität/Rolle**. Hier geht es um die Aussage, "wer bin ich…“ oder „wer sind wir …“ vor dem Hintergrund der benannten Werte, der Fähigkeiten, des Tuns und des benannten Kontextes. Ohne eine klare und eindeutige Formulierung der eigenen Rolle, des Amtes im jeweiligen Kontext bleibt das eigene Selbstverständnis unscharf. Oftmals sind hier Symbole und Metaphern für eine Beschreibung besser geeignet als eine Funktionsbezeichnung.

Auf der sechsten Ebene folgt die Frage nach dem **Sinn**. Wofür ist es gut, in diesem Kontext diese Dinge zu tun, diese Fähigkeiten einzusetzen, mit diesen Werten zu arbeiten und diese Identität/Rolle wahrzunehmen? Hier stellt sich auch die Frage: „… wofür ist das im weitergehenden Sinne gut … was weist über uns hinaus …?“ Mit der Anbindung an den **Sinn** und die **Zugehörigkeit** werden alle anderen Ebenen auf diese übergeordnete Ebene ausgerichtet. Es entsteht eine Verpflichtung auf dieser übergeordneten Ebene, aus der sich für alle anderen Ebenen konkrete Anforderungen ableiten lassen.

Sind die sechs Ebenen von unten nach oben geklärt, kann es gut sein, dass es bereits jetzt eine klare Vorstellung für ein Ziel oder die zu realisierende Mission gibt.

Es macht Sinn, in jedem Fall jetzt noch einmal von oben nach unten die logischen Ebenen zu durchlaufen, um festzustellen, wie sich die Erkenntnisse der höheren Ebenen auf die unteren Ebenen auswirken. Hier lassen sich in vielen Fällen deutliche Veränderungen feststellen.

Überträgt man dieses Modell auf den Unternehmenskontext, wird schnell deutlich, dass die Kongruenz einzelner Personen sowie die Erkennbarkeit des Unternehmens am Markt wesentlich von einer Stimmigkeit auf allen neurologischen Ebenen abhängig sind. Bezogen auf den Marktauftritt ist es z. B. notwendig, ein Marktsegment genau zu bestimmen, damit potenzielle Kunden das Unternehmen überhaupt wahrnehmen können. Jeder Mensch reagiert irritiert, wenn ein Unternehmen versucht, sich so darzustellen, als ob es alles könnte oder in allen Märkten zu Hause sei. Eine klare Positionierung im Sinne von Kontext, Ort und Umgebung ist also unabdingbar, um klar beschreiben zu können, was das Unternehmen am Markt genau tut. Aufbauend auf dem, was innerhalb des Marktes getan werden soll, lassen sich dann die Fähigkeiten beschreiben, die das Unternehmen im Besonderen besitzt, um seinen Kunden nützlich zu sein. Ist die Frage des „Wie" geklärt, lässt sich auch beschreiben, warum das, was in diesem Markt getan wird und wozu die Fähigkeiten eingesetzt werden, eigentlich wichtig ist. Hier ist die Frage zu klären: Warum ist es eigentlich für diesen Markt wichtig, dass wir das tun, was wir tun? Es ist auch zu klären, welcher Wert darin besteht, diesen Markt zu bedienen. Präzise und kongruente Antworten ermöglichen es, die eigene Rolle in diesem Markt zu beschreiben. In welcher Qualität dies gelingt, hängt im Wesentlichen davon ab, inwieweit die darunterliegenden Ebenen im Detail ausgestaltet worden sind.

Ist die Rolle im Markt klar, lassen sich auch die sogenannten Alleinstellungsmerkmale definieren und damit der Sinn des Unternehmens am Markt klären. Dort, wo der Sinn geklärt ist, den das Unternehmen am Markt aus Sicht der Kunden erfüllt, wird für diesen auch der durch das Unternehmen übernommene Auftrag/das Amt deutlich. Von einem Amt zu sprechen klingt auf den ersten Blick ungewöhnlich, beschreibt aber, was aus Kundensicht durch das Unternehmen zu leisten ist. Denn wenn ein Kunde ein Produkt kauft, ist damit auch eine konkrete Erwartung verbunden. Diese bezieht sich im ersten Moment auf ein spezielles Produkt, wird aber im Falle der Zufriedenheit oder Unzufriedenheit auf alle Produkte des Unternehmens übertragen. Dies entspricht auf der Wahrnehmungsebene einer Zuschreibung auf den obersten neurologischen Ebenen. Äußerungen wie „Produkte dieser Firma sind gut oder schlecht" beziehen sich auf die Identität. Aussagen wie „es ist gut oder schlecht, Produkte dieser Firma zu kaufen" beziehen sich auf die Sinnhaftigkeit. Geht es um Aussagen über das Image, wird in jedem Fall die Zugehörigkeit angesprochen, da benannt wird, ob man zum Kreis derjenigen gehören will, die dieses Produkt nutzen wollen.

[3] Die Kunst des Modellierens - Der Unterschied, der den Unterschied macht

„Wenn zwei Individuen zusammenkommen und einen Dollar austauschen, gehen beide mit einem Dollar davon. Wenn die gleichen Menschen eine Idee austauschen, gehen beide mit zwei Ideen davon."

Thomas Jefferson

Wieso verfügen manche Menschen über herausragende Fähigkeiten und Talente? Und wie schaffen sie es, hiermit besonders erfolgreich zu sein? Warum sind manche Unternehmen erfolgreicher als andere und was machen sie anders als andere? NLP ermöglicht es, diese besonderen Talente und Fähigkeiten herauszukristallisieren und für Unternehmen nutzbar zu machen. Die Kunst, das Verhalten hochbegabter Menschen und erfolgreicher Unternehmen oder Unternehmensteile zu modellieren, bildet hierfür einen wichtigen Schlüssel.

Der Erfolg von Unternehmen hängt in hohem Maße davon ab, ob sie in der Lage sind, ihre inneren Ressourcen optimal zu nutzen. Doch in der Praxis wird viel Geld dafür ausgegeben, Fehler zu suchen und Fehler zu vermeiden, anstatt Qualitäten zu finden und nutzbar zu machen. Der Unterschied in der Wirkung für das Unternehmen kann größer kaum sein. Durch die konsequente Entwicklung der inneren Qualitäten auf allen Ebenen eines Unternehmens werden nicht nur deutlich mehr Kosten gespart und die Qualität verbessert, sondern auch der Unternehmenserfolg systematisch weiterentwickelt. Das ist der Fokus, mit dem das Modeling im Unternehmenskontext arbeitet.

Die Entwicklung der Qualitäten kann sich dabei auf alle Bereiche des Unternehmens erstrecken, also auf Strukturen, Aktivitäten und Verhalten. Dieser integrative Ansatz der Unternehmensentwicklung in Verbindung mit der Ressourcenorientierung ist ein elementarer Baustein für dauerhaften Erfolg.

Das Besondere an diesen Modellen ist, sie sind nicht naturgegeben, sondern werden von jedem Menschen in besonderer Form erlernt. Erweisen sie sich als erfolgreich, werden sie so lange wiederholt, bis sie auf der Stufe der „unbewussten Kompetenz" angekommen sind und wie von selbst funktionieren.

Ein schönes Beispiel für diese Art zu lernen ist das Autofahren. Für jeden war am Anfang der Umgang mit Kupplung, Bremse, Gas, Lenkung, Verkehr etc. eine Herausforderung. Nach einiger Fahrpraxis geht es vielen Menschen so, dass diese Abläufe nahezu unbewusst erfolgen. Das führt dazu, dass viele Autofahrer sich häufig nicht einmal bewusst sind, wie sie mit dem Auto z. B. zur Arbeit gefahren sind.

Und doch wird nicht jeder Autofahrer zum Rennfahrer, geschweige denn zu einem erfolgreichen Grand-Prix-Gewinner.

Die Frage ist also: „Was ist der Unterschied, der den Unterschied macht?"

Das Modeling im NLP bietet eine Methodik, einzigartige Erfolgsstrategien herauszumodellieren. Es bezeichnet den Prozess, bei dem ein komplexes Talent oder Phänomen durch gezielte Fragetechniken in hinreichend kleine Teile oder Abschnitte zerlegt wird, so dass es wiederholt und von anderen angewendet werden kann. Das Verhaltensmodeling konzentriert sich dabei auf die Beobachtung und Aufzeichnung der erfolgreichen Prozesse, die außergewöhnlichen Leistungen zugrunde liegen.

Mit Hilfe des Modelings wird eine pragmatische „Landkarte" oder ein Modell von einem bestimmten Verhalten geschaffen. Dies ermöglicht jedem, der dazu motiviert ist, dieses Modell zu reproduzieren oder zu simulieren.

Der **Verhaltens-Modeling-Prozess** identifiziert die wesentlichen Denk- und Handlungselemente, die erforderlich sind, um bestimmte erwünschte Reaktionen oder ein bestimmtes erwünschtes Ergebnis zu erzielen.

Das **Unternehmens-Modeling** kristallisiert die zentralen Erfolgsstrategien des gesamten Unternehmens oder von Unternehmensteilen heraus und macht diese mit Hilfe von Arbeitsformaten für das gesamte Unternehmen nutzbar.

Dabei geht es nicht nur um die offensichtlichen Mechanismen des Erfolges, sondern auch um die unbewussten Strategien, die dabei zum Tragen kommen. Mit dem Modelingprozess wird die normative, strategische und operative Ebene des Unternehmens in einem integrativen Prozess systematisch hinterfragt. Auf diesen Ebenen werden die Strukturen ebenso analysiert wie auch die Aktivitäten und die Verhaltensseite.

Das Ergebnis ist ein Unternehmensprofil, in dem die Qualitäten aller Leistungsebenen und Felder sichtbar werden.

Aufgrund der ressourcenorientierten Vorgehensweise entstehen bei einem solchen Prozess, anders als bei klassischen Organisationsuntersuchungen, kaum Irritationen im Unternehmen. Der Analyseprozess selbst ist Teil der Lösungsfindung. Durch diese Vorgehensweise, in der alle Beteiligten gegenseitig die Qualitäten und Ressourcen kennen und schätzen lernen, entsteht sehr schnell eine Atmosphäre der Wertschätzung. Mittels dieser Offenheit wird der Raum geschaffen, der für die Lösungsfindung notwendig ist. Natürlich werden in einem solchen Prozess auch Schwächen und Mängel erkennbar. Doch anders als in einem klassischen Vorgehen werden hier mit den Beteiligten Lösungen erarbeitet, die im Sinne des gesamten Unternehmens dauerhaft hilfreich sind.

Durch das Talent-Modeling wird das ganze Unternehmen mit seinen inneren Qualitäten auf einer neuen, höheren Ebene vertraut. Die dabei entstehende so genannte Modell-Kompetenz zielt darauf, die innere Erfolgsstrategie in jedem Winkel des Unternehmens nutzbar zu machen. Je klarer und stimmiger das Unternehmen schrittweise auf die inneren Kernqualitäten ausgerichtet ist, desto deutlicher zeichnet sich dieser Erfolg am Markt ab. Innerhalb des Unternehmens werden durch diesen Prozess Strukturen, Aktivitäten und Verhalten harmonischer und schlüssiger. Das Ergebnis sind ein besseres Klima, bessere Qualität und nicht zuletzt eine deutlich höhere Effizienz.

Zusammenfassend lässt sich sagen: Mit dem NLP-Modeling-Verfahren werden die mentalen Strategien (Neuro), die eine Person einsetzt, identifiziert, indem man die Sprachmuster (linguistisch) und die nonverbalen Muster einer Person analysiert. Die Ergebnisse dieser Analyse werden dann in Schritt-für-Schritt-Strategien oder Verfahren (Programmieren) umgesetzt, mit denen die Fertigkeit anderen vermittelt und auf andere Kontexte übertragen werden kann.

NLP hat sich selbst immer als Methodik verstanden, Menschen und Strukturen zu beobachten und zu analysieren, die in ihren Tätigkeitsbereichen ein Talent oder eine Fähigkeit haben, die herausragend ist.

Bezogen auf den Unternehmenskontext lässt sich diese Methodik in vielfältiger Form anwenden. So können z. B. die Strategien besonders begabter Mitarbeiter oder Unternehmensteile modelliert werden, um sie im Team oder im gesamten Unternehmen verfügbar zu machen. Gleiches gilt für Teams, die besonders leistungsfähig sind. Ebenfalls einsetzen lässt sich diese Methode, um andere Unternehmen zu modellieren, die interessante Erfolgsstrategien haben. Wichtig im unternehmerischen Kontext ist dabei, immer sowohl die Struktur-, die Aktivitäten- wie auch die Verhaltensseite zu modellieren, um ein integriertes Gesamtmodell zu erhalten (siehe hierzu auch Seite 75 ff.).

Arbeitsformat: NLP-Modeling

Grundsätzlich lassen sich nach Robert Dilts folgende Schritte bei einem Modeling-Prozess zusammenfassen[6]:

1. Legen Sie fest, welche Experten und welche Kontexte Sie modellieren wollen. Bestimmen Sie die zu modellierende Fähigkeit.

---

[6] Siehe Dilts, Robert, Modeling mit NLP, Das Trainingshandbuch zum NLP-Modeling-Prozess, Paderborn 2003.

2. Bestimmen Sie das entsprechende Verfahren zur Informationssammlung in den jeweiligen Kontexten aus unterschiedlichen Wahrnehmungspositionen. Gehen Sie von intuitiven Einsichten aus der Position des zu Modellierenden aus, versuchen Sie dann, die Ergebnisse in ihrer eigenen Position zu erreichen. Nehmen Sie eine Meta-Position ein und achten Sie darauf, wie sich Ihre Art, ans Ziel zu kommen, von derjenigen der modellierten Person unterscheidet.

3. Filtern Sie die Ergebnisse der Informationssammlung nach relevanten kognitiven Mustern (Denkmustern) und Verhaltensmustern. Organisieren Sie die Muster zu einer logischen, kohärenten Struktur oder zu einem „Modell".

4. Testen Sie die Effektivität/Nützlichkeit des Modells, das Sie konstruiert haben, indem Sie es in verschiedenen Kontexten und Situationen ausprobieren, und legen Sie Wert darauf, dass Sie die erwünschten Ergebnisse bekommen.

5. Reduzieren Sie das Modell auf die einfachste und eleganteste Form, mit der noch die erwünschten Ergebnisse entstehen.

6. Finden Sie die besten Verfahren heraus, um die expliziten Fertigkeiten, die im Prozess des Modeling identifiziert wurden, zu vermitteln oder zu „installieren".

7. Legen Sie fest, welches die am besten geeigneten Instrumente sind, um die Ergebnisse des Modells zu messen, und finden Sie die Grenzen oder die Reichweite für die Gültigkeit des Modells heraus.

Abbildung 3.1 [Flussdiagramm der grundlegenden Schritte des Modeling]

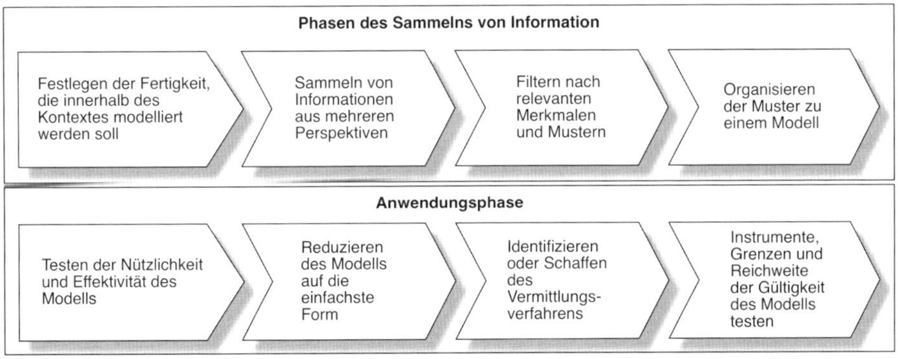

Im Laufe der Jahre sind beginnend in Santa Cruz 1972 mit John Grinder und Richard Bandler schrittweise immer mehr neue Formate und Fertigkeiten entstanden, die das NLP zu einer Werkstatt des Erkennens gemacht haben. Auch heute ist NLP eine offene Schule, die versucht, immer wieder neue Erweiterungen zu erzielen. Gleichzeitig bedeutet dies auch, die bisher gewonnenen Erkenntnisse immer wieder kritisch zu prüfen und ggf. anzupassen.

Abbildung 3.2 [Die Entwicklungsstufen des NLP]

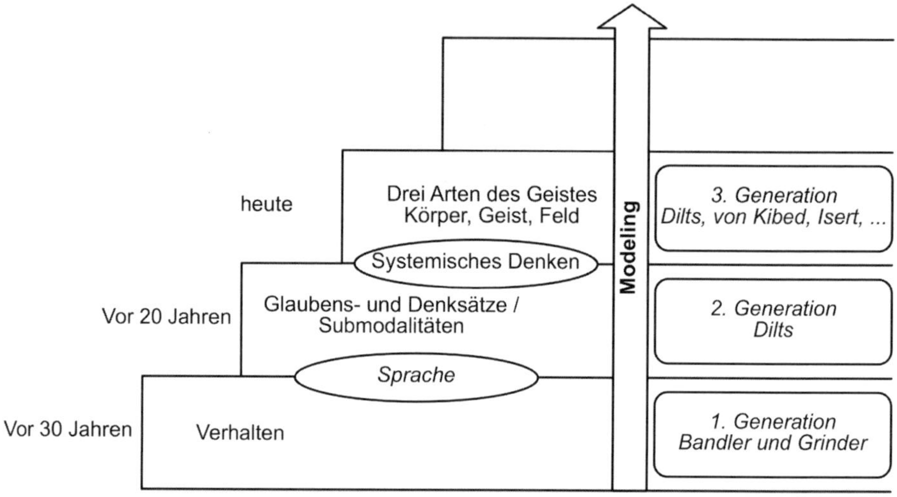

Im Sinne Karl Poppers und seiner Wissenschaftskritik[7] geht es darum, jede Erkenntnis nur so lange aufrechtzuerhalten, bis sie falsifiziert werden kann. Auch wenn dies ein unbequemer Weg sein mag, ist es gerade für die Entwicklung des NLP und seiner Einsatzmöglichkeiten ein ganz wesentlicher Anspruch, damit es lebendig und entwicklungsfähig bleibt.

Welche Rolle Visionen in Verbindung mit dem Modeling-Prozess spielen und wie ein Modeling-Prozess genau abläuft, erläutert das Kapitel „Visionen: Das Unmögliche denken", Seite 47 ff. genauer.

[7] Popper, Karl, Logik der Forschung. Wien 1935, Hrsg. von Keuth, Herbert, Siebeck, Mohr , Tübingen 2005 (11. Aufl., online 2. Aufl. 1966 m. Anm.)

[4] Formate und ihr genereller Wert im Unternehmen

Formate sind der Extrakt des Modeling-Prozesses herausragender Fähigkeiten und Talente. Hierdurch können andere diese in einem klaren Verfahren exakt nachvollziehen und für sich selbst erlebbar machen. Dabei sind Formate jedoch viel mehr als eine simple „Gebrauchsanleitung" für den Einsatz spezieller Werkzeuge. Durch sie werden Veränderungsprozesse individuell nachvollzieh- und erlebbar.

Beginnend mit der visionären und strategischen Ausrichtung ist das individuelle Erleben der zentrale Schlüssel, der es jedem Einzelnen möglich macht, sich auf die angestrebten Ziele auszurichten. Denn erst durch das persönliche Erleben entsteht die notwendige Verbindlichkeit, die für ein gemeinsames Arbeiten an einem oder mehreren Zielen erforderlich ist. Formate für die Arbeit in Unternehmen zu nutzen hat unterschiedliche Vorteile. Durch eine klar erkennbare Struktur wird die entwickelte Vorgehensweise vermittelbar und kann in den unterschiedlichsten Teilen des Unternehmens kommuniziert werden. Durch die eindeutige Methodik, die einem Format zugrunde liegt, wird es zudem auf allen Ebenen möglich, das Ergebnis abzuleiten und an die individuellen Erfordernisse anzupassen.

Zusätzlich können fast alle Formate über die unterschiedlichen Ebenen des Unternehmens hinweg genutzt werden. Dadurch werden auch komplexe strategische Prozesse bis auf die operative Ebene erlebbar, anwendbar und überprüfbar.

Formate sind vergleichbar der Bedeutung von Geschäftsprozessen ein wichtiges Instrument für eine erfolgreiche Arbeit in Unternehmen.

Im Verlauf des Buches werden zu den unterschiedlichen Themenfeldern Formate vorgestellt, deren Wirksamkeit in Übungen nachvollzogen werden kann.

[5] Die Entwicklung des systemischen Ansatzes - Ein Abriss

Das konsequente Herauskristallisieren von Mustern führte im NLP nach und nach dazu, auch die Einflüsse jedes Einzelnen auf sein Umfeld und umgekehrt in seinen Wechselwirkungen zu untersuchen. Hiermit eng verbunden ist die sogenannte Systemik und die systemische Strukturaufstellung, deren Ursprünge in diesem Kapitel erläutert werden.

In vielen Bereichen der Beratung und der Therapie stößt man auf den Begriff „systemisch". Jeder, der feststellt, dass eine einfache lineare Betrachtung nicht ausreicht, verweist darauf, dass dies mit den systemischen Zusammenhängen zu tun hat. Eines vorweg, den systemischen Ansatz oder das systemische Vorgehen gibt es nicht. Vielmehr haben sich über eine Vielzahl von Jahren zahlreiche Ansätze und Methoden als systemische Modelle entwickelt.

Ausgehend vom Wortursprung System lassen sich zumindest grundlegende Gemeinsamkeiten festhalten:

> System (griechisch σύστημα, systema - wörtlich das Gebilde, Zusammengestellte, Verbundene; Mehrzahl die Systeme) bezeichnet ein Gebilde, dessen wesentliche Elemente (Teile) so aufeinander bezogen sind, dass sie eine Einheit (ein Ganzes) abgeben.
>
> Systeme organisieren und erhalten sich durch Strukturen. Struktur bezeichnet das Muster (Form) der Systemelemente und ihrer Beziehungsgeflechte, durch die ein System funktioniert (entsteht und sich erhält). Dahingegen wird eine strukturlose Zusammenstellung mehrerer Elemente auch als Aggregat bezeichnet.[8]

Die Wurzeln der systemischen Arbeit gehen auf Anfang der 50er Jahre zurück und sind von einer großen Vielfalt gekennzeichnet. Die Systemtheorie[9] ist ursprünglich in der Biologie und Physiologie entwickelt worden. Der große Durchbruch kam nach dem Zweiten Weltkrieg als Kybernetik[10] einer Steuerungslehre technischer Systeme. Diese beschäftigte sich damit, technische Systeme so zu gestalten, dass sie sich im Sinne eines internen Regelkreises weitgehend ohne externe Steuerung im Gleichgewicht halten können. Vorbilder dabei waren immer wieder der Blutkreislauf und das Temperatursystem von Warmblütern.

---

[8] Frey, Thomas, Bossert, Martin, Signal- und Systemtheorie, Wiesbaden 2004.

[9] Luhmann, Niklas, Soziale Systeme. Grundriss einer allgemeinen Theorie, 1984, neue Auflage Frankfurt am Main 2001.

[10] Klaus, Georg: Wörterbuch der Kybernetik, Frankfurt am Main und Hamburg 1969.

Nicht zufällig entstand etwa 1950 auch die systemische Familienforschung in Palo Alto (Silikon Valley), der Hochburg der US-amerikanischen Computerindustrie. Zentrale Fragestellung in der IT wie auch in der systemischen Familienforschung war damals die Erhaltung von Gleichgewicht. Hierbei ging es darum, wie ein neues Soll-Gleichgewicht durch Zuführung von Informationen erreicht werden kann, das primär Aufschluss über Abweichungen vom Soll-Zustand gibt (Negatives Feedback). Die Annahme dabei war, dass sich auch komplexe Systeme und Prozesse realistisch abbilden und steuern lassen.

Diesem Verständnis der Systemtheorie entsprach auch die Familientherapie der sechziger und siebziger Jahre. In ihr wurde eine Vorstellung davon entwickelt, wie ein „funktionales" Familiensystem aussehen sollte. Sie leitete ihre Therapien aus dem Verständnis ab, ein System von einem dysfunktionalen in einen funktionalen Zustand zu bewegen.

Die aktuellen Ansätze der systemischen Therapie und Beratung beziehen sich auf Familiensysteme und werden insbesondere mit dem Namen Bernd Hellinger[11] (1995, 2001), Bernd Isert, Mathias Varga von Kibed und Insa Sparrer[12] (2003) in Verbindung gebracht.

Die systemische Organisationsaufstellung gehört zu den jüngsten Zweigen der Systemischen Beratung und lässt sich zeitlich etwa mit der Familienaufstellung einordnen. Beiden Ansätzen ist gemeinsam, dass durch das Aufstellen von stellvertretenden Personen die Beziehungsdynamik des Systems verdeutlicht wird. Dies bildet den Ansatz, um durch Veränderung der Aufstellung der Personen zueinander schrittweise zu einer Verbesserung der Beziehungsdynamik zu kommen.

---

[11] Weitere Informationen unter http://de.wikipedia.org/wiki/Bernd_Hellinger#cite_ref-2

[12] Weitere Informationen unter http://de.wikipedia.org/wiki/Matthias_Varga_von_Kibéd

[6] Systemisches Arbeiten als Erweiterung des NLP in der Unternehmenspraxis

Der Mensch als wichtigste Ressource jedes Unternehmens kommt in den klassischen Organisations- und Managementmodellen häufig zu kurz. Doch nur wenn Struktur, Geschäftsprozesse, Aktivitäten und Verhalten ineinandergreifen und als System verstanden werden, kann ein Unternehmen am Markt dauerhaft erfolgreich bestehen. Das Kapitel beleuchtet, welche Rolle in diesem Zusammenhang die Systemische Arbeit spielt.

Die gängigen Organisations- und Managementmodelle sind angefüllt mit Methoden und Techniken zur Analyse von Strukturen, Geschäftsprozessen und Aktivitäten. Das Verhalten der Beteiligten innerhalb der Organisation wird in den meisten Fällen gar nicht oder isoliert behandelt und nicht mit den anderen Themen verbunden. Im Ergebnis wird zwar oftmals die organisatorische Mechanik bis ins Detail verstanden, nicht jedoch, was die Menschen, die eine Organisation letztendlich immer prägen, zusammenhält.

Warum sind Menschen bereit, sich für eine Organisation zu engagieren und für eine andere nicht? Warum bringen Menschen, wenn sie an der richtigen Stelle in der Organisation eingesetzt werden, deutlich mehr Leistung als an anderen Stellen? So einfache Erklärungen wie „da herrscht ein anderer Führungsstil" oder da „ist jemand an seinem richtigen Platz" liegen oftmals gar nicht so weit weg von der Wirklichkeit. Gleichzeitig zeigt sich, dass es in vielen Fällen nicht ausreicht, einfach Ursache-Wirkungs-Beziehungen zur Erklärung heranzuziehen, da in vielen Fällen der ursprüngliche Auslöser dieser Ursache-Wirkungs-Beziehungen nicht ohne weiteres erkennbar ist (siehe **Abbildung 6.1**).

NLP bildet für die Arbeit mit Systemen eine wichtige Klammer, da es als Methodik in der Lage ist, auch komplexe Zusammenhänge in praktikable Arbeitsformate zu verdichten. Auf diese Weise können in Verbindung mit dem Modeling Formate erarbeitet werden, die im gesamten Unternehmen als Ressource verfügbar gemacht werden können.

Abbildung 6.1 [Die Komplexität von Ursache-Wirkungs-Beziehungen]

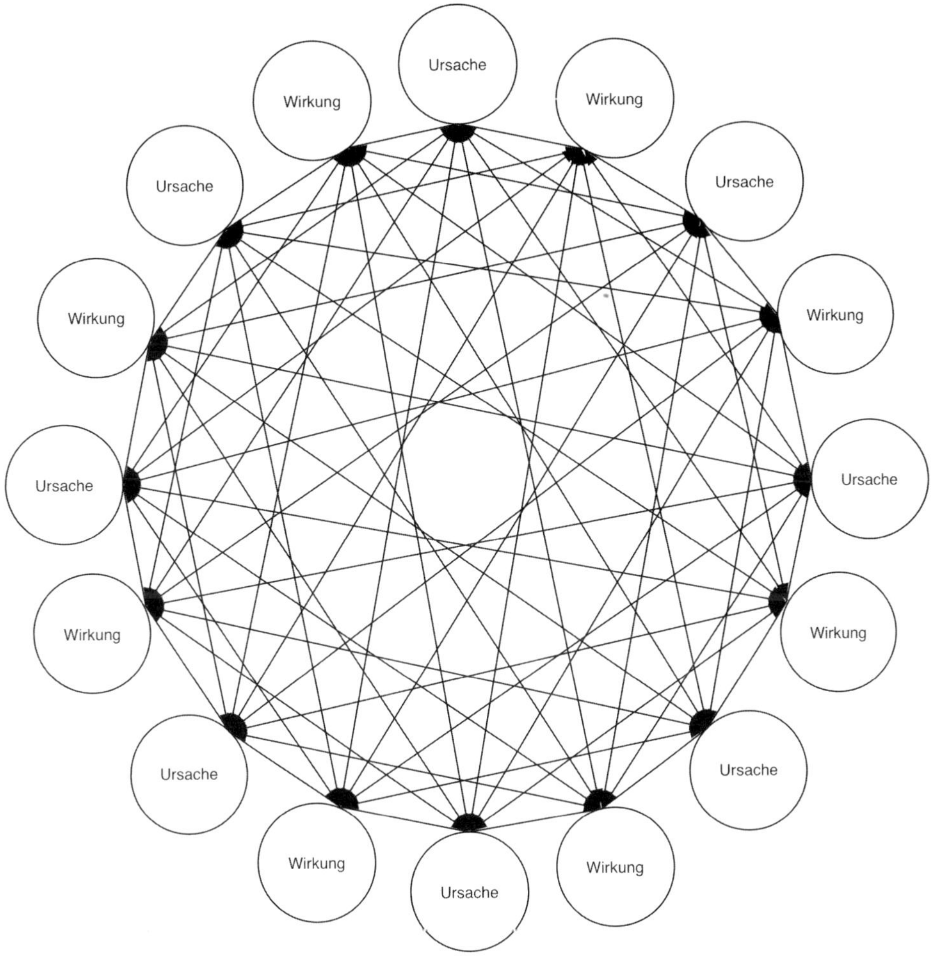

Visions- und Wertearbeit – Grundlage dauerhaften Erfolges

Visionen sind der Motor oder die Triebfeder für unternehmerischen Erfolg. Ohne Vision davon, wie sich ein Unternehmen langfristig entwickeln soll, bleiben die Unternehmensziele kurzfristige Aktions- und Maßnahmenpläne. Eine erfolgreiche Visionsarbeit führt Strukturen, Aktivitäten und Verhalten im Unternehmen so zusammen, dass die Vision nach innen und außen wahrnehmbar und erlebbar wird. Ausgehend von dem Managementmodell St. Gallen zeigt dieser Teil die Bausteine für eine erfolgreiche Visionsarbeit für Einzelpersonen und Gruppen auf.

In der Managementtheorie wird der Bereich der Vision in unterschiedlicher Form behandelt. Eine der zentralen Ansätze ist, von einer Managementphilosophie zu sprechen, der eine Vision zu Grunde liegt. Allen Ansätzen gemeinsam ist das Bestreben, das unternehmerische Handeln im Sinne einer Sinnfindung und Werteintegration zu gestalten.

Knut Bleicher, ehemals Professor an der Hochschule Sankt Gallen, griff dieses Thema unter der Bezeichnung „Metaintegration durch eine Managementphilosophie“ auf:

> „Eine Managementphilosophie wirft grundsätzliche Fragen der Rolle des Managements im sozialen Kooperationszusammenhang der Unternehmung im Hinblick auf das zugrunde gelegte Menschenbild und die verfolgten Wertstrukturen auf. Damit verbinden sich die Fragen der Sinnfindung für wesentliche Bezugsgruppen im Umgang mit der Unternehmung. Aus ihnen leiten sich in der Unternehmungsphilosophie Vorstellungen über eine zukünftige Positionierung der Unternehmung in Wirtschaft und Gesellschaft durch die Bereitstellung eines Nutzens für wesentliche Bezugsgruppen ab, die ihren Niederschlag in einer Vision finden.“[13]

Aus der Managementphilosophie leiten sich in allen Modellen dann die Strategien und Konzepte ab, die letztendlich im operativen Geschäft ihren Ausdruck finden. Exemplarisch soll hier das Managementmodell Sankt Gallen (siehe auch **Abbildung 6.2**) kurz dargestellt werden, da es in sehr anschaulicher Weise die unterschiedlichen Aspekte unternehmerischen Handelns kennzeichnet. Knut Bleicher schrieb hierzu 1994 ein viel beachtetes Werk: „Dass Konzept integriertes Management“.[14]

---

[13] Siehe Bleicher, Knut, Das Konzept integriertes Management, 4. revidierte Auflage, Frankfurt am Main 1996, S. 72.

[14] Bleicher, Knut, Das Konzept integriertes Management, 4. revidierte Auflage, Frankfurt am Main 1996.

Abbildung 6.2 [Angelehnt an das Managementmodell Sankt Gallen]

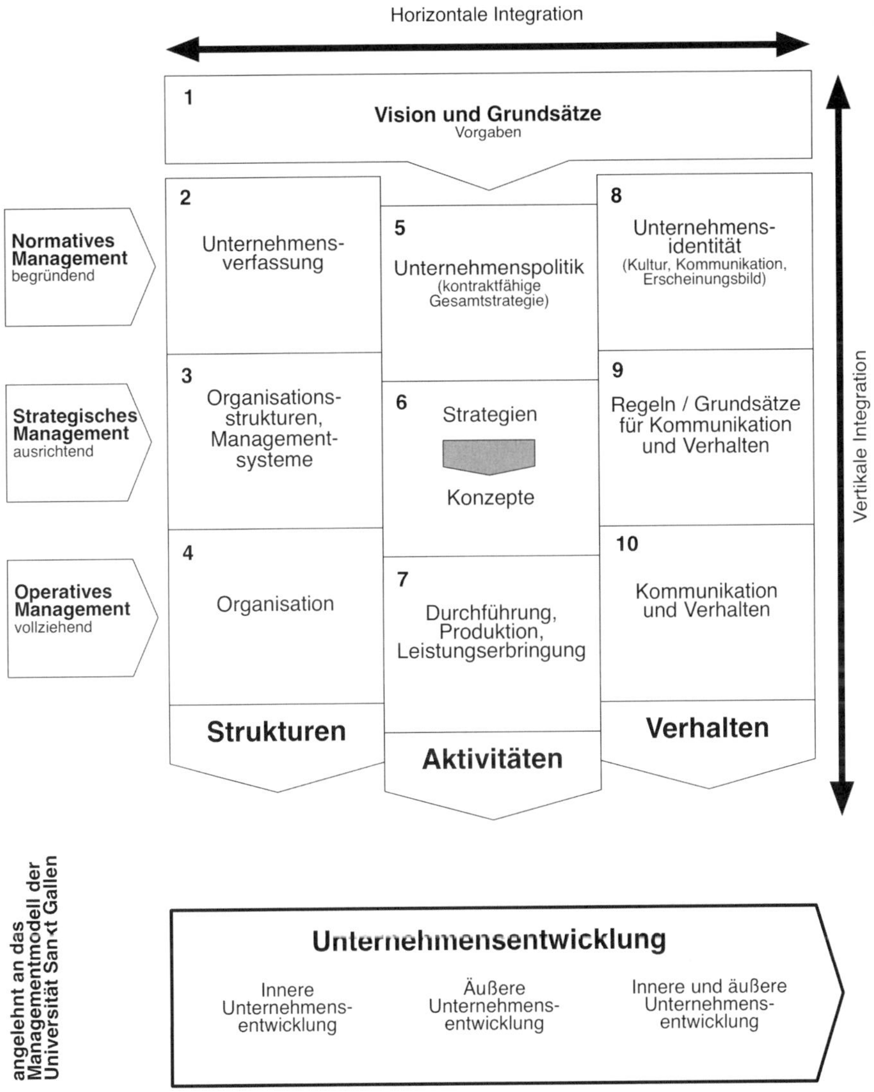

Dieses Werk gilt heute noch als eine der Arbeiten, die den Gesamtorganismus Organisation/Unternehmen am umfassendsten darstellen. Seine Schriften wurden von zahlreichen Autoren für andere Bereiche wie z. B. die öffentliche Verwaltung adaptiert und weiterentwickelt.[15]

Die **Abbildung 6.2** gibt einen kurzen Überblick darüber, welche unterschiedlichen Ebenen und Bereiche in einer/m Organisation/Unternehmen ineinandergreifen.

Bleicher versuchte in seinem Werk zu verdeutlichen, über wie viele Ebenen ein organisatorisches System in Balance gebracht werden muss, damit es optimal funktionieren kann. Er bezog in seine Betrachtungen auch die Methoden systemischer Denkmodelle ein, da sie aus seiner Sicht elementarer Bestandteil sind, um eine Integration des Gesamtsystems zu erreichen. Auch geht er davon aus, dass eine systemische Betrachtungsweise wesentlich ist, um Unternehmensplanung und Organisationsstrukturen sinnvoll zu gestalten.[16]

Beginnend mit einer **Vision** und den sich daraus ergebenden Grundsätzen lässt sich eine Organisation unabhängig davon, ob sie privatwirtschaftlicher oder öffentlicher Natur ist, in drei Säulen und drei Ebenen unterteilen. Die drei Säulen sind Strukturen, Aktivitäten und Verhalten. Jede dieser Säulen hat die drei Ebenen:

- **normatives** (begründendes) Management
- **strategisches** (ausrichtendes) Management
- **operatives** (vollziehendes) Management

Bereits die abstrakte Betrachtung dieser Säulen und Ebenen macht deutlich, dass ohne eine Vision und die damit verbundenen Grundsätze ein integriertes und schlüssiges Gesamtkonzept kaum entstehen kann. Bereits auf der normativen Ebene zeigt sich, dass eine Vision von zentraler Bedeutung ist, um Strukturen im Sinne von Unternehmensverfassung, Aktivitäten im Sinne von Unternehmenspolitik und Verhalten im Sinne von Unternehmensidentität so zu gestalten, dass sie ein schlüssiges Ganzes ergeben. Dass die darauf folgenden Ebenen sich aus dieser Ebene ableiten müssen, erscheint selbstverständlich, ist jedoch selten in der Praxis vorzufinden.

---

[15] Vgl. Heinz, Reiner, Kommunales Management, Überlegungen zu einem KGSt-Ansatz, Stuttgart 2000.

[16] Bleicher, Knut, Das Konzept integriertes Management, 4. revidierte Auflage, Frankfurt Main 1996, Seite 49 und 499 f.

[7] Visionen: Das Unmögliche denken

„Menschen mit einer neuen Idee gelten so lange als Spinner, bis sich die Sache durchgesetzt hat."

(Mark Twain, US-amerikanischer Erzähler und Satiriker, 1835-1910)

Der typische Weg der Veränderung in Organisationen, deren Handeln auf langfristig tragfähigen Erfolg gerichtet ist, führt über die Vision schrittweise zu konkretem Handeln. Doch wie entstehen Visionen und wie sind sie im unternehmerischen Kontext zu realisieren? Welche Voraussetzungen müssen erfüllt sein, damit aus einer Vision ein handfestes und erfolgreiches Konzept werden kann?

Auf den ersten Blick scheinen Visionen oder visionäres Denken in einem eigentümlichen Kontrast zu unserer globalisierten und durchrationalisierten Welt zu stehen. Denn wo maximale Rationalität die Maxime ist, entsteht der Eindruck, alles sei planbar und das Ergebnis einer logischen Ableitung. Verdeckt wird durch diese Rationalität, dass insbesondere langfristige Richtungsentscheidungen eine Grundlage brauchen, die allen Bemühungen um Effektivität und Effizienz eine klare und tragfähige Richtung gibt. Tragfähig wird eine solche grundsätzliche Ausrichtung dann, wenn die Vision eine Idee birgt, die über mich selbst und/oder mein Unternehmen hinausweist.

Ein gutes Beispiel für eine solche Vision ist die Firma Google[17]. Die beiden Gründer Sergey Brin und Larry Page haben z. B. die Vision, das Wissen der Welt allen Menschen zugänglich zu machen. Eine ähnliche Vision bildet die Grundlage von Wikipedia[18] als ein Internetlexikon, das für seine Nutzer kostenlos ist und von diesen selbst gepflegt wird.

---

[17] Das Ziel von Google besteht darin, die auf der Welt vorhandenen Informationen zu organisieren und allgemein zugänglich und nutzbar zu machen. Als ersten Schritt in Richtung dieses Ziels entwickelten die Google-Gründer Larry Page und Sergey Brin einen neuen Ansatz für die Online-Suche. Die Idee entstand in einem Studentenwohnheim der Stanford University und breitete sich rasch unter Informationssuchenden auf der ganzen Welt aus. Heute ist Google weithin als die weltweit größte Suchmaschine bekannt – Google ist ein benutzerfreundlicher, kostenloser Dienst, der normalerweise innerhalb von Sekundenbruchteilen relevante Ergebnisse liefert … http://www.google.com/corporate/

[18] Ursprünglich wurde die Wikipedia von Frederick Sanger auf Nupedia als Spaß-Projekt („fun project" neben Nupedia entwickelt. Dank der Offenheit des Systems entwickelte sich Wikipedia, auch zur Überraschung von Sanger, so rasant, dass sie die Nupedia in den Hintergrund drängte und im September 2003 ganz verdrängte. Am 15. März 2001 kündigte Jimmy Wales in der Wikipedia-Mailingliste an, Versionen in weiteren Sprachen einrichten zu wollen; unter den ersten waren die deutschsprachige, die französische und die katalanische Wikipedia. Ende 2001 existierte die Wikipedia bereits in 18 Sprachen. … http://de.wikipedia.org/wiki/Wikipedia

Die Beispiele zeigen, wie stark eine solche Vision trägt und wie sehr sie das Handeln der Beteiligten prägt. Dies gilt sowohl für die ursprünglichen Träger dieser Vision wie auch für alle Mitarbeiter und Kunden, denen diese Vision auf kongruente Weise zugänglich gemacht wird. Die Vision schafft die Anbindung an einen höheren Sinn und gibt damit eine klare Orientierung.

Der typische Weg der Veränderung in intelligent arbeitenden Organisationen führt über die Vision schrittweise zu konkretem Handeln. Die Vision ist auf der obersten Ebene der Wahrnehmung die Anbindung an den Sinn und die Zugehörigkeit. Sie definiert das Leitmotiv und die Verpflichtung für das Handeln des gesamten Unternehmens. Verändert sich auf einer so hohen Ebene etwas, dann wird dies notwendigerweise auf die unteren Ebenen der Wahrnehmung ausstrahlen. Die Konsequenz sind Veränderungen auf allen nachgeordneten Ebenen. Würde man versuchen, den Weg umgekehrt zu gehen, kann dies ggf. auch zu Veränderungen auf den oberen Ebenen führen. Diese Veränderungen sind jedoch nicht zwangsläufig und in ihrer Form nicht steuerbar (Vgl. 30 ff.).

Doch wie entsteht eine solche Vision und vor allem eine, die für eine Unternehmensplanung brauchbar ist? Eine wesentliche Basis bildet die grundsätzliche Bereitschaft, die eigenen bekannten Pfade des Denkens und Handelns zu erweitern, zu verändern oder gar zu verlassen.

Von großer Bedeutung ist auch, zunächst einmal die eigene Schere im Kopf beiseitezulegen und sich auf einen Prozess einzulassen, der keine Garantie auf Erfolg hat, sondern nur die Möglichkeit enthält, eine Vision geschenkt zu bekommen. Gerade hierin liegt ein zentraler Schlüssel. Visionen werden aus der Bereitschaft geboren, Bekanntes loszulassen und sich darauf zu besinnen, dass es einen tieferen Sinn braucht, der jenseits des Profits liegt, um das Denken und Handeln des Unternehmens zu leiten.

[8] Wo viel Licht ist, ist auch Schatten: Schattenarbeit im Unternehmen

Was haben Schatten mit Visionsarbeit zu tun? Negative Gedanken und unliebsame Entwicklungen im eigenen Haus verderben doch jede Fantasie für eine positive Neuausrichtung. Weit gefehlt! Mindestens ebenso viel Potenzial steckt in den vermeintlichen unternehmerischen Schattenseiten, die wichtige Ressourcen bergen, wenn sie systematisch analysiert und genutzt werden. Sie erfahren, welche Schatten es gibt und wie diese für die Visionsarbeit gezielt genutzt werden können.

Ein wichtiger Teil der Arbeit an einer Vision ist die Bereitschaft, die eigenen Schatten der Wahrnehmung zu erforschen. Denn in den Schatten finden sich sehr häufig die zentralen Ressourcen, die eine Vision erst möglich machen. Hierzu gehören insgesamt fünf Schatten.[19]

Aus der Kenntnis der eigenen Schatten und der Erkenntnis der darin enthaltenen Ressourcen entsteht eine relevante Erweiterung des eigenen Erlebnisraumes, die eine relevante Grundlage für eine erfolgreiche Visionsarbeit bildet.

Die Schattenarbeit ist für den Unternehmenskontext von zentraler Bedeutung. Denn gerade hier ist sie notwendig, um alle relevanten Ressourcen des Unternehmens zu mobilisieren. Eine solche Arbeit ist auf allen Ebenen eines Unternehmens möglich. Sie sollte immer eingebettet sein in weitere Schritte, bei denen neue Lösungsstrategien erarbeitet werden. (Vgl. hierzu auch **Tabelle 8.1**)

1. Schatten - Aktive Abwehr/Vermeidung

Betrachten wir den ersten Schatten und übertragen diesen auf den Unternehmenskontext, so ginge es hier darum zu fragen: Was lehnen wir als Unternehmer/Manager grundsätzlich ab, wo empfinden wir z. B. Wut und Zorn?

Schaue ich als Unternehmer auf meine Wettbewerber und erhalte ich z. B. bei einer Angebotsabgabe nicht den Zuschlag, kann dies durchaus mit Aggression und Zorn verbunden sein. Die erste Reaktion ist vielleicht auch Wut auf den Kunden, weil er nicht in der Lage ist, die Qualität meiner Arbeit zu erkennen. Gleichzeitig kommt u. U. die Fantasie darüber hinzu, dass der Wettbewerber mit unseriösen Methoden arbeitet. Je weiter ich das Spiel

[19] Wilber, Ken, Integrale Psychologie: Geist, Bewusstsein, Psychologie, Therapie, Emmendingen 2001; Andreas, Tom, Trainingsunterlagen, Köln 2006.

treibe, desto tiefer ziehe ich mich und mein Unternehmen in eine Antihaltung zum Kunden und zum Wettbewerb. Frage ich mich jedoch: Was genau haben die Wettbewerber eigentlich anders gemacht, um den Zuschlag zu bekommen? Was waren die relevanten Kriterien, die die Entscheider bewogen haben, so und nicht anders zu entscheiden? Die Antworten hierauf wandeln die aktive Abwehr in eine nutzbare Ressource, die zur Unternehmensentwicklung beiträgt.

Schauen wir auf den Aspekt, was andere an uns als Unternehmen aktiv ablehnen, ist die erste Reaktion häufig: Warum sollten uns andere ablehnen, wir machen doch so gute Sachen? Doch die Tatsache, dass wir in einem Marktsegment tätig sind, erfordert von unseren Kunden und anderen Unternehmen einen Auswahlprozess. In diesen fließen rationale und emotionale Aspekte ein. Um die Sicht anderer zu erkennen, ist es hilfreich, sich einmal „symbolisch" auf den Stuhl von Kunden und anderen Unternehmen zu setzen und zu prüfen, was an unserem Unternehmen aktiv abgelehnt werden könnte.

Was erzeugt bei unseren Kunden Aggression, Wut und Ablehnung? Nehmen wir wieder das Beispiel der Zuschlagserteilung. Eine wichtige Frage wäre hier z. B., ob es negative Erlebnisse mit Personen aus unserem Unternehmen gab. Sind z. B. Serviceanfragen nicht so beantwortet worden, wie der Kunde es erwartet hat? Gab es Werbebotschaften, die vielleicht missverstanden worden sind? Gibt es Eigenschaften bei unseren Kontaktpersonen, mit denen unser Ansprechpartner in Resonanz geht, weil er sie für sich ablehnt? Ein Beispiel könnte hierfür z. B. sein, dass wir bei unserer Präsentation beim Kunden als perfektionistisch und detailorientiert wahrgenommen wurden. Die erste Frage, die jetzt oftmals auftaucht, ist: „Was soll daran falsch sein?" Daran ist nichts falsch, doch es könnte sein, dass auf Seiten des Kunden so etwas angekommen ist wie: „Das wird nicht rechtzeitig fertig" oder „das ist bestimmt zu teuer" oder vielleicht sogar so etwas wie „diese Detailverliebtheit geht mir auf die Nerven". Die Anzahl der Möglichkeiten ist vielfältig und es lohnt sich hier genauer hinzusehen, um unsere Kunden gut zu verstehen.

2. Schatten - Passive Vermeidung, Leugnung, Verbergen

Bei der passiven Vermeidung geht es um die Dinge, bei denen wir so etwas wie Schuld, Scham und Angst empfinden. Auch mit diesem Schatten ist für ein Unternehmen die Frage verbunden: Was versuchen wir intern, vor unseren Kunden, Kooperationspartnern oder Wettbewerbern zu verbergen? Was sollen andere an uns nicht erleben?

Am Beispiel der Auftragsvergabe lässt sich auch dies erklären. Nehmen wir z. B. an, dass ein bestimmter Auftrag für den Bestand des Unternehmens von zentraler Bedeutung ist. Es wäre intern möglich, dass gegenüber den Mitarbeitern der Eindruck aufrechterhalten werden soll, es gehe dem Unternehmen gut. Vermieden wird hier dementsprechend, den Mitarbeitern gegenüber die gegenwärtige Lage zu offenbaren. Doch die sich aus der Vermeidung ergebende Frage ist: Haben die Mitarbeiter dies nicht längst mitbekommen? Und wirkt sich das bereits auf ihre Motivation und ihr Verhalten aus?

Gegenüber den Kunden versuchen wir, uns als leistungsfähiger und kompetenter Anbieter darzustellen. Doch gerade unsere Vermeidungsstrategie könnte aus Kundensicht den Eindruck verstärken, diesen Auftrag unbedingt zu brauchen. Unsere eigene Wahrnehmung, dieser Auftrag müsse jetzt unbedingt zur Bestandssicherung des Unternehmens beitragen, kann dazu führen, dass die Vermeidungsstrategie erkennbar wird und wir uns vielleicht ein wenig zu leistungsfähig und kompetent darstellen, als hilfreich ist. Auf Seiten des Kunden erzeugt dies u. U. die Wahrnehmung von „Der braucht den Auftrag aber dringend" oder „Ob die Kompetenz wirklich da ist, wenn sie so betont wird?".

Um diesen Prozess zu klären, ist es auch hier wieder hilfreich, die Kundenposition einzunehmen: Es könnte beispielsweise sein, dass die Kunden in uns auf keinen Fall jemanden sehen wollen, den sie zwar als fachlich kompetenter wahrnehmen, aber nicht als persönlich kompetenter empfinden wollen als sich selbst. Denn hiermit sind eventuell eigene Sorgen oder Ängste verbunden. Genauso kann eine Wahrnehmung von Inkompetenz vollständig inakzeptabel sein. Auch hier wird deutlich, wie wichtig es ist, die passiven Schatten der Kunden zu verstehen, um damit umgehen zu können.

3. Schatten - Projektion/Spiegelung

Neid[20] ist ein sehr mächtiger Schatten, weil er mit Denksätzen verbunden ist wie „... das darf man nicht" oder „ ... wenn die so sind, ... dann werde ich richtig wütend".

Neid hat viel damit zu tun, sich selbst kleiner und unbedeutender zu fühlen. Man spricht hier deswegen von Projektion: Das, was wir gerne hätten oder können würden, sehen wir übergroß in anderen. Da wir es uns jedoch nicht zugestehen oder zutrauen, dies zu erreichen, dürfen andere dies auch nicht haben oder können. Was auch als Spiegelung bezeichnet wird. In diesem Kontext bedeutet sie: Das, was ich mir selbst nicht zugestehe, will ich an anderen auch nicht erkennen.

Übertragen auf den Unternehmenskontext und unser Beispiel von der Auftragsvergabe steckt hierin die auf uns selbst bezogene Frage: Wo gibt es u. U. intern Neid bezogen auf diesen Auftrag? Bezogen auf unsere Kunden: Wo erleben wir diese Projektion gegenüber unseren Kunden?

Die eigenen Projektionen und Spiegelungen tragen wesentlich dazu bei, wie wir auf unsere Mitarbeiter, Kunden, Kooperationspartner und Wettbewerber schauen. Unser Verhalten wird hiervon oftmals wesentlich beeinflusst, weil die wirksam werdenden Denksätze in unserem eigenen Erleben eine hohe Bedeutung haben.

[20] Neid beschreibt das Gefühl gegenüber einem Anderen, das entsteht, weil dieser etwas ist, darstellt oder besitzt, was der Neider gerne hätte.

Gleiches gilt auch für die Sicht, die andere auf uns haben. Hier geht es darum zu prüfen, was andere uns neiden oder andere meinen, wir dürften das nicht. Bezogen auf unser Beispiel könnte dies z. B. seitens des Kunden heißen: „... die dürfen keine so starke Marktstellung haben" oder „... als Unternehmer hat der ja sowieso viel Geld, das ist bestimmt nicht redlich verdient".

Gerade bei Projektionen und Spiegelungen spielen starke Verzerrungen, Tilgungen und Generalisierungen der Wahrnehmungen eine große Rolle. Mit der „Wirklichkeit" hat dies manchmal nur noch wenig zu tun. Die Wirklichkeit steht hier deswegen in Anführungszeichen, da durch diesen Wahrnehmungsprozess eine neue Wirklichkeit für den Betrachter entsteht, die von der Wahrnehmung anderer Beteiligter erheblich abweichen kann.

4. Schatten - „heiliger Schatten"

Es ist zunächst schwer bei den Dingen, für die uns andere bewundern und bei denen wir Anerkennung bekommen, einen Schatten zu erkennen. Alles, was wir hier erleben, bedient unsere positiven Werte, unsere eigene positive Rollenwahrnehmung und den Sinn und die Zugehörigkeit im besten Sinne. Gerade weil wir uns geschmeichelt und groß fühlen können, ist dieser Bereich für uns besonders hell und angenehm und wir wollen nach Möglichkeit mehr davon. Gleichzeitig blenden wir jedoch durch die Tatsache, dass wir diesen Bereich der Wahrnehmung bevorzugen, andere aus.

Bezogen auf den Unternehmenskontext und unser Beispiel der Auftragsvergabe könnte dies z. B. bedeuten: Intern werden wir dafür gelobt und gefeiert, weil wir eine wunderbare Lösung entwickelt haben, die noch kein anderer Wettbewerber hat. Gleichzeitig blenden wir vielleicht dabei aus, dass unsere Kunden eine solche Lösung noch gar nicht verstehen oder noch gar kein Bedürfnis dafür entwickelt haben. Schauen wir auf unsere Kunden, mit denen wir seit Jahren Geschäftsbeziehungen haben, fühlen wir uns natürlich geschmeichelt, immer wieder Aufträge zu bekommen. Dabei sehen wir u. U. nicht, dass sich der Markt verändert hat und unser Erfolg nicht mehr lange hält, wenn wir uns nicht marktgerecht verändern.

Auf der anderen Seite steht natürlich die Frage: Was liegt dadurch im Schatten, wenn uns Mitarbeiter, Kunden, Kooperationspartner oder vielleicht sogar Wettbewerber bewundern? Auch hier liegt eine der wesentlichen Gefahren darin, durch die Bewunderung anderer auszublenden und zu vergessen, dass diese nur anhält, wenn auch wir uns konsequent und reflektiert weiterentwickeln. Die Bereitschaft und das Wollen, uns selbst und unsere Mitarbeiter weiterzuentwickeln, ist einer der wesentlichen Schlüssel, um auch auf Dauer bewundernswert zu bleiben. Eine andere Gefahr besteht darin, wenn die Bewunderung immer größer wird und wir uns selbst als größer und besser empfinden, als wir sind, oder uns andere für größer oder besser halten. Nicht selten kippt dann die Bewunderung irgendwann in Ablehnung um.

5. Schatten - „Schatten der Unschuld"

Bereiche oder Lösungsräume, die wir noch nie betreten haben, sind für uns Neuland, von dem wir nicht wissen, wie viel Potenzial dort verborgen ist. Da wir in diesem Bereich noch keinerlei Spuren hinterlassen haben und keinerlei Erfahrungen haben, bezeichnet man diesen als Schatten der Unschuld.

Die hierzu auftauchenden Fragen sind: Wo schaue ich nicht hin? Was weiß ich nicht oder woran hatte ich noch nie Interesse? Gerade in diesem Schatten stecken oftmals Lösungspotenziale für Krisen.

Bezogen auf den unternehmerischen Kontext bekommt dieser Schatten natürlich eine besondere Bedeutung, wenn es darum geht, Krisen zu bewältigen. Denn Krisen resultieren häufig aus der Tatsache, Neuland nicht betreten zu wollen. Nehmen wir erneut das Beispiel von der Auftragsvergabe: Unser Angebot könnte deshalb nicht mehr den Anforderungen der Kunden entsprechen, weil wir nicht mitbekommen haben, wie sich unsere Kunden in eine Richtung verändert haben, die für uns Neuland ist.

Setzen wir uns auf den Stuhl der anderen, lauten die Fragen: Wo schauen die anderen nicht hin? Wo nehmen sie uns nicht wahr? Auch hier kann z. B. die Auftragsvergabe u. U. an unserem Unternehmen deshalb vorbeigehen, weil wir in diesem Bereich nicht wahrgenommen wurden und man uns deswegen keine Kompetenz zutraut.

Sowohl auf Seiten des Anbieters als auch auf Seiten des Auftraggebers wird so durch diesen Schatten ein Bereich erzeugt, der unsichtbar ist. Gerade dann, wenn es darum geht, Krisen zu lösen, inneres Wachstum zu fördern und Innovationen zu ermöglichen, ist dieser Schatten ein Bereich, in dem viele wertvolle Ressourcen zu finden sind. Denn wie heißt es so treffend bei Matthias Varga von Kibed und Insa Sparrer: „Bei vielen Problemen ist das Muster der bisherigen Lösungsversuche schon längst zum eigentlichen Problem geworden."[21]

[21] Varga von Kibed , Matthias, und Sparer, Insa, Ganz im Gegenteil, Tetralemmaarbeit und andere Grundformen systemischer Strukturaufstellungen – für Querdenker und solche, die es werden wollen, Heidelberg 2000, S. 41.

Tabelle 8.1 [Die Fünf Schatten und ihre Bedeutung]

Schatten	Bezeichnung	Merkmal	Ich	Andere
1. Rot	Aktive Abwehr/ Vermeidung	Aggression, Wut, Zorn	Was lehne ich aktiv ab? Offensive Abwehr	Was lehnen andere an mir aktiv ab? Vorwurf
2. Schwarz	Passive Vermeidung, Leugnung, Verbergen	Schuld, Scham, Angst	Was / Wie will ich nicht erleben?	Was sollen andere an mir nicht sehen / erleben?
3. Grau	Projektion / Spiegelung	Neid	Was neide ich anderen? Was „dürfen" die nicht?	Was glaube ich, dass andere mir neiden? … andere meinen ich dürfe das nicht …
4. Golden	„Heiliger Schatten"	Geschmeichelt fühlen - größer fühlen"	Meine Ziele, meine Wünsche, - Romantik – -> Was verbergen diese?	Was wird verschattet durch die Bewunderung / Idealisierung anderer?
5. Weiß	„Schatten der Unschuld"	Neuland – Neugier „Überraschung"	Was weiß ich nicht? Wo schaue ich nicht hin? Woran hatte ich noch nie Interesse? Was ist Neuland?	Wo schauen andere nicht hin? Wo nehmen mich andere nicht wahr?

[9] Die eigenen Schatten auf den logischen Ebenen erkennen und integrieren

Das hier beschriebene Format verdeutlicht, wie die Schattenarbeit systematisch mit dem Durchlaufen der neurologischen Ebenen der Wahrnehmung verknüpft werden kann. So lassen sich Erkenntnisse aus den Bereichen, die wir z. B. grundsätzlich ablehnen, oder aus Bereichen, mit denen wir uns noch nie befasst haben, als wichtige Ressource für die Visionsarbeit nutzen.

Der oben beschriebene Gang über die logischen Ebenen (siehe Seite 30) lässt sich mit einer Schattenarbeit verbinden. Zweckmäßig ist dies, weil auf diese Weise auch die Ressourcen der Schatten genutzt werden können. Gerade über diese Arbeit wird so auf den höheren Ebenen auch sichtbar, wie abgeleitet aus dem Sinn ein „Amt" entsteht, das mehr ist als ein „Ich bin" oder „Wir sind". Ein „Amt" ist eine Verpflichtung, die umfassend ist und eine ganz bestimmte Haltung und Sicht braucht, um es füllen zu können.

Der Unterschied zum einfachen Gang über die logischen Ebenen besteht darin, dass nach dem Durchlaufen der einzelnen Ebenen vor dem Hintergrund des Lieblingskontextes ein weiterer Gang über die logischen Ebenen eines Kontextes erfolgt, der vehement abgelehnt wird.

- Bezogen auf die zweite Ebene wird jetzt gefragt: „Was würden Sie auf gar keinen Fall tun?"
- Auf der dritten Ebene wird geklärt, welche Fähigkeiten/Talente keinesfalls zum Einsatz gebracht werden.
- Auf der vierten Ebene geht es darum, die Werte und Denksätze zu hinterfragen, die auf gar keinen Fall unterstützt werden dürfen.
- Auf der fünften Ebene wird benannt, welche Rolle unter keinen Umständen in Frage kommt.
- Die sechste Ebene klärt, welche Art von Zugehörigkeit definitiv nicht in Frage kommt.
- Auch hier geht es dann darum, die logischen Ebenen noch einmal zurückzugehen und um die Erkenntnisse aus den höheren Ebenen anzureichern.

Mit den hieraus gewonnenen Ressourcen, Erkenntnissen, Denkweisen und „Energien" sollte jetzt noch einmal der Lieblingskontext durchlaufen werden, um zu fragen: Welche Ressourcen kann ich aus dem abgelehnten Kontext nutzbar machen? Wichtig ist hier auch zu überlegen: Wie könnte der abgelehnte Kontext von den Ressourcen des Lieblingskontextes profitieren und damit doch als ressourcevoll wahrgenommen werden?

Durch die Einbindung der Schattenseite wird es möglich, auch die Kräfte für eine Vision zu mobilisieren, die sonst nicht nutzbar wären.

Abbildung 9.1 [Schattenalignment]

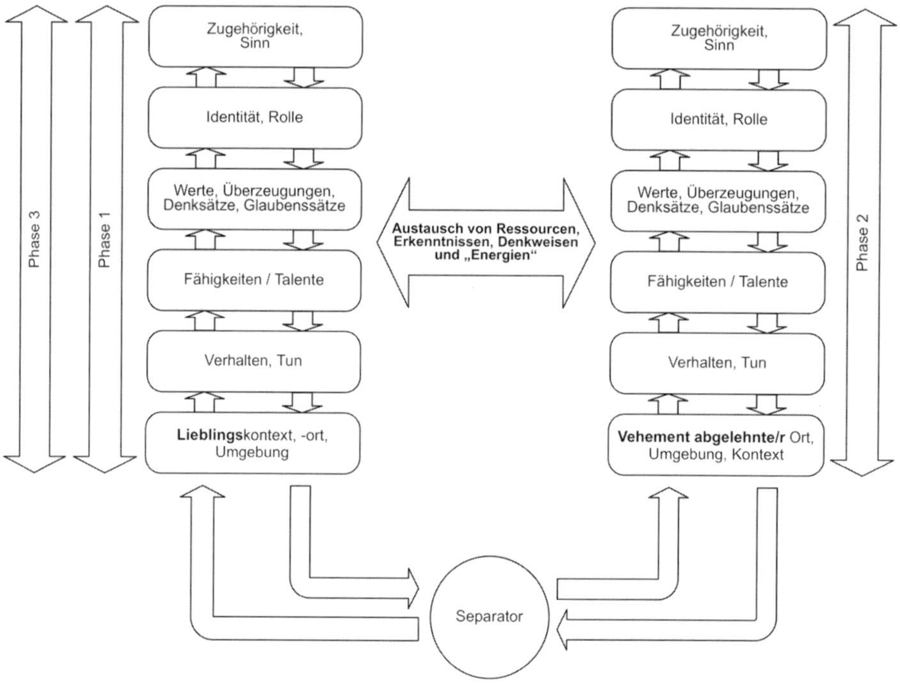

Arbeitsformat: Schattenalignment

Phase 1

1. Wählen Sie einen Lieblingskontext aus, für den Sie die Vision entwickeln wollen. Schreiben Sie sich diesen auf eine Karte und legen Sie sie vor sich hin.

   Hinweis: Sie brauchen für diese Übung insgesamt zwölf Karten und genug Platz, damit Sie über die einzelnen Zettel schrittweise gehen können (siehe **Abbildung 9.1**).

2. Stellen Sie sich Ihren Lieblingskontext vor, indem Sie vor Ihrem inneren Auge prüfen, wie dieser Kontext, Ort, das Umfeld aussehen. Gibt es hier etwas zu hören? Vielleicht sagen Sie etwas zu sich selbst? Mit Sicherheit gibt es hier ein ganz spezielles Gefühl. Versuchen Sie, all dies so genau wie möglich vor Ihrem inneren Auge zu beschreiben. Manchmal gibt es dabei sogar etwas zu riechen oder zu schmecken.

3. Gehen Sie nun einen Schritt weiter und legen Sie eine der Karten aus. Sie steht für das, was Sie in diesem Kontext, an diesem Ort, in dieser Umgebung tun. Auch hier ist es wichtig, vor dem inneren Auge genau zu prüfen, wie das aussieht, wenn Sie hier das tun, was Sie tun. Prüfen Sie ebenfalls, was es hier zu hören und zu fühlen gibt. Nehmen Sie sich die Zeit, die Sie brauchen.

4. Nun gehen Sie einen Schritt weiter, legen Sie eine weitere Karte aus und prüfen Sie mit dem Wissen um den Kontext, den Ort, die Umgebung und dem, was Sie hier tun: Welche Fähigkeiten und Talente stehen Ihnen hier zur Verfügung? Welche Fähigkeiten und Talente setzen Sie hier ein? Achten Sie besonders auf die Talente, die sich so gerne verstecken, weil wir sie so überaus gut beherrschen, dass sie uns normalerweise nicht mehr bewusst sind.

5. Beim nächsten Schritt legen Sie eine neue Karte aus und prüfen Sie mit dem Wissen um den Kontext, den Ort, die Umgebung, dem was Sie hier tun, den Fähigkeiten und Talenten, die Sie hier einsetzen: Was ist Ihnen hier wichtig? Welche Werte, Denk- und Glaubenssätze sind für Sie an dieser Stelle von Bedeutung? Wofür stehen Sie hier? Wofür treten Sie hier mit Ihrer ganzen Person ein?

6. Gehen Sie wiederum einen Schritt weiter und legen Sie eine weitere Karte aus und prüfen Sie vor dem Hintergrund des Wissens um den Kontext, den Ort, die Umgebung, dem, was Sie hier tun, den Fähigkeiten und Talenten, den Werten, Denk- und Glaubenssätzen: Was ist Ihnen hier wichtig? Wer sind Sie hier? Welche Rolle haben Sie hier? Bei welcher Rolle können Sie sagen: „Ich bin …“

7. Erneut gehen Sie nun einen Schritt weiter und legen eine neue Karte aus. Prüfen Sie mit dem Wissen um den Kontext, den Ort, die Umgebung, dem, was Sie hier tun, den Fähigkeiten und Talenten, die Sie hier einsetzen, dem, was Ihnen hier wichtig ist, und dem, was Sie hier sind: Welchen Sinn hat das? Welchen Sinn gibt es, der größer ist als Sie selbst?

8. Nachdem Sie auf diese Weise alle logischen Ebenen durchlaufen haben, drehen Sie sich um und gehen die einzelnen Ebenen wieder zurück. Welche zusätzlichen Erkenntnisse nehmen Sie vor dem Hintergrund der gewonnenen Erfahrungen auf den übergeordneten Ebenen wahr? Wie verändern sich die Inhalte durch diese neuen Erkenntnisse?

Wenn Sie die erste Ebene wieder erreicht haben, treten Sie auf einen separaten Platz und richten Sie die Aufmerksamkeit kurz auf etwas anderes, um die eigene Wahrnehmung zu klären und für die nächste Phase zu öffnen. Im NLP bezeichnet man dies als „Separator".

Phase 2

Wählen Sie für die Phase 2 einen Kontext, einen Ort oder eine Umgebung, den/die Sie aus tiefster Überzeugung ablehnen. Gehen Sie wie in Phase 1 über die logischen Ebenen und wieder zurück. Auf allen Ebenen geht es um die Dinge, die Sie wirklich ablehnen.

Wenn Sie wieder auf der ersten Ebene angekommen sind, gehen Sie wieder wie in Schritt 8 vor.

Phase 3

Gehen Sie in dieser Phase wieder zu Ihrem Lieblingskontext und anschließend erneut über die logischen Ebenen. In dieser Phase geht es darum, auf jeder Ebene die Frage zu stellen: Welche Ressourcen werden erkennbar, wenn Sie die abgelehnte Seite zu Ihrem guten Kontext herüberholen? Wie bereichern diese Ressourcen den positiven Kontext?

Prüfen Sie bitte auch, wie es im Ausgleich den abgelehnten Kontext bereichern kann, wenn dort Ressourcen des Lieblingskontextes verfügbar werden. Lassen Sie sich überraschen, welche neuen Kräfte und Ressourcen sich daraus für Sie ergeben.

[10] Visionsarbeit mit einer Gruppe/einem Team

Kern jeder gelungenen Visionsarbeit in einer Gruppe ist ein gemeinsamer Gruppenrapport, d.h. ein gemeinsames gutes Einvernehmen bzw. ein guter Kontakt der Gruppenmitglieder untereinander. Hierzu zählt auch ein gemeinsames Verständnis für die zu suchende Lösung. Doch welche Voraussetzungen müssen gegeben sein, damit aus einer Gruppe ein Team wird? Das Kapitel veranschaulicht, wie der Gruppenrapport-Prozess die Visionsfindung belebt. Eine Zeitreiseübung stellt den Praxisbezug her.

Bisher sind die hier vorgestellten Visionsformate im Kern so konzipiert, dass sie von einzelnen Personen durchgeführt werden können. Bei der Arbeit mit einer Gruppe/einem Team kommen jedoch zusätzlich gruppendynamische und systemische Wirkungen hinzu.

Die Unterscheidung von Gruppe und Team erfolgt in dem Verständnis, dass eine Gruppe noch keine innere Struktur hat, sich also noch in einem Gestaltungsprozess für diese befindet. Ein Team besitzt diese innere Struktur und kann insofern als geformte Gruppe verstanden werden. Die nachfolgenden Darstellungen gehen daher zunächst von der Gruppe aus, da dies der Urzustand eines Teams ist.

Gruppendynamische Prozesse entstehen in jedem Fall, da Menschen miteinander kommunizieren, ob sie wollen oder nicht. So gibt es z. B. in einer Gruppe mit mehr als drei Personen auch ohne offizielle Hierarchie innerhalb kürzester Zeit eine Führungsfigur, an der sich die anderen Gruppenmitglieder bewusst oder unbewusst orientieren. Stimmungen einer Person können sich im positiven wie negativen Sinne auf die anderen Gruppenmitglieder übertragen und so den Gesamtzustand der Gruppe verändern.

Systemische Prozesse, die in einer Gruppe stattfinden, beruhen z. B. darauf, dass jedes Mitglied der Gruppe nicht nur als Person anwesend ist, sondern auch seine bisherigen Wahrnehmungen, Erfahrungen und Beziehungen - ob es will oder nicht mit - in die Gruppe einbringt. Wenn z. B. ein Gruppenmitglied im Vorfeld von seinem Vorgesetzten aufgefordert wurde, die Interessen seines Arbeitsbereiches in einer besonderen Form zu vertreten, hat dies Auswirkungen auf diese Person und beeinflusst den Prozess. Es ist leicht verständlich, dass bei einer Gruppe, in der alle Beteiligten mit irgendeinem Auftrag versehen wurden, hinter diesen Beteiligten „virtuell“ jeweils eine weitere Person steht. Wenn jetzt auch noch vielleicht andere Personen oder einfach Phänomene aus dem privaten Umfeld in diese Arbeit hineinwirken, sind noch weitere Personen oder Phänomene auf diese Weise anwesend.

In der Visionsarbeit mit Gruppen ist es von Bedeutung, die systemischen und gruppendynamischen Prozesse zu erkennen und für den Arbeitsprozess nutzbar zu machen. Es geht nicht darum, diese Prozesse aus der Gruppe zu entfernen, sondern die relevanten Themen sichtbar zu machen. Auf diese Weise werden die darin enthaltenen Ressourcen für die Gruppe als Ganzes nutzbar.

a. Gruppenrapport, damit aus einer Gruppe ein Team werden kann

Bevor die eigentliche Visionsarbeit mit der Gruppe beginnen kann, ist es erforderlich, eine Basis für einen guten Kontakt miteinander zu schaffen. Dieser Kontakt braucht dabei deutlich mehr als nur ein freundliches „guten Morgen". Eine gute Möglichkeit bietet hier in einem ersten Schritt ein sogenannter Gruppenrapport-Prozess.

Gruppenrapport bedeutet, im guten Kontakt mit allen Gruppenmitgliedern zu sein. Dieser Prozess ist dabei so zu verstehen, dass die Gruppenmitglieder bezogen auf das Thema miteinander in Kontakt gehen und ein gegenseitiges Erkennen der Sichtweise des anderen möglich wird. Es geht somit darum, sich in einem ersten Schritt auf die Sichtweise des anderen zum Thema einzulassen und zu verstehen, was ihn mit dem Thema verbindet und was es für ihn darin zu erkennen gibt. Dieser Schritt ist von großer Bedeutung, denn selbst wenn wir auf der Oberfläche unserer Sprache vielleicht einen gemeinsamen Begriff für das Thema haben, können die damit verbundenen Wahrnehmungen und Assoziationen sehr unterschiedlich sein.

Als Beispiel kann hier z. B. ein Begriff wie „Projektmanagement" dienen. Auf der ersten Ebene dieses Begriffes sagen fast alle Menschen in einem Unternehmen „ja", wenn man sie fragt, ob sie wissen, was damit gemeint ist. Was jedoch mit diesem Begriff verbunden wird, sind die unterschiedlichsten Aspekte, Kriterien und Teilthemen. So verbindet vielleicht der Manager mit dem Thema auf der Oberfläche so etwas wie „Da ist ein Problem, das es in einer Verantwortung zu lösen gilt ..." oder „... da kann jetzt jemand über das Projekt Regeln in meinem Zuständigkeitsbereich in Frage stellen ...". Der Mitarbeiter denkt vielleicht „Wenn ich in dem Projektteam bin, kann ich mich profilieren und schneller Karriere machen ..." oder „Ach du meine Güte, da kommt schon wieder unbezahlte Mehrarbeit auf mich zu ...". Die Anzahl der denkbaren Varianten ist sehr groß und hat Einfluss auf die Art und Weise, wie die Gruppe miteinander in Kontakt tritt und wie sie darauffolgend miteinander kommuniziert.

Schon diese kleinen Beispiele zeigen, wie zentral die Bedeutung einer frühzeitigen Klärung der unterschiedlichen Sichtweisen für den gesamten weiteren Prozess ist. Denn solange diese unterschiedlichen Sichtweisen auf ein Thema ungeklärt in der Gruppe bestehen, erfolgen Wahrnehmung und Kommunikation vor diesem individuellen Hintergrund. Es ist leicht nachvollziehbar, dass solche nicht geklärten Sichtweisen auf ein Thema schnell die gemeinsame Arbeit behindern können. Auch die häufig zu Beginn von Seminaren und

Trainings getroffene Annahme, für diese Klärungsprozesse sei keine Zeit, erweist sich durchgängig als nicht haltbar.

Soll am Ende des Prozesses ein gemeinsames Verständnis über das Ergebnis stehen, müssen zu Beginn des Prozesses die Sichtweisen und Perspektiven geklärt werden. Denn die nicht geklärten Sichtweisen beeinflussen die Kommunikation und Wahrnehmung. Wird diese Klärung der unterschiedlichen Sichtweisen in den laufenden Arbeitsprozess verlagert, ist der Zeitaufwand innerhalb des Prozesses deutlich höher als bei einer Klärung zu Beginn. Erfolgt die Klärung nicht oder unzureichend, sind Missverständnisse im Nachhinein die typische Folge.

Ein gutes Beispiel für solche nicht geklärten Sichtweisen sind Ergebnisprotokolle von Besprechungen. Hier haben viele der Beteiligten beim anschließenden Lesen den Eindruck, sie seien in einer völlig anderen Zusammenkunft gewesen. Nachkorrekturen, erneute Sitzungen und nicht zuletzt Konflikte zwischen den Beteiligten sind oftmals die Folgen.

Die Klärung zu Beginn des gemeinsamen Arbeitens ist also in jedem Fall von zentraler Bedeutung für die Effektivität und Effizienz, mit der Ergebnisse erreicht werden können. Da das gemeinsame Verständnis für die Ergebnisse darüber hinaus natürlich auch die weitere Kommunikation innerhalb des Teams und der gesamten Organisation erheblich prägt, wirkt sich dies bis in die Darstellung des Unternehmens auf dem jeweiligen Markt aus. Je besser das gemeinsame Verständnis, desto schlüssiger und kongruenter ist die Wahrnehmung von innen wie von außen.

Aber wie lässt sich ein solches gemeinsames Verständnis mit wenig Aufwand erreichen? Eine der einfachsten und leichtesten Herangehensweisen ist zunächst die Frage an alle Beteiligten, was sie mit dem Thema verbinden und was sie aus ihrer individuellen Sicht für besonders relevant halten. Wichtig ist hierbei, diese unterschiedlichen Sichtweisen nicht zu bewerten, weil jede Sichtweise ihre Berechtigung hat und Teil des Gesamtprozesses ist. Nimmt man diese Sichtweisen erst einmal als gegeben, ist es zweckmäßig, sie als einen relevanten Gesamtrahmen für den Lösungsraum zu verstehen.

Abbildung 10.1 [Definition des Lösungsraums]

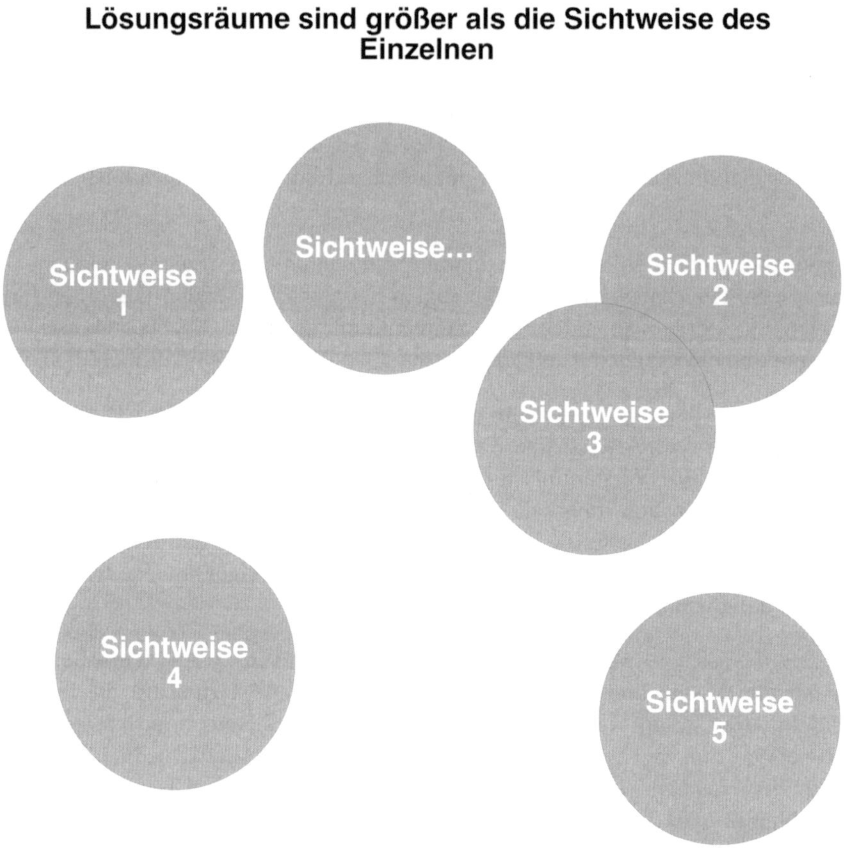

Wird eine Sichtweise negiert oder von Beginn an einer Bewertung unterzogen, sind Irritationen im weiteren Prozess vorprogrammiert. Wird dieser Lösungsraum erst einmal als gegeben angenommen, kann in einem zweiten Schritt die positive Intention erfragt werden, die mit der jeweiligen Sichtweise verbunden ist.

b. Die positive Intention aller Beteiligten erkennen

Die Annahme der positiven Intention hat einen besonderen Wert. Hierdurch wird meist rasch ersichtlich, dass auch bei unterschiedlichen Sichtweisen diesen oftmals ähnliche oder gleiche Grundmotive zugrunde liegen.

Die Annahme, jeder Mensch verfolge mit seiner Sicht auf die Welt eine positive Absicht, ist - auch wenn das erkennbar im Widerspruch zu unserer Sichtweise steht - zunächst schwer verständlich. Zugänglich wird sie u.a. durch folgende Fragen, die einzeln oder im Verbund helfen können, diese Intention zu verstehen:

- Wofür ist das in diesem Kontext/Umfeld gut ...?
- Wofür ist es gut, das genau so zu tun/sich so zu verhalten ...?
- Wie hilft Ihnen das weiter ...?
- Welcher Denk-/Glaubenssatz, welches Prinzip ist hier wichtig ... was ist daran wichtig ...?
- Wer sind Sie dadurch ... welche Rolle wird dadurch möglich ...?
- Was ist daran sinnvoll ... wofür macht das Sinn ...?
- Wofür ist das gut oder hilfreich ...?
- Was wird dadurch möglich ...?

Auch wenn die Fragen teilweise ähnlich klingen, beziehen sie sich auf unterschiedliche neurologische Ebenen der Wahrnehmung (siehe hierzu auch Seite 30) und ermöglichen es dem Befragten zu erkennen, was seine tieferen Intentionen bezogen auf das Thema sind.

Durch die Offenlegung dieser Hintergrundmotive wird rasch erkennbar, dass es zwischen den Beteiligten oftmals ähnliche oder sogar gleiche Motive gibt. Auf der Basis der Hintergrundmotive lässt sich dann bezogen auf das Thema der Lösungsraum um diese Motive ziehen. Innerhalb dieses Raums von positiven Intentionen lassen sich anschließend die möglichen Handlungsalternativen leichter erkennen, beschreiben und vereinbaren.

Wichtig bei der Lösungsfindung ist, dass alle Hintergrundmotive in der auf dieser Basis entstehenden Lösungen ihren Platz finden und gewürdigt werden. Geschieht dies, ist sichergestellt, dass alle Beteiligten die Lösungen vertreten können (vgl. **Abbildung 10.1**). Geschieht dies nicht, sind in der Regel Irritationen und vor allem Widerstände vorprogrammiert.

Abbildung 10.2 [Die positive Absicht erfragen um Handlungsalternativen zu finden]

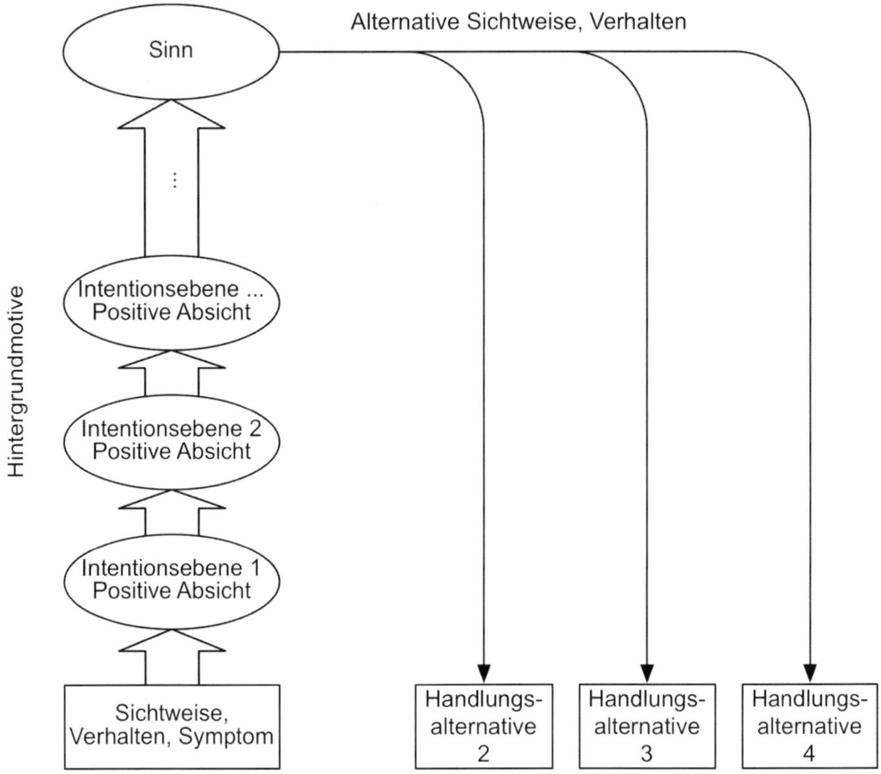

c. Fähigkeiten, Talente und Wertesystem im Team erkennen

Ein guter Kontakt in einer Gruppe und das Erkennen und Würdigen der einzigartigen Fähigkeiten und Talente jedes Einzelnen sind weitere zentrale Elemente, um zu einem Team zu werden, das gemeinsam über Visionen nachdenken kann. Als Voraussetzung hierfür müssen die Gruppenmitglieder lernen, sich gegenseitig mit ihren Fähigkeiten und Talenten wahrzunehmen. Dabei geht es nicht nur um die Fähigkeiten, die jeden Tag am Arbeitsplatz eingesetzt werden, sondern auch um solche, die außerhalb des beruflichen Kontextes vorhanden sind oder bisher in diesem aufgrund des Stellenzuschnittes nicht genutzt werden konnten. Diese bisher nicht genutzten oder nicht erkennbaren Fähigkeiten und Talente bilden zusammen mit den bekannten und genutzten den Pool für eine erfolgreiche Visionsentwicklung.

Der einfachste Weg den Pool an Fähigkeiten und Talenten erkennbar zu machen, besteht darin, die Mitarbeiter kunstvoll nach diesen Ressourcen zu fragen. Die meisten Gruppenmitglieder können häufig auf Anhieb nur einen Bruchteil der Fähigkeiten benennen, die ihnen als Ressourcen zur Verfügung stehen. Dies liegt zum einen daran, dass ein großer Teil unserer Fähigkeiten uns zur Routine geworden ist, sie als selbstverständlich vorausgesetzt werden. Hierzu gehören viele Fähigkeiten und Talente, die seit der Kindheit so in Fleisch und Blut übergegangen sind, dass wir uns im Umgang mit anderen Menschen oftmals sogar wundern, warum diese nicht über die gleichen Fähigkeiten oder Qualitäten verfügen. Oftmals sind Aussagen wie, „... das ist doch nichts Besonderes ..." gute Hinweise auf solche Talente. Die Fähigkeiten, die diese Qualität erreicht haben, sind auf der höchsten Ebene des Lernens, d.h. der der unbewussten Kompetenz, angekommen. Sie bilden für das Team aufgrund dieser Qualität einen großen Wert, der unbedingt gehoben und nutzbar gemacht werden sollte.

Um die Fähigkeiten und Talente eines Teams rasch „zu bergen", können sich die Beteiligten in einem ersten Schritt gegenseitig ein Feedback dazu geben, welche Fähigkeiten und Eigenschaften sie am jeweils anderen schätzen. Idealerweise schreibt dabei jeder über jeden mindestens drei Eigenschaften oder Fähigkeiten auf, die er am anderen schätzt.

In einem zweiten Schritt erfragen die Teammitglieder, welchen Aktivitäten der jeweils andere außerhalb seiner Arbeit nachgeht und welche Fähigkeiten und Talente er dafür einsetzt. Dann müssen diese mit den beruflich genutzten Fähigkeiten und Talenten zusammen abgebildet werden, damit alle verfügbaren Fähigkeiten und Talente erkennbar werden. Aufgrund des meist sehr umfangreichen Fähigkeiten- und Talente-Pools ist es zweckmäßig, diese gemeinsam mit den Beteiligten zu clustern, d.h. zu gruppieren. Jetzt können die einzelnen Elemente vernetzt werden, um zu sehen, welche sich wie ggf. ergänzen können.

In einem dritten Schritt sollten die relevanten Werte, Glaubenssätze und Prinzipien abgebildet werden, da über diese für jeden Einzelnen die Motivation entsteht zu handeln. Sie sind Ausdruck des individuellen Handlungsrahmens, in dem sich jeder Beteiligte bewegt. Führt man sie zusammen, wird erkennbar, welche gemeinsamen Werte die Gruppe tragen und welche nicht.

Werte und Glaubenssätze stellen eine starke innere Bindung dar und besitzen eine klare Werte-Hierarchie. Dabei gibt es Werte, die unbedingt erfüllt sein müssen, solche, die disponibel sind, und Werte oder Glaubenssätze, mit denen ein klares „No go" verbunden ist, die also auf keinen Fall zulässig sind. Aufgrund dieser starken, bindenden Wirkung ist es wichtig, sehr sorgfältig die Werte der Gruppe zu klären, die im Arbeitskontext bedeutsam sind, da sie den inneren Handlungsrahmen des Teams bilden. Wenn es hier Irritation gibt, ist es wichtig, diese präzise zu klären und zu einer gemeinsamen Vereinbarung zu führen.

Zusammen mit der Arbeit an den Intentionen jedes einzelnen Teammitglieds ergibt dies die Basis für die eigentliche Visionsarbeit.

d. Würdigen, was bereits da ist

Geht es bei dem gemeinsamen Prozess um die Entwicklung einer Vision, kommen noch weitere Aspekte hinzu. So geht es bei der Visionsentwicklung natürlich darum, nicht nur das vorhandene Wissen zu verknüpfen, sondern dieses im Sinne einer langfristigen Weiterentwicklung um neue Möglichkeiten zu erweitern.

Damit eine Vision einen guten Boden bekommt, besteht der erste Schritt in der Würdigung dessen, was bereits da ist: Gerade dann, wenn der Ruf nach Veränderung und Erneuerung besonders stark wird, geht oftmals der Blick dafür verloren, was das Team oder das gesamte Unternehmen in der Vergangenheit und bis heute getragen hat. Hierzu gehören natürlich an erster Stellen die Menschen mit ihren Stärken und Fähigkeiten. Dann folgen die bisher größten Erfolge. Auch die Rückschläge sollten hier benannt werden, da durch sie auch die Strategien und Ressourcen erkennbar werden, mit denen diese überwunden wurden. Hier liegen oftmals zentrale Ressourcen verborgen, die für eine Vision sehr hilfreich sind. Im Sinne der oben genannten Werte ist es wichtig festzulegen, was für die Zukunft auf jeden Fall erhalten bleiben soll. Zum Schluss sollte auch noch einmal darauf geschaut werden, welche wichtigen Anregungen, Inspirationen das Team bzw. das Unternehmen von außen erfahren hat, damit es zu dem werden konnte, was es heute ist.

e. Das erweiterte systemische Umfeld einbeziehen

Jedes Team oder Unternehmen existiert in einem Umfeld, das sich ständig verändert. Dieser dynamische Prozess hat dazu geführt, dass das entstehen konnte, was bereits da ist. Denn ob wir wollen oder nicht, wir sind mit diesem systemischen Feld verbunden. Ein Team oder Unternehmen zu entwickeln, bedeutet, die Einflussfaktoren des systemischen Feldes soweit erkennbar einzubeziehen und nutzbar zu machen.

Die nachfolgende kurze Betrachtung von Trends und Entwicklungsmöglichkeiten hat nicht den Anspruch, abschließend zu sein, sie soll im Wesentlichen zeigen, dass in jedem Umweltfaktor des erweiterten systemischen Feldes zahlreiche Ressourcen zu finden sind, die wir oftmals ausblenden. Wesentliche Entwicklungsmöglichkeiten bleiben uns dadurch u. U. verschlossen, obwohl sie uns unmittelbar umgeben (vgl. **Abbildung 10.3**).

Abbildung 10.3 [Das engere systemische Feld eines Unternehmens]

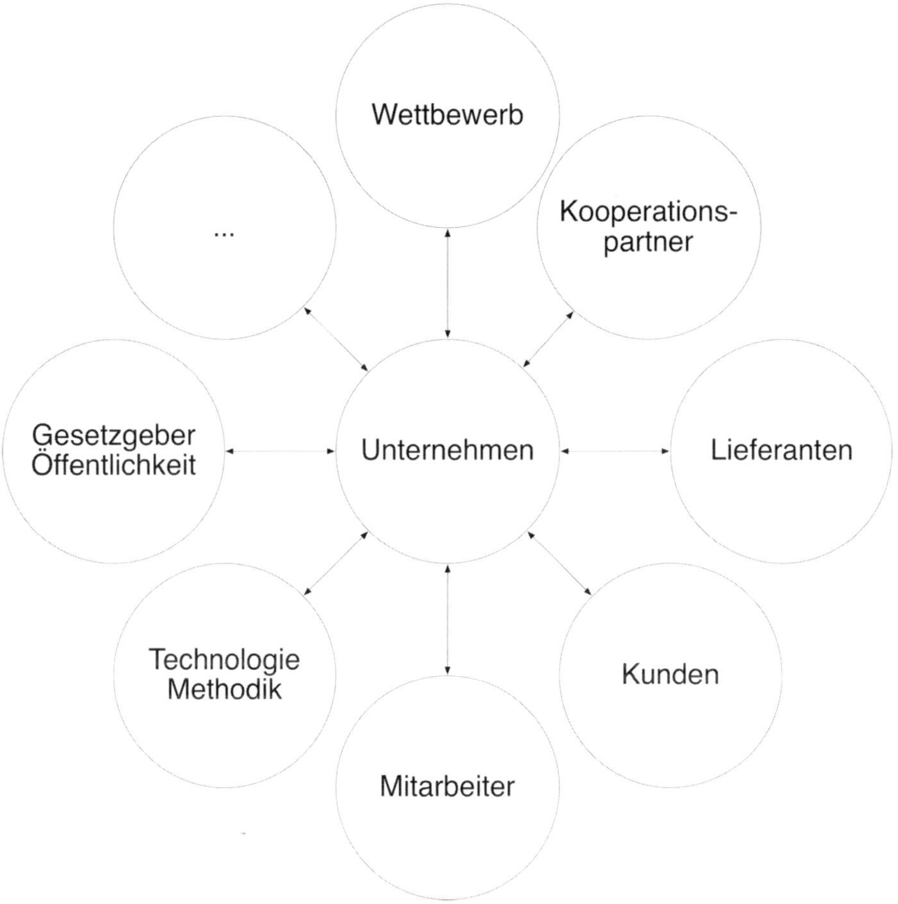

Die Fähigkeit, in einem System erfolgreich zu sein, ist unmittelbar davon abhängig, wie flexibel und anpassungsfähig der Einzelne oder das Team innerhalb dieses Systems ist und dadurch das gesamte Umfeld bestmöglich nutzbar machen können. Da sich jedes System zu jeder Zeit weiterentwickelt, geht es hier auch darum zu erkennen, wie sie sich konkret weiterentwickeln.

Wettbewerber

Wenn wir so z. B. auf den Wettbewerber schauen, neigen wir schnell dazu, seine Produkte und Dienstleistungen zu negieren anstatt genau hinzusehen und zu beobachten, mit welchen Strategien dort erfolgreich gearbeitet wird. Hierzu gehören auch solche Strategien, die uns erst einmal irritieren, da wir die Strategie von außen nicht so schnell erkennen können. Nicht selten stecken hier besondere innere Ressourcen, die der Wettbewerber nutzbar macht (vgl. hierzu auch Seite 49 ff.)

Kooperationspartner

Kooperationspartner sind in der heutigen Zeit eine immer wichtigere Ressource, da wir an ihnen erkennen können, wie man sich in einem angrenzenden oder sogar im gleichen Markt auch aufstellen und bewegen kann. Hier lassen sich sogar im Sinne einer gemeinsamen Strategie Vorgehensweisen abstimmen und ergänzen.

Lieferanten

Lieferanten sehen uns als ihren Markt und wollen diesen naturgemäß erhalten und nach Möglichkeit weiter durchdringen. Betrachten wir also die Lieferanten und ihr Verhalten im Markt, lässt sich dieses zum einen als Perspektive auf unseren Markt verstehen. Zum anderen wird erkennbar, welchen Trends die Lieferanten folgen. Hier sind oftmals Veränderungen in den Geschäftsprozessen oder den Fertigungsverfahren interessante Hinweise, die auch als Ressource für das eigene Team nutzbar sind.

Kunden

Kunden geben uns durch ihr unmittelbar erkennbares Verhalten Aufschlüsse darüber, wohin sich der Markt entwickelt. Die unangenehmste Form ist natürlich, wenn die Kunden fernbleiben. Hier besteht die Herausforderung darin, die positive Motivation der Kunden zu verstehen, welche dazu geführt hat, sich für einen anderen Anbieter zu entscheiden. Auch wenn es manchmal schwerfällt, dem abgesprungenen Kunden eine positive Intention zu unterstellen, liegen hier die wesentlichen Informationen verborgen, die für eine gute Einschätzung der Trends und ein Entwicklungen hilfreich sind.

Einfacher ist es natürlich dort, wo wir einen guten Kontakt zu unseren Kunden haben. Hier sollten die Kunden - wenn möglich - danach gefragt werden, worin die besondere Qualität des Angebotes oder Marktauftrittes gesehen wird, die für die Entscheidung, uns als Anbieter auszuwählen, von Bedeutung war.

Mitarbeiter

Mitarbeiter sind für den eigenen Erfolg die zentralste aller Ressourcen, und doch wird das dort verborgene Wissen über Trends und Entwicklungen selten genutzt. Die engagierten Mitarbeiter, die auf Weiterentwicklung drängen, beschäftigen sich oftmals intensiv mit der Zukunft und versuchen, durch ihr eigenes Tun daran teilzuhaben. Diese häufig als unbequem und ungeduldig wahrgenommenen Mitarbeiter können uns wichtige Hinweise für die Trends und Entwicklungen geben, die sich im unmittelbaren Umfeld befinden.

Auch die Mitarbeiter, die scheinbar nur ihren Job gut machen wollen, sind wichtige Quellen für Entwicklungstrends. Sie sind meist damit beschäftigt, die Qualität des Unternehmens entscheidend voranzutreiben und so die inneren Werte des Unternehmens zu prägen und auszubauen. Den demotivierten oder frustrierten Mitarbeiten schenken wir oftmals nur noch eine ablehnende Aufmerksamkeit, übersehen dabei aber, dass auch diese im besten Sinne motiviert sein wollen. Wenn hier Blockaden vorhanden sind, wurden häufig zentrale Werte dieser Personen verletzt. Diese zu hinterfragen liefert wichtige Hinweise, um aktuelle Schwachstellen und Gefahren für die Entwicklung des Unternehmens aufzudecken, die für die zukünftige Entwicklung bedeutsam sind.

Technologie und die Methodik

Die Technologie und die Methodik, wie sie nutzbar gemacht werden kann, ist für die meisten Unternehmen und Teams die zentrale Perspektive. Hier liegen in der Tat zentrale Ressourcen für die Beschreibung künftiger Entwicklungen und Trends.

Die Weiter- oder Neuentwicklung von Technologien bietet oftmals völlig neue Optionen, um Angebote am Markt zu machen. Technologische Trends sind jedoch nicht so einfach zu erkennen, soweit sie nicht als unmittelbare Folgeschritte der aktuellen Entwicklung zu identifizieren sind. Hilfreich ist es an dieser Stelle die aktuellen großen technologischen Trends erst einmal zu benennen und zu schauen, wie sich durch diese das Verhalten der Menschen verändert. Welche Bedürfnisse wurden durch diese Technologien und Methodiken geweckt und befriedigt? Übertragen wir das dann auf unsere Kunden, können wir uns fragen: Welche Bedürfnisse unserer Kunden befriedigen wir aktuell? Welche könnten dadurch erfüllt werden, dass wir diese Entwicklungstrends einbeziehen und dafür neue Technologien und Methoden einsetzen? Von besonderer Bedeutung sind hierbei die Bedürfnisse, die an höhere Werte gebunden sind. Hierzu gehören Werte wie Sicherheit, Zugehörigkeit und Sinnhaftigkeit etc.

Gesetzgeber

Der Gesetzgeber kann durch Regelungen ganze Marktmechanismen verändern. Dabei muss jedoch unterschieden werden zwischen der beabsichtigten Wirkung der gesetzlichen Regelung und der tatsächlichen Wirkung. Grundsätzlich mochte sich jedes Unternehmen so frei wie möglich im Markt bewegen. Will der Gesetzgeber das Verhalten im Markt regeln, versuchen Unternehmen und Teams grundsätzlich einen Weg zu finden, diese Regelungen zum eigenen Nutzen so gut wie möglich zu verwenden. Da auch die Gesetzgebung Trends folgt, ist es hilfreich, die Gesetze so präzise wie möglich zu beschreiben, um den Korridor des Handlungsspielraums zu erkennen.

f. Der Schritt in die Zukunft

Mit dem Wissen um die Werte und Fähigkeiten, die das Team tragen, und um die Entwicklung und Trends, die gemeinsam herausgearbeitet wurden, kann die Arbeit an einer gemeinsamen Vision beginnen. Mit Hilfe einer sogenannten Zeitreiseübung wird die Visionsarbeit konkretisiert.

Mittels Bodenankern, Flipcharts oder Metaplanwänden können zwei Punkte im Raum definiert werden, die das Heute definieren und einen Zeitpunkt in der Zukunft. Idealerweise wir hier ein Zeitpunkt gewählt, der mindestens zehn Jahre in der Zukunft liegt. Von Vorteil ist, die bisherigen Ergebnisse an dem Punkt zu platzieren, der das Heute darstellt. Idealerweise wird im Vorfeld ein Coach oder ein Mitglied der Gruppe beauftragt, die Übung mit den Teilnehmern durchzuführen.

Bei der Festlegung des Zeithorizontes spielt in vielen Fällen die Branche eine große Rolle. Je kürzer die aktuellen Marktentwicklungszyklen sind, desto kürzer ist oftmals auch der Betrachtungshorizont. Im Mittel hat sich ein Planungshorizont von zehn Jahren als gut zu handhaben erwiesen, da er den Blick deutlich über das Tagesgeschäft hinaushebt.

Stellen Sie sich vor, Sie reisen jetzt mit einem Raumschiff in die Zukunft. Diese Reise endet punktgenau am gleichen Tag dieser gemeinsamen Arbeit, nur eben zehn Jahre später.

Abbildung 10.4 [Der Schritt in die Zukunft]

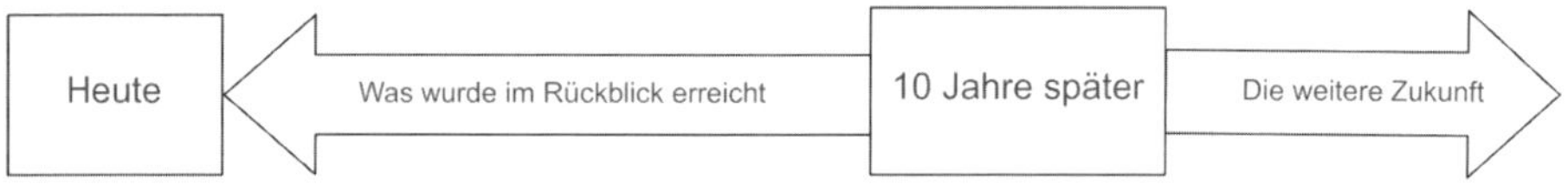

Die Übung beginnt mit den folgenden Fragen: Was haben Sie bis zu diesem Tag X in der Zukunft erreicht? Worauf sind Sie stolz, wofür feiern Sie sich? Was haben Sie geschafft, von dem Sie heute im Jahre XXXX sagen: „Ja, es war von Bedeutung, dies zu tun. Das hat meinem/unserem Leben und unserer Arbeit einen Sinn gegeben." Woran erkennen Sie das Erreichte? Was waren die wichtigsten Meilensteine auf diesem Weg?

Wichtig ist hier, alle Elemente Ihrer Wahrnehmung konkret zu beschreiben. Dies kann gemeinsam im Team erfolgen oder in Kleingruppen. Was gibt es hier zu sehen, was zu hören und was zu fühlen? Beschreiben Sie so viele Aspekte wie möglich und halten Sie diese fest. Beschreiben Sie, was tatsächlich erreicht ist, und vor allem beschreiben Sie es positiv und ohne Vergleich (vgl. Seite 95 ff.).

Arbeitsformat: Team-Kaleidoskop

Legen Sie jetzt pro Person weitere sechs Bodenanker vor sich aus, die sternförmig von allen Beteiligten aufeinander zulaufen. Sind die Teams größer als sechs bis acht Personen, dann ist es hilfreich, das gesamte Team in Gruppen einzuteilen. Jede Gruppe wählt einen Stellvertreter, der für sie über die Bodenanker geht. Dieser wird dann durch die Gruppe unterstützt.

Abbildung 10.5 [Team-Kaleidoskop für die Visionsarbeit]

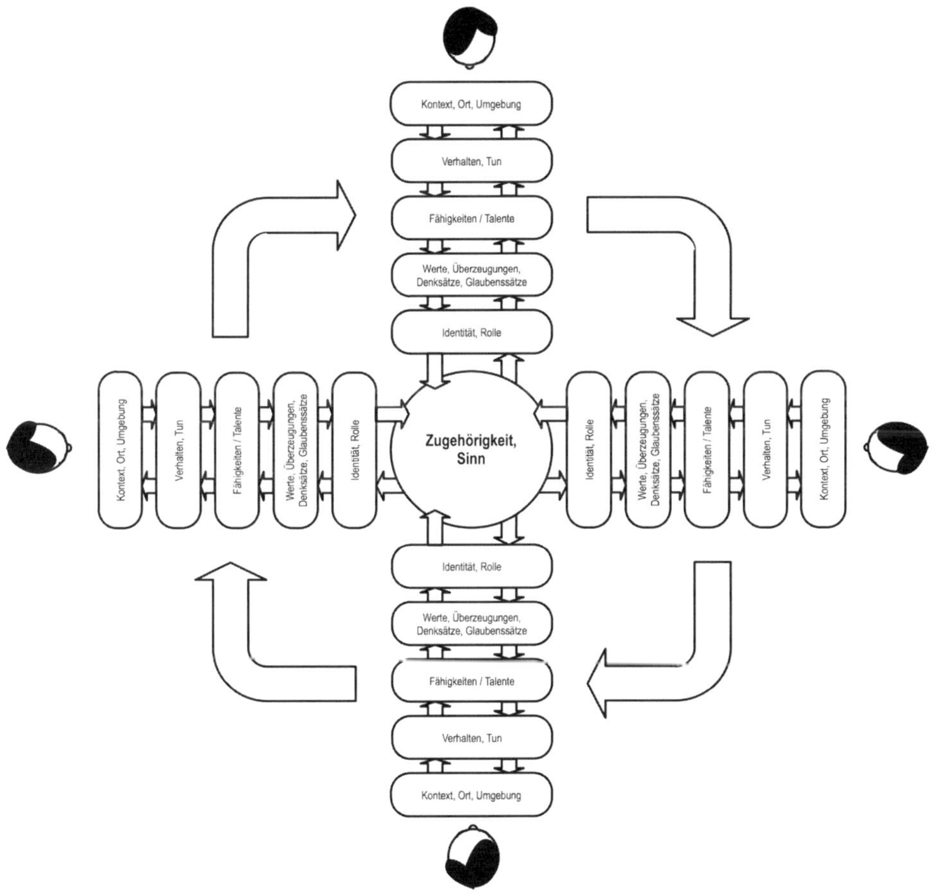

Stellen Sie sich vor den ersten Bodenanker und blicken Sie von hier aus in die weitere Zukunft, in eine Zukunft, die noch weit, weit vor Ihnen liegt. In eine Zukunft, in der das, was Sie geschaffen haben, weiter an Bedeutung gewinnt. Geben Sie der Vorstellung Raum, dass sich diese Perspektive weiter und weiter ausdehnt, und lassen Sie sich überraschen, was sich auf diesem Weg zeigt. Vielleicht stellen Sie sich einfach einen Horizont vor, auf den Sie schauen, mit dem Wissen, dass das, was Sie geschaffen haben, mehr und mehr Früchte trägt. Schauen Sie auf den Weg, den Sie in die Zukunft gehen werden.

Orte, Umfelder und Kontexte

Gehen Sie jetzt auf den ersten Bodenanker und fragen Sie sich: Was sind das für Orte, Umfelder und Kontexte, in denen Sie sich sehen? Wenn alle Beteiligten sich zu ihrem Bodenanker geäußert haben, wechseln Sie im Uhrzeigersinn auf den Bodenanker Ihres linken Nachbarn. Hinterlassen Sie hier als Geschenk (z. B. in Form einer wertschätzenden Rückmeldung), was aus Ihrer Sicht hier noch hingehört und die Orte und Kontexte im guten Sinne anreichert. Wechseln Sie so lange im Uhrzeigersinn, bis alle Teilnehmer wieder auf ihrem ursprünglichen Bodenanker angekommen sind. Dieser Wechsel ist für die Visionsentwicklung sehr hilfreich, da er uns noch zusätzliche Ressourcen sichtbar macht, die wir allein nicht erkennen.

Verhalten /Tun

Beim nächsten Schritt auf den Bodenanker „Verhalten/Tun" fragen Sie sich: Was tun Sie auf den einzelnen Etappen des Weges, was prägt Ihr Verhalten? Was sehen Sie sich auf den unterschiedlichen Etappen des Weges tun? Auch hier wechseln Sie, nachdem Sie Ihr eigenes Tun beschrieben haben, im Uhrzeigersinn und hinterlassen jedem der Beteiligten ein ergänzendes Geschenk. Sind Sie wieder auf Ihrem Bodenanker angekommen, gehen Sie einen Schritt weiter.

Fähigkeiten und Talente

Auf diesem Bodenanker beantworten Sie zunächst für sich die Frage: Welche Fähigkeiten und Talente kommen hier im Besonderen zum Tragen? Welche Fähigkeiten entwickeln Sie auf dem Weg in die Zukunft in besonderem Maße weiter? Achten Sie hier speziell auf die Talente und Fähigkeiten, die Sie oftmals nur dadurch wahrnehmen, dass andere Menschen das nicht können. Wenn Sie Ihre Fähigkeiten und Talente benannt haben, gehen Sie wieder im Uhrzeigersinn weiter und lassen Sie sich überraschen, welche Fähigkeiten und Talente andere in Ihnen heute und in der Zukunft sehen.

Werte, Glaubenssätze/Denksätze

Gehen Sie jetzt einen Schritt weiter und fragen Sie sich: Welche Werte, Glaubenssätze/Denksätze tragen Sie auf diesem Weg in die Zukunft? Wofür stehen Sie und wofür nicht? Welche Werte haben für Sie die höchste Bedeutung? Warum ist das wichtig? Auch hier erfolgt der Wechsel über die Bodenanker der anderen Teilnehmer.

Identität und Rolle

Beim Schritt auf die Ebene der Identität und Rolle fragen Sie sich: Wer sind Sie hier? Welche Rollen nehmen Sie auf diesem Weg wahr und gibt es etwas, womit Sie sich im Sinne einer Metapher oder eines Symbols beschreiben können? Auch hier bringt der Wechsel über die Bodenanker interessante neue Perspektiven darüber, was andere auf dem Weg in die Zukunft in uns sehen und was wir in anderen sehen, mit denen wir diesen Weg gemeinsam gehen.

Sinn und Zugehörigkeit

Mit dem Schritt auf die Ebene „Sinn und Zugehörigkeit" geht es um die Frage, wofür tun wir das eigentlich alles? Was ist der Sinn unseres Weges in die Zukunft? Was weist auf dem Weg in die Zukunft weit über uns hinaus? Wozu ist das, was wir tun, eigentlich gut? Was ist die Mission, die wir haben, um unseren Beitrag zu diesem größeren Sinn zu erfüllen? Was ist der Teil, den wir auf diesem Weg in die Zukunft leisten wollen? Was wird dadurch erreicht, dass wir unseren Beitrag zu diesem größeren Ganzen leisten? Wem fühlen wir uns dadurch zugehörig, dass wir uns diesem Sinn verpflichten?

Bei diesem Schritt gibt es keinen Wechsel mehr über die anderen Bodenanker, sondern das gemeinsame Nachdenken über diesen Sinn ist die Mission. Dies ist der Kern der Vision/Mission, die uns alle gemeinsam trägt.

Nachdem diese gemeinsame Vision/Mission benannt ist, geht jeder für sich auf den Bodenankern zurück und sammelt die gewonnenen Erkenntnisse ein.

g. Übersetzung der Vision in konkretes Tun

Die gemeinsamen Erkenntnisse müssen nach der Entwicklung der Vision in **konkrete Leistungspakte** gebündelt werden, mit denen die Vision auf den Weg gebracht werden kann. Hierzu werden die Ergebnisse in einer Planungswerkstatt ausgestaltet und über die Zeitachse verteilt. Dabei kann jedes geplante Leistungspaket zwischen den Bodenankern, die die Zeitachse repräsentieren, verortet werden. Idealerweise werden zu Beginn die Bodenanker „Heute, zehn Jahre und die ferne Zukunft" ausgelegt.

In dieser **Planungswerkstatt** geht es darum, die Vision zu planen und diese nicht als unmöglich abzustempeln. Die Einwendungen der Kritiker werden in einem nächsten Schritt berücksichtigt. Diese Vorgehensweise ermöglicht ein konsequentes Planen, ohne, dass die Ideen zu diesem Zeitpunkt als unrealistisch zerredet werden.

Sind die einzelnen Leistungspakte geplant und auf der Zeitachse verortet, gilt es, diese hinsichtlich ihrer **Machbarkeit** zu hinterfragen. Auch hier geht es nicht darum, die Realisierbarkeit grundsätzlich in Frage zu stellen, sondern um die Beantwortung folgender Aspekte: Was fehlt uns noch, um dieses Leistungspaket realisieren zu können, und wo könnten wir dies herbekommen? Oftmals zeigt sich an dieser Stelle auch, dass zu viele

Leistungspakete in der nahen Zukunft untergebracht sind und auf der Zeitachse einfach besser verteilt werden müssen.

Ist keine unmittelbare Lösung für die fehlenden Ressourcen erkennbar, lässt sich hierzu eine **Kreativitätsrunde** einberufen, in der im Sinne eines Brainstormings alle Ideen zusammengetragen werden, die diese Lücke schließen könnten. Hierbei dürfen alle Ideen auf den Tisch, und seien sie auf den ersten Blick noch so verrückt. Anschließend übernimmt die Planungswerkstatt die Aufgabe, diese Ideen für die jeweiligen Leistungspakete nutzbar zu machen.

Damit keine Vermischung der unterschiedlichen Rollen entsteht, sollten unterschiedliche Orte im Raum oder sogar separate Räume für die Planungswerkstatt, Machbarkeitsprüfung und Kreativitätsrunde genutzt werden.

Dieser Vorgang durchläuft oftmals mehrere Runden, in denen zwischen Planungswerkstatt und Kreativitätsrunde gewechselt wird, um die Vision vollständig und realistisch in Leistungspaketen abzubilden.

Das Ergebnis ist eine realisierbare Vision, die für alle Beteiligten gründlich überprüft und abgestimmt ist.

[11] Visionsarbeit von Walt Disney lernen

Die von dem Amerikaner Robert Dilts in Anlehnung an Walt Disneys Erfolgsstory entwickelte Strategie[22] ist heute Synonym für eine der weltweit bekanntesten Kreativitätsstrategien. Als Modell für effektive Entwicklung von beruflichen und persönlichen Plänen ist sie auch für die Visionsarbeit im unternehmerischen Kontext bestens geeignet.

Eine Vision davon, wie die Zukunft aussehen sollte, hat nahezu jeder. Doch spätestens beim Nachdenken über die benötigten Ressourcen zerplatzen oftmals die schönsten Pläne. Dass Geld- und Personalmangel kein Hindernis auf dem Weg zur Realisierung großer Ziele oder Lebensträume ist, hat schon vor knapp 80 Jahren Walt Disney bewiesen, der Erfinder der wohl berühmtesten Comicfigur der Welt. Mit 40 Dollar in der Tasche, etwas Zeichenmaterial und jeder Menge beruflicher Träume verließ Disney 1927 seine Heimatstadt Kansas Richtung Hollywood und begann - wie einige Jahre später Microsoft-Gründer Bill Gates - seine Karriere in einer Garage: 1928 wurde Mickey Maus „geboren" und revolutionierte als animierte Zeichentrickfigur das Filmgeschäft – Disneys Weg zu Weltruhm war geebnet.

Vom Tellerwäscher zum Millionär – solche Geschichten gibt es viele. Doch Disney und Gates haben viel mehr geschafft, als nur reich und berühmt zu werden. Gemeinsam ist ihnen, dass sie nicht nur die Art, wie wir Informationen verarbeiten, revolutioniert haben. Wie Gates hat auch Disney unsere Art der Realitätswahrnehmung verändert. Mit dem Modellieren Disneys – d.h. dem methodischen Analysieren und Aufschlüsseln seiner spezifischen Vorgehensweise und seines Talents – machte Dilts diese Methode für persönliche und professionelle Zwecke nutzbar. Damit zeigte er gleichzeitig, dass Disneys Erfolg eine Strategie zugrunde lag, die auch von anderen Menschen erfolgreich genutzt werden kann und nicht ein singuläres Zufallsprodukt ist. Der Ursprung für Disneys Erfolg lag in einer Quelle unerschöpflicher Kreativität und Freude an visionären Ansätzen. „Träume nicht dein Leben - lebe deinen Traum", brachte Walt Disney seine – ihm selbst unbewusste – Methodik auf den Punkt.

Als Kernbestandteil der Strategie fand Dilts heraus, dass Disney bei der Realisierung seiner Visionen nacheinander immer drei Positionen einnahm – die des Träumers, des Realisten und des wohlwollenden Kritikers. Abgeleitet aus diesen drei Positionen arbeitet die Disney-Strategie mit drei unterschiedlichen Zuständen, die innerhalb dieses Formates von den Gruppenmitgliedern eingenommen werden.

---

[22] Dilts, Robert: Strategies of Genius Volumes I, II & III; Meta Publications, Capitola, CA, 1994-1995.

Der **Träumer** produziert Ideen: Hier sind der Fantasie keine Grenzen gesetzt! Der **Realist oder Planer** denkt über die Umsetzungsmöglichkeiten nach sowie über die damit verbundenen Notwendigkeiten. Er bestimmt die Planungsphase. Der **Kritiker** setzt sich mit den Vorschlägen konstruktiv kritisch auseinander, bewertet und weist auf Stärken, Schwächen und mögliche Probleme bei der Realisierung hin.

Abbildung 11.1 [Walt Disney-Strategie]

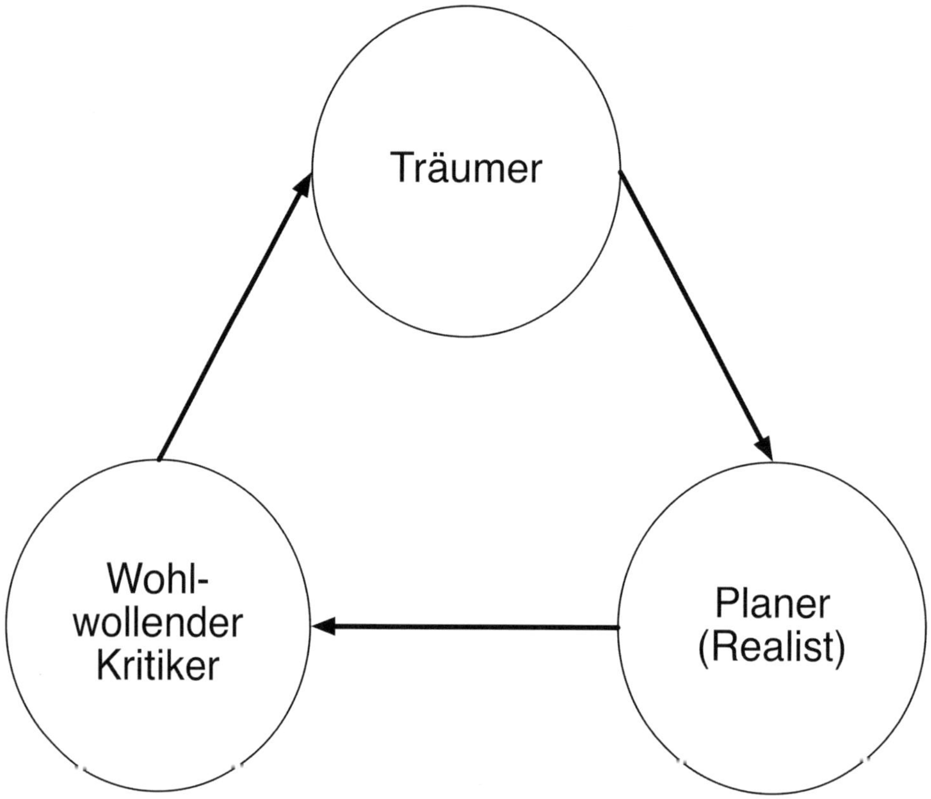

Arbeitsformat: Walt-Disney-Strategie

Folgende Arbeitsschritte führen Sie durch diese ganz persönliche Visionsarbeit.

Ankern der unterschiedlichen Positionen im Raum

Meta-Position

Finden Sie ausgehend von der beobachtenden Position eines neutralen Außenstehenden (Meta-Position) für die drei „States" (Träumer/Realist/Kritiker) drei passende Positionen im Raum.

Träumer

Gehen Sie als Erstes in die Position des „Träumers", den Ort der Ideen. Erinnern Sie sich an Situationen, bei denen Ideen und Einfälle nur so aus Ihnen heraussprudelten. Wann in Ihrem Leben haben Sie es genossen, so ganz und gar in Träumen und Fantasien zu schwelgen? Erinnern Sie sich an eine Situation, die für Sie jetzt im Moment die wichtigste/intensivste „Träumer-Situation" war. Versetzen Sie sich noch einmal mit allen Sinnen in diese Situation: Was haben Sie in dieser Situation erlebt, gesehen, gehört, gefühlt ...?

Planer/Realist

Gehen Sie zweitens in die Position des „Realisten und Planers", dem Ort der Planung und Konzeption. Erinnern Sie sich an Situationen, bei denen Ihnen Planung Spaß gemacht hat, wo Ihnen das Planen ganz leichtfiel! Wann in Ihrem Leben haben Sie Ideen in Planung umgesetzt und Mittel und Wege gefunden, die Ideen zu realisieren? Erinnern Sie sich an eine Situation, die für Sie bis jetzt die wichtigste/intensivste „Realisten- und Planer-Situation" ist. Versetzen Sie sich noch einmal mit allen Sinnen in diese Situation: Was haben Sie in dieser Situation erlebt, gesehen, gehört, gefühlt ...?

Wohlwollender Kritiker

Gehen Sie drittens in die Position des „wohlwollenden Kritikers", dem Ort des „Realitäts-Checks". Erinnern Sie sich an Situationen, in denen Sie Stärken und Schwächen oder mögliche Chancen und Probleme genau wahrgenommen und konstruktiv darauf hingewiesen haben, was zu tun ist oder anders gemacht werden sollte? Wann in Ihrem Leben haben Sie konstruktiv und unterstützend, fördernd „kritisiert"? Erinnern Sie sich an eine Situation, die für Sie jetzt im Moment die wichtigste/intensivste „Kritikersituation" war. Versetzen Sie sich noch einmal mit allen Sinnen in diese Situation: Was haben Sie in dieser Situation erlebt, gesehen, gehört, gefühlt ...?

Entwicklung der Vision

Gehen Sie nun mit einem „Wunsch", einem „Ziel" zuerst in die Träumer-Position, um Ideen, Einfälle und Fantasien erwachen zu lassen, was alles daraus werden könnte. Gehen Sie dann mit diesen neuen Ideen in die Realisten-Position. Planen und organisieren Sie die nötigen Schritte, um die Ideen zu verwirklichen. Gehen Sie als Nächstes in die Kritiker-Position und suchen Sie unvoreingenommen nach Stärken und Schwächen des geplanten Ziels.

Träumer

Stellen Sie sich vor, alles wäre möglich. Was fällt Ihnen dann ein, welche Ideen oder Ergebnisse würden Ihnen gefallen? Genügend Zeit lassen zum kreativen Brainstorming.

Realist

Wie könnte man diese Träume und Ideen planen/umsetzen? Was wäre dazu nötig an Zeit, Geld, Vorbereitung, Wissen etc.?

Kritiker

Sind die Ideen interessant? Was kommt dabei heraus für Sie und/oder andere? Fehlt etwas? Gibt es Überflüssiges? Was kann/sollte geändert werden – etc.

Die fehlenden Ressourcen zu finden

Gehen Sie mit dem Ergebnis wieder in die Träumer-Position und gewinnen Sie neue Ideen zu dieser Vorlage. Durchlaufen Sie diesen Prozess mehrmals mit den immer neu hinzugewonnenen Informationen, bis Sie am Ende eine realistische Vor- und Einstellung zu Ihrem Ziel haben.

Verlassen Sie den Kreis, wenn der „Kritiker" zum Abschluss einverstanden und ohne Einwände zufrieden ist.

Kleine Hilfe zur Umsetzung in die Tat: „Welche ersten Schritte werden Sie konkret auf dem Weg zur Erfüllung Ihrer Ziele in den nächsten 72 Stunden unternehmen?"

72-Stunden-Regel

Die 72-Stunden-Regel beruht angeblich auf einer Studie aus den USA. Die Regel besagt, dass Projekte, die in den ersten 72 Stunden nach der Festlegung des Ziels begonnen werden, zu über 90 Prozent erfolgreich abgeschlossen werden. Wird erst nach mehr als 72 Stunden begonnen, sinkt die Erfolgsquote auf weniger als 10 Prozent. Der Versuch, diese Studie im Rahmen dieses Buches wieder ausfindig zu machen, ist nicht geglückt. Doch die Recherchen zeigen, diese Regel wird in fast allen Bereichen des Projektmanagements, der Zielfindung und auch des Zeitmanagements als zentraler Baustein angewendet.

Auch die Erfahrungen des Autors aus zahlreichen Projekten zeigen immer wieder, wie entscheidend die ersten drei Tage sind, um die ersten Schritte zu tun, damit ein Vorhaben mit der notwendigen Energie versorgt wird. Geschieht dies nicht, wird es mit jedem Tag schwerer, das Vorhaben in die Tat umzusetzen.

Strategisches Management

Nachdem es im vorangegangenen Teil darum ging, neue Ideen und Visionen zu finden, steht jetzt die Frage im Vordergrund, wie diese schrittweise in handfestes Tun überführt werden können. Damit das gelingt, ist eine Strategie notwendig, die die Idee konzeptionell und operativ umsetzbar macht. Und bereits vor dem ersten Schritt der Umsetzung lässt sich erkennen, ob eine Strategie erfolgreich sein kann. Nachfolgend werden verschiedene methodische Herangehensweisen gezeigt, mit denen die einzelnen Aspekte einer leistungsfähigen strategischen Planung erarbeitet werden können. Die sich jeweils anschließenden Übungsformate zeigen, wie Sie die Theorie vom Kopf auf die Füße stellen können.

Immer wieder werden bei Strategie-Meetings mit großer Begeisterung neue Strategien verabschiedet. Doch viele Strategien werden schnell aufgegeben, weil sie sich in der Praxis nicht bewähren. Manchmal werden sie nicht einmal acht Monate alt, bevor sie durch die nächsten ersetzt werden.

Doch Strategien sollten mehr sein. Strategien bilden den Kern unternehmerischen Handelns. Sie sind wesentliche Orientierung für den Unternehmer und der zentrale Leitfaden für alle Mitarbeiter.

Aus dieser Anforderung ergibt sich für die strategische Planung, dass bereits bei ihrer Erstellung überprüft werden muss, ob sie über einen längeren Zeitraum tragfähig ist. Folgende Kriterien müssen für eine systematische und effiziente Strategieplanung erfüllt sein:

- Wohlgeformte messbare Ziele[23]
- Klar erkennbare und messbare Etappenziele/Meilensteine
- Effektive und effiziente Kontrollen
- Eine klare Strukturorganisation
- Transparente Regeln
- Zielorientierter Ressourceneinsatz
- Eine kurz-, mittel- und langfristige Planung
- Kundenorientierte Angebote/Lösungen
- Kundenorientierte Verhaltensmuster/Verhaltensregeln

---

[23] Vgl. Seite 90

- Die Überprüfung der negativen Konsequenzen der Strategie
- Die Überprüfung der betroffenen Beziehungen

Unabhängig davon, welche Art von Strategie am Markt umgesetzt werden soll, birgt das Weglassen eines dieser Kriterien das Risiko des Scheiterns.

Doch bevor wir auf die einzelnen Aspekte eingehen, ist es notwendig zu verstehen, dass eine dauerhaft erfolgreiche Strategie nur gelingen kann, wenn man konsequent aus sog. Downsizing-Strategien aussteigt und die Nachhaltigkeit der Strategien konsequent überprüft.

Raus aus der Downsizing-Falle

Es ist der altbekannte Teufelskreislauf: Ertragsprobleme führen in den Unternehmen zu Kostensenkung, Entlassung von Personal, schwindenden Ressourcen und damit weiteren Ertrags- und Schrumpfungsproblemen. Viele Unternehmen sind dem bereits zum Opfer gefallen. Doch wer statt defizitorientiert zu denken seinen Fokus auf die Stärkung der vorhandenen Ressourcen richtet, hat die zentrale Voraussetzung für nachhaltiges Wachstum schon erbracht.

Die Praxis in vielen Unternehmen ist von dem Gedanken der Kosteneinsparung als zentralem Organisationsziel geprägt. Doch führt ein solches negatives Ziel oftmals nicht dazu, dass die Organisation wieder erfolgreicher wird. Vielmehr ergeben sich hieraus weitere Kosten- und Ertragsprobleme. Negative Ziele sind sog. „weg von" Ziele und führen in erster Linie zu einer Verstärkung des Problemfokus. Dabei gerät nur allzu leicht das eigentliche Ziel aus dem Blickfeld.

Wie dramatisch die Auswirkungen der Downsizing-Falle sind, lässt sich immer wieder feststellen, wenn nach konjunkturell schwachen Phasen der Aufschwung kommt. Organisationen, die in die Downsizing-Falle gegangen sind, haben große Schwierigkeiten, wieder zu wachsen: Die verbliebenen Mitarbeiter sind aus Furcht vor Entlassung vorsichtig geworden, während die im Rahmen des Downsizings Entlassenen vermutlich den Wettbewerber dabei unterstützen, sein Wachstum voranzutreiben. Übertragen auf die öffentliche Verwaltung bedeutet dies, dass nach einer Vielzahl von Jahren der Haushaltskonsolidierung oft kaum noch eine Vorstellung davon besteht, wie es wieder aufwärtsgehen könnte. Demotivation und innere Emigration sind an vielen Stellen das Ergebnis.

Was lässt sich also tun, um nicht in diese Falle zu geraten? Der wichtigste und erste Schritt ist, die vorhandenen Ressourcen einer Organisation und auch des Umfeldes zu mobilisieren. Wichtig ist, hierfür das Ressourcenpotenzial zu erkennen, auf das zurückgegriffen werden kann.

Diese Ressourcen zu ermitteln, bedeutet u. a., die erfolgreichen Teilbereiche einer Organisation oder des Umfeldes daraufhin zu untersuchen, wie diese ihren Erfolg konkret geschaffen haben. Auch individuelle Erfolgsstrategien von Mitarbeitern sind hoch interessante Modelle, von denen sich viel lernen lässt.

Abbildung 11.2 [Raus aus der Downsizing-Strategie]

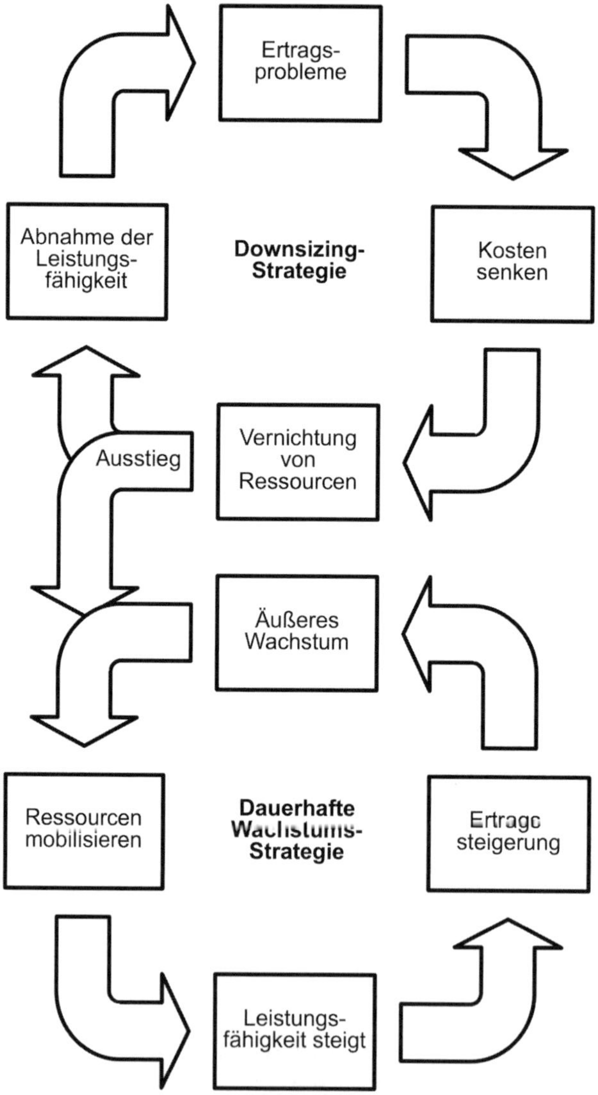

Sind die Ressourcen und die damit verbundenen Erfolgsstrategien verfügbar, lässt sich immer ein Weg finden, sie für eine Leistungssteigerung oder die Entwicklung neuer Möglichkeiten nutzbar zu machen. Hierdurch ergeben sich erste Chancen für eine Ertragssteigerung. Ob dies im bisher bekannten Markt oder in neuen Märkten der Fall ist, hängt von den verfügbaren Ressourcen ab. Wenn eine Ressourcenmobilisierung erreicht wird, ist das äußere Wachstum die logische Konsequenz.

Abbildung 11.3 [Ressourcen für Märkte und Produkte aktivieren]

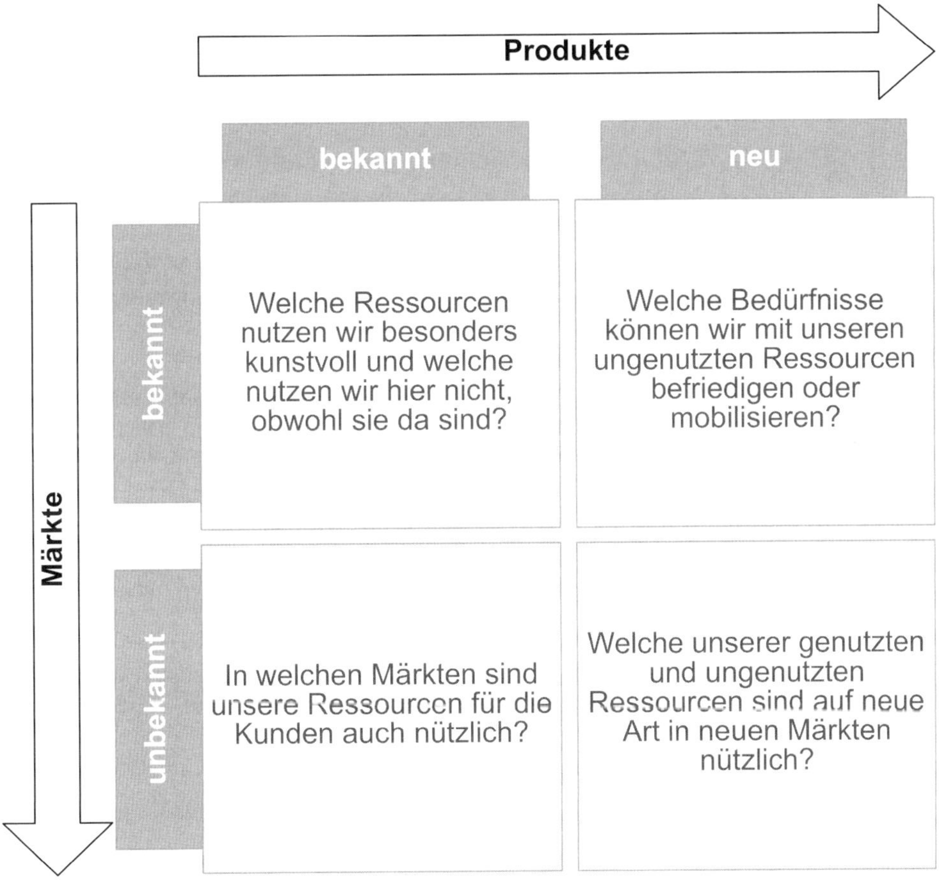

Ein ideales Werkzeug für die Ermittlung ist eine sog. Modeling-Strategie (vgl. hier auch Seite 34 ff.), mit der die internen Fähigkeiten und Talente der Beteiligten präzise identifiziert und herausgearbeitet („modelliert") werden. In einem zweiten Schritt werden diese dann in sog. Formaten aufbereitet, damit sie weiteren Beteiligten vermittelt werden können.

[12] Nachhaltige Strategien

a. Elemente der Nachhaltigkeit

Kaum ein Begriff wurde in den letzten Jahren so häufig verwendet wie der der „Nachhaltigkeit“. Unternehmer, Politiker und Umweltverbände sprechen von nachhaltigen Konzepten - was damit präzise gemeint ist, bleibt oft unscharf und hat mit der ursprünglichen Ausrichtung des Begriffes häufig nur wenig zu tun. Und doch hat der Begriff nichts von seiner Aktualität verloren. Zukunft hat die „Nachhaltigkeit“ dann, wenn sie verstanden wird als eine dauerhafte Balance aus Wirtschaft, Ökologie und Gesellschaft, ergänzt um die Mobilisierung der inneren Unternehmensressourcen. Nach einem Exkurs zu den Ursprüngen des Begriffes zeigt das Kapitel, wie die vier Grundelemente nachhaltiger Unternehmensentwicklung auf ihre Effizienz hin überprüft und priorisiert werden können. Wie bedeutsam hierbei wohlgeformte Ziele und Strategien im Hinblick auf eine gelungene Unternehmenspositionierung sind, erfahren Sie anhand zweier Übungsformate.

Der Begriff der Nachhaltigkeit stammt eigentlich aus der Forstwirtschaft[24] und wurde in den achtziger Jahren vor dem Hintergrund der Studie des Club of Rome „Die Grenzen des Wachstums“[25] erstmalig einem breiten Publikum bekannt. Er wurde zum Inbegriff dafür, dass wir die Erde nicht unbegrenzt ohne Konsequenzen ausbeuten können. In der darauf folgenden Diskussion wurde der Begriff der Nachhaltigkeit dann mit der Formel verbunden: „Nachhaltig zu handeln bedeutet so zu handeln, dass nachfolgende Generationen keine negativen Konsequenzen durch unser heutiges Handeln befürchten müssen.“[26]

Mit dem zunehmend sichtbaren Klimawandel wird heute nachweisbar, dass die Bestrebungen, nachhaltig zu handeln an vielen Stellen nicht in dem Maße realisiert wurden, wie es schon zum Zeitpunkt der ersten Erkenntnis notwendig gewesen wäre.

---

[24] Siehe http://de.wikipedia.org/wiki/Nachhaltigkeit.

[25] „Die Grenzen des Wachstums“ (engl. Originaltitel: The Limits to Growth) ist eine 1972 veröffentlichte Studie zur Zukunft der Weltwirtschaft. Im Auftrag des Club of Rome führten Donella und Dennis L. Meadows und ihre Mitarbeiter am Jay W. Forresters Institut für Systemdynamik eine Systemanalyse mit einem Rechenmodell durch, das die hohe Vernetzung globaler Prozesse berücksichtigt und Computersimulationen zu unterschiedlichen Szenarien ermöglicht. So wurden Modelle mit unterschiedlich hoch angesetzten Rohstoffvorräten der Erde berechnet oder eine unterschiedliche Effizienz von landwirtschaftlicher Produktion, Geburtenkontrolle oder Umweltschutz angesetzt.

[26] Birnbach ,Dieter und Brudermüller, Gerd (Hrsg.), Zukunftsverantwortung und Generationensolidarität, Würzburg 2001

Im Wesentlichen wurde das Thema Nachhaltigkeit als ein Thema des Verzichts diskutiert und propagiert. Verzicht ist jedoch ohne Anbindung an eine positive, erlebbare Intention über das, was im besten Sinne für jeden Einzelnen erreicht ist, wenn er sich nachhaltig verhält, nicht erstrebenswert. Ziele, bei denen wir eine positive Intention nicht erkennen können, versuchen wir instinktiv zu vermeiden. Die zweite Ebene der Nachhaltigkeit liegt darin, dass neben den Notwendigkeiten, das ökologische System zu erhalten, andere Bedürfnisse und positive Intentionen erfüllt sein müssen, um mit unserer Umwelt in Balance zu bleiben.

Insgesamt lassen sich die folgenden vier Grundelemente aus der Vielzahl der Modelle[27] herauskristallisieren, die für eine nachhaltige Entwicklung miteinander verbunden und ausbalanciert werden müssen.

- Nutzen für das ökologische System
- Nutzen für die Gesellschaft
- Mobilisierung der inneren Ressourcen
- Wirtschaftliche Bedeutung

Diese vier Elemente müssen schrittweise auseinander abgeleitet werden, damit eine nachhaltige Strategie dauerhaft trägt. Wie dabei die Bewertung der einzelnen Kriterien ausgeprägt wird, ist zum einen abhängig vom aktuellen Stand der Forschung, zum anderen vom Ziel selbst und nicht zuletzt von der Einschätzung der Beteiligten. Wichtig ist bei diesem Verfahren, Einigkeit darüber zu erzielen, wie die Bewertung zustande kommt. Nur so lassen sich später die Ziele auf der Basis neuer Erkenntnisse hinterfragen und ggf. anpassen.

Die Agenda 21 versuchte 1992 vor dem Hintergrund der weltweit erkennbaren ökologischen, sozialen und ökonomischen Probleme, einen Weg zu vereinbaren, der ein nachhaltiges Wirtschaften sicherstellt. Die Präambel der Agenda fasst den Kerngedanken folgendermaßen zusammen:

> „1.1 Die Menschheit steht an einem entscheidenden Punkt ihrer Geschichte. Wir erleben eine zunehmende Ungleichheit zwischen Völkern und innerhalb von Völkern, eine immer größere Armut, immer mehr Hunger, Krankheit und Analphabetentum sowie eine fortschreitende Schädigung der Ökosysteme, von denen unser Wohlergehen abhängt. Durch eine Vereinigung von Umwelt- und Entwicklungsinteressen und ihre stärkere Beachtung kann es uns jedoch gelingen, die Deckung der Grundbedürfnisse, die Verbesserung des Lebensstandards aller Menschen, einen größeren Schutz und eine bessere Bewirtschaftung der Ökosysteme und eine gesicherte, gedeihlichere Zukunft zu gewährleisten. Das vermag keine Nation allein zu erreichen, während es uns gemeinsam

[27] Lexikon der Nachhaltigkeit, http://www.nachhaltigkeit.info/artikel/ziele_und_wege_3/definitionen_52/index.htm

> gelingen kann: in einer globalen Partnerschaft, die auf eine nachhaltige Entwicklung ausgerichtet ist."[28]

Die Vertreter der deutschen Wirtschaft sehen diese Diskussion um die Umwelt oftmals skeptisch. Dabei besteht grundsätzlich Einigkeit darüber, dass die Umwelt besser geschützt werden muss, doch der Weg dorthin sollte so wenige Regelungen enthalten wie möglich.

> „Die Wirtschaft erwartet, dass auch im Umweltschutz stärker als bisher auf die Eigenverantwortung und auf die Kraft des Marktes gesetzt wird. Notwendig ist ein neuer Umweltdialog als intensive Zusammenarbeit von Staat und Wirtschaft, um die Potenziale für freiwilliges Handeln für den Umweltschutz und für einen Abbau von Bürokratie gemeinsam zu nutzen."[29]

Durchforstet man die Vielzahl der Beiträge und Initiativen, lässt sich erkennen: Nachhaltigkeit ist bis heute ein Thema, das unter den Aspekten verstärkte Kontrolle der Märkte und Verzicht von Lebensqualität oder Konsum diskutiert wird. Deutlich ist dabei immer die Sorge, etwas zu verlieren: entweder die Möglichkeit, auch künftig hohe Gewinne zu machen, Lebensqualität durch Umweltverschmutzung oder soziale Spannungen, die durch ein starkes Ungleichgewicht der Teilhabe an den verfügbaren Ressourcen entstehen.

Auffällig ist auch, dass diejenigen, die in den einzelnen Ländern die notwendigen Veränderungen umsetzen wollen, oftmals mit erheblichen Widerständen zu kämpfen haben. Wenn jedoch die Nachhaltigkeit eine der notwendigen Randbedingungen für eine „gedeihliche Zukunft" ist, was ist dann bei den bisherigen Strategien nicht berücksichtigt worden? Welche inneren Widerstände sind nicht erkannt oder berücksichtigt worden?

Offensichtlich sind bei der Diskussion wesentliche Aspekte der inneren Ökologie der Beteiligten nicht einbezogen worden. Denn zwischen der öffentlichen Erklärung und der Umsetzung in konkretes Handeln liegt die konkrete Abprüfung der sog. Evidenzkriterien. Das sind die Kriterien, an denen wir innerlich abprüfen, ob ein Ziel mit unserer inneren Ökologie übereinstimmt, und woran wir erkennen können, dass wir das Ziel erreicht haben. Gibt es hier Unklarheiten oder Unstimmigkeiten, gibt es keinen Grund, tätig zu werden.

---

[28] Agenda 21-Treffpunkt: http://www.agenda21-treffpunkt.de/archiv/ag21dok/kap01.htm

[29] DIHT: Lexikon der Nachhaltigkeit, http://www.nachhaltigkeit.info/artikel/diht_1001.htm

Abbildung 12.1 [Test-Operate-Test-Exit]

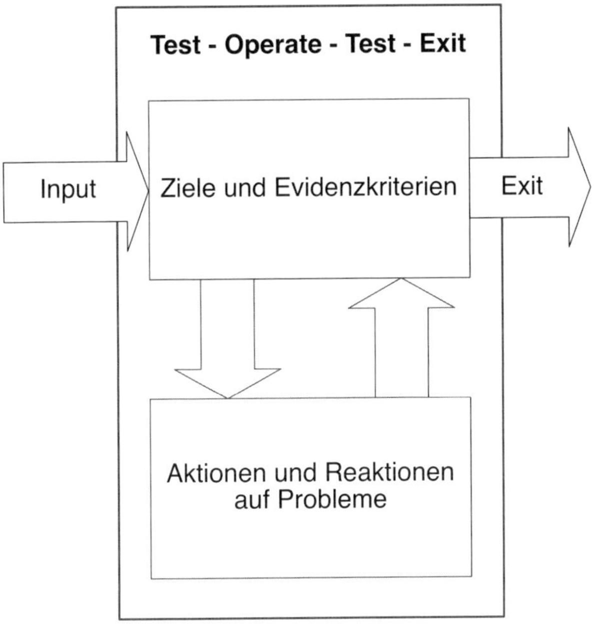

Demnach müssen folgende Kriterien zusammenkommen, um ein Ziel angehen und erreichen zu können:

- Welches positive Ziel ohne Vergleich soll erreicht werden (vgl. Seite 95 ff.) und woran lässt sich die Zielerreichung sinnesspezifisch konkret erkennen?
- Welche Evidenzkriterien dienen der Messung der Zielerreichung?
- Welches Verfahren wird angewendet, um den Fortschritt bei der Zielerreichung zu messen?
- Welche Art von Input ist bezogen auf das innere Modell des Betrachters relevant?
- Welche Wahlmöglichkeiten stehen zur Verfügung, um mit den Herausforderungen umzugehen und das Ziel zu erreichen?
- Welche kognitiven und verhaltensspezifischen Schritte müssen im inneren Modell der Welt der Beteiligten durchlaufen werden, um die Wahlmöglichkeiten zu nutzen und das Ziel zu erreichen?

Werden diese Kriterien nicht vor Beginn geklärt, gibt es keinen Grund, tätig zu werden. Starten wir trotzdem Aktivitäten, sind sie normalerweise halbherzig.

Wenn also ein Ziel wie „nachhaltiges Wirtschaften" funktionieren soll, muss es mit der inneren Ökologie der Beteiligten übereinstimmen. Ein erster Schritt in diese Richtung ist die Anbindung an eine positive erlebbare Intention über das, was im besten Sinne für jeden Einzelnen erreicht ist, wenn er sich nachhaltig verhält. Ziele, bei denen wir diese positive Intention nicht erkennen können, versuchen wir instinktiv zu vermeiden.

Jedoch auch das an eine positive Intention gebundene Ziel braucht zusätzliche Kriterien, um sicherzustellen, dass alle relevanten Aspekte der inneren Ökologie berücksichtigt werden.

Hierzu dienen die vier Grundelemente der Nachhaltigkeit, die mit einander verbunden und ausbalanciert werden müssen (Siehe auch **Abbildung 12.2**, **Tabelle 12.1** und **Abbildung 12.3**):

Abbildung 12.2 [Nachhaltigkeit ableiten]

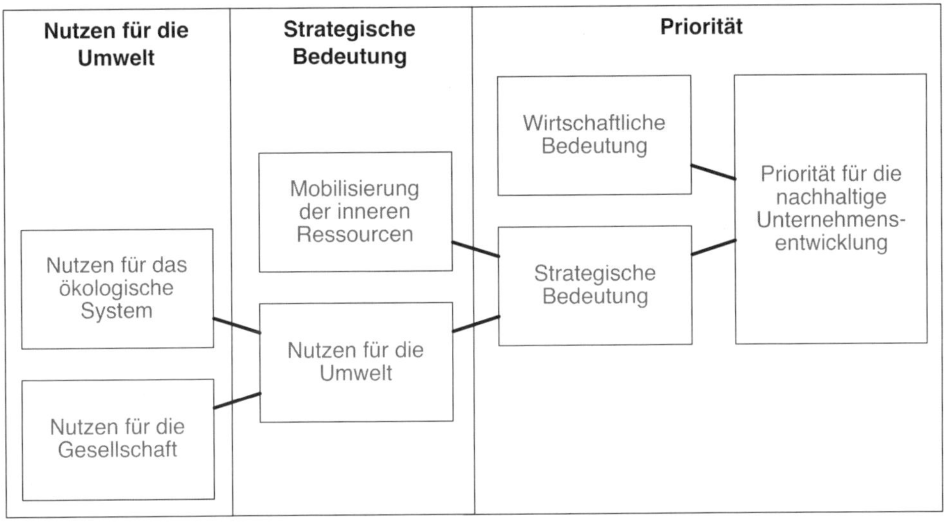

Tabelle 12.1 [Kriterien der Nachhaltigkeit sammeln]

	Unterstützende Aspekte	Wert (0 -10)	Hinderliche Aspekte	Wert (0 -10)
Nutzen für das ökologische System				
Nutzen für das gesell-schaftliche System				
Entwicklung der inneren Ressourcen				
Wirtschaftliche Bedeutung				

Abbildung 12.3 [Ableitung und Priorisierung nachhaltiger Ziele]

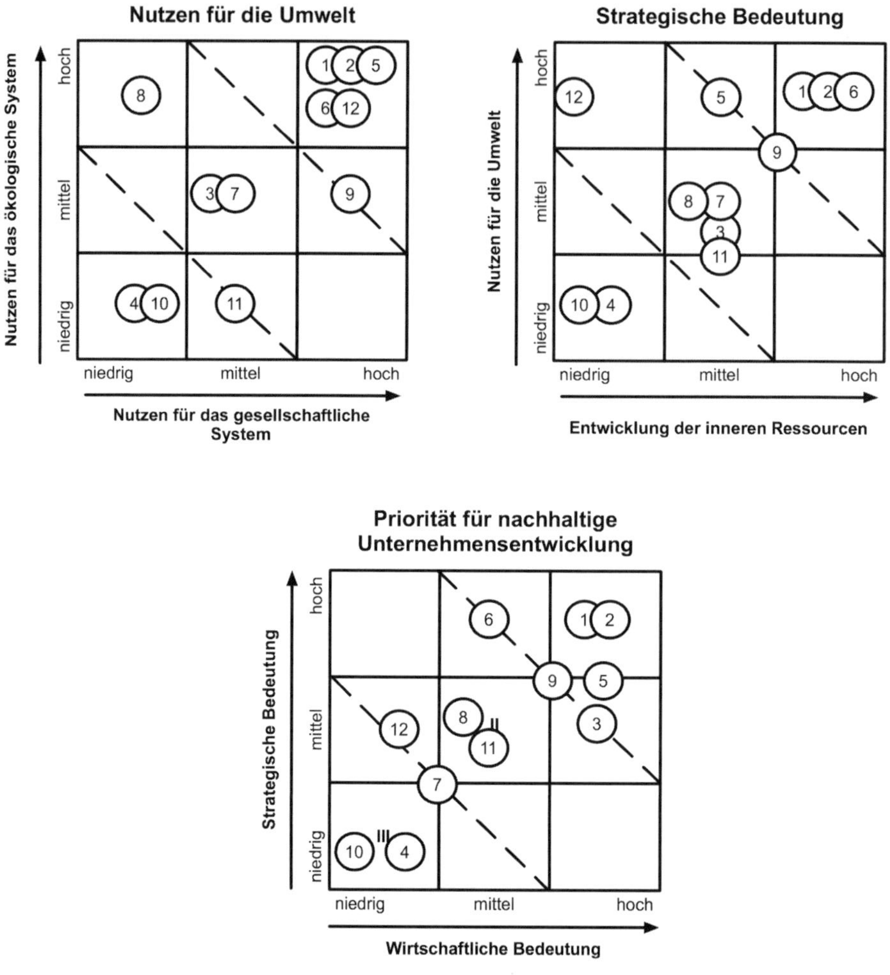

Folgende Arbeitsschritte führen schrittweise zu einer Priorisierung der Ziele, die die größte Nachhaltigkeit im betrachteten Umfeld ermöglichen (Vgl. auch **Abbildung 12.2**, **Tabelle 12.1** und **Abbildung 12.3**):

1. Zunächst wird bezogen auf ein Ziel der ökologische Nutzen bewertet, der durch die Erreichung des Ziels möglich wird.
2. Anschließend wird der zu erreichende gesellschaftliche Nutzen bewertet.
3. Bringt man diese beiden Elemente zusammen, erhält man den Nutzen für die Umwelt im weiteren Sinne.

4. Der Nutzen für die Umwelt wird ergänzt um die Entwicklung der inneren Ressourcen. Denn hätte zwar die Umwelt einen großen Vorteil, würden aber die inneren Ressourcen einer Organisation nicht mobilisiert, wäre niemand da, der das Ziel fördert und fordert.
5. Dort, wo der Nutzen für die Umwelt und der Nutzen für die Mobilisierung der inneren Ressourcen gegeben sind, hat ein Ziel mit Sicherheit eine hohe strategische Bedeutung.
6. Wenn jetzt noch die wirtschaftliche Bedeutung des Ziels miteinbezogen wird und sowohl die strategische als auch die wirtschaftliche Bedeutung hoch sind, erhält man die Ziele, die mit Sicherheit eine hohe Priorität haben und nachhaltig wirksam sind.

b. Nachhaltigkeitsprüfung

Ob etwas in unserer Wahrnehmung den Charakter von Nachhaltigkeit bekommt, hängt in starkem Maße von unserem inneren Wertesystem, unserem Selbstverständnis und unserer Vorstellung von einem sinnvollen Leben ab. Die oberen neurologischen Ebenen (vgl. Seite 30) der Wahrnehmung sind daher die Bezugsebenen, über die die Nachhaltigkeit im Wesentlichen abgeprüft werden kann. Die unteren drei neurologischen Ebenen sind bei dieser Prüfung wesentlich, um die Ausgestaltung der Nachhaltigkeit festzulegen.

Um die Nachhaltigkeitsprüfung durchzuführen, ist es zweckmäßig, für die einzelnen Sichtweisen des Themas je einen Stellvertreter in einer Gruppe auszusuchen, der während der Durchführung des Formates in eine der vier Rollen schlüpft (siehe auch **Abbildung 12.4**).

Die Rollen heißen:

- Ökologische System
- Gesellschaft
- Innere Ressourcen
- Wirtschaftlichkeit

Arbeitsformat: Nachhaltigkeitsalignment

Schritt 1 - Beschreibung des Themas

Der Auftraggeber beschreibt das Thema, das durch die Nachhaltigkeitsprüfung geschickt werden soll. Anschließend wählt er die Stellvertreter, die die jeweilige Perspektive für ihn vertreten sollen. Dem Auftraggeber kommt dabei die Rolle des Beobachters und Auswerters zu. Idealerweise werden durch die übrigen Teilnehmer oder den Coach die Ergebnisse unmittelbar dokumentiert.

Abbildung 12.4 [Nachhaltigkeitsalignment]

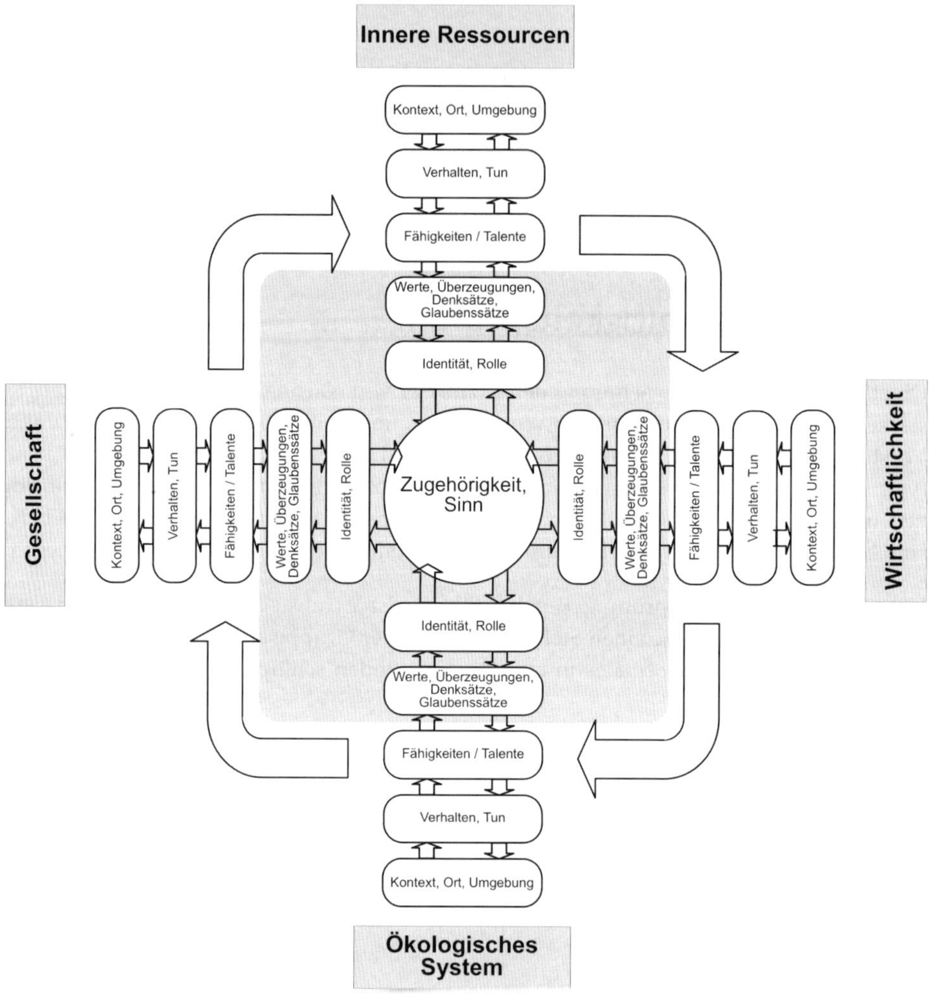

Die Stellvertreter werden angeleitet, voll und ganz in die jeweilige Perspektive hineinzuschlüpfen, um die Welt um sich nur durch diesen Wahrnehmungsfilter zu sehen. Der Stellvertreter des ökologischen Systems vertritt mit dieser Brille alle Ansichten, die für einen Erhalt des ökologischen Systems wichtig sind. Der Stellvertreter der Gesellschaft vertritt die Ansichten, die für eine positive gesellschaftliche Entwicklung berücksichtigt werden müssen. Der Vertreter der inneren Ressourcen vertritt alle systemimmanenten Ressourcen, die durch das Thema berührt sind. Der Vertreter der Wirtschaftlichkeit vertritt die Anforderungen an Qualität, Kosten und Zeit.

Schon diese Einleitung zeigt, dass jeder der Stellvertreter einen anderen Blick auf die Welt hat und auch sein Umfeld anders wahrnimmt.

Schritt 2 - Kontext und Umfeld

Die Stellvertreter benennen mündlich ihr Umfeld, ihren Kontext, so wie sie es wahrnehmen, vor allen Teilnehmern. Für den Vertreter des ökologischen Systems geht es hier darum zu beschreiben, wie eine gute ökologische Umwelt, bezogen auf das Thema, aussehen müsste. Der Vertreter der Gesellschaft charakterisiert das Umfeld, in dem die Gesellschaft lebt und arbeitet. Der Stellvertreter der inneren Ressourcen beschreibt das Umfeld und den Kontext, die die inneren Ressourcen benötigen, um sich voll entfalten zu können. Der Vertreter der Wirtschaftlichkeit schildert das Umfeld, wie es aus seiner Sicht notwendig ist, damit wirtschaftliches Handeln möglich ist.

Schritt 3 - Erweiterung der Perspektive

Hat jeder seine Sichtweise beschrieben, geht jeder der Stellvertreter im Uhrzeigersinn auf den Bodenanker des linken Stellvertreters. Jeder der Stellvertreter hat jetzt den Auftrag zu überlegen, was er der Perspektive seines Nachbarn im Sinne eines Geschenkes an ergänzenden und erweiternden Sichtweisen hinterlassen kann. Jeder bleibt dabei in seiner ursprünglichen Rolle und erweitert die Sichtweise des Stellvertreters, der hier ursprünglich stand, um die ergänzende Sichtweise aus der jeweiligen Rolle, die er innehat. D.h., der Stellvertreter für Wirtschaft gibt auf den anderen Positionen seine Sichtweise ab und der Vertreter des ökologischen Systems entsprechend seine Sichtweise auf den anderen Positionen. Auf diese Weise werden die einzelnen Perspektiven um wichtige Aspekte ergänzt, die zur Beschreibung der Abhängigkeiten wesentlich sind. Der Wechsel im Uhrzeigersinn mit den Ergänzungen und Erweiterungen geht so lange weiter, bis die Stellvertreter wieder auf ihrem ursprünglichen Bodenanker angekommen sind.

Schritt 4 - Verhalten/Tun

Nach dem Schritt auf den zweiten Bodenanker beschreiben die Stellvertreter ihr Verhalten, ihr Tun aus der jeweiligen Perspektive. Die relevante Frage lautet hier: Was tun sie hier, um aus ihrer Perspektive das bestmögliche Ergebnis zu erzielen? Einbezogen werden hierbei automatisch schon die Erkenntnisse aus dem Wechsel in die anderen Positionen.

Anschließend wird wieder im Uhrzeigersinn gewechselt, um die jeweilige Perspektive um die Sichtweisen der anderen Stellvertreter anzureichern.

Schritt 5 - Fähigkeiten und Talente

Der dritte Bodenanker beschäftigt sich mit den benötigten Fähigkeiten und Talenten, die eingesetzt werden, um die jeweilige Perspektive vollständig ausfüllen zu können.

Der Wechsel über die anderen Perspektiven eröffnet hier die Möglichkeit, der jeweiligen Sichtweise weitere wichtige Talente und Fähigkeiten hinzuzufügen. Hierdurch sind die anderen Sichtweisen besser zu verstehen und zu integrieren.

Schritt 6 – Werte, Glaubenssätze/Denksätze

Mit dem vierten Bodenanker werden die Werte und Glaubenssätze/Denksätze betrachtet, die notwendig sind, um diese Perspektive voll und ganz ausfüllen zu können. Dabei ist zu beachten, dass es Werte gibt, die innerhalb einer Werteskala sehr hoch angesiedelt und damit in keiner Weise disponibel sind. Andere hingegen sind beweglich. Bei den Glaubens- und Denksätzen trifft man auf förderliche und hinderliche. Wesentlich ist an dieser Stelle, diejenigen zu benennen, die auf jeden Fall aus der jeweiligen Perspektive erfüllt sein müssen.

Wird der Perspektivwechsel durchgeführt, können die anderen Sichtweisen um wesentliche Werte und ergänzende Glaubenssätze erweitert werden. Diese Erweiterungen können auch zu einer Transformation der ursprünglichen Glaubenssätze und Werte führen.

Schritt 7 – Rolle, Identität

Auf dem fünften Bodenanker, bei der Beschreibung der Rolle und Identität, geht es darum, eine Metapher oder ein Symbol zu finden, mit der diese Rolle bezogen auf das Thema am besten beschrieben werden kann.

Der Wechsel über die anderen Perspektiven bringt noch einmal eine wichtige Erweiterung der Metapher oder des Symbols. Oftmals entstehen sogar neue dabei.

Schritt 8 – Sinn und Zugehörigkeit

Mit dem Schritt auf den letzten Bodenanker werden die einzelnen Perspektiven und die daraus gewonnenen Erkenntnisse mit der Frage nach dem Sinn und der Zugehörigkeit vernetzt. Die Suche nach einem gemeinsamen Sinn führt dazu, die gemeinsame Zugehörigkeit über die Grenzen der einzelnen Perspektiven hinweg deutlich sichtbar zu machen.

Schritt 9 – Abschluss

Mit dem Wissen um den Sinn und die Zugehörigkeit gehen die Stellvertreter jetzt rückwärts über die Bodenanker. Damit ergibt sich eine übergeordnete Verpflichtung, die auf allen Ebenen erkennbar wird. Das Amt, das sich aus dem Sinn ergibt, fokussiert auch die Rolle, die Werte, die Fähigkeiten, das Verhalten und den Kontext. Durch diese Fokussierung werden wesentliche zusätzliche Aspekte sichtbar, die für einen erfolgreichen Umgang mit dem geprüften Thema wertvoll sind.

Schritt 10 – Zusammenfassung und Abbildung

Die einzelnen Ergebnisse können jetzt in den oben beschriebenen Portfolios abgebildet werden. Die Argumente für die einzelnen Perspektiven sind alle durch dieses Format beschrieben. Eine Bewertung im Sinne der Portfoliodarstellung ist aus den Ergebnissen unmittelbar ableitbar.

c. Ziele brauchen eine wohlgeformte Gestalt

„Wer das Ziel kennt, kann entscheiden. Wer entscheidet, findet Ruhe. Wer Ruhe findet, ist sicher. Wer sicher ist, kann überlegen. Wer überlegt, kann verbessern."

(Konfuzius, chinesischer Philosoph, 551-479 v. Chr.)

Gerade im unternehmerischen Umfeld wird die Frage danach, ob Ziele eine wichtige Rolle spielen, spontan mit einem klaren „ja" beantwortet. Auf die Nachfrage, welche Ziele denn gerade von besonderer Wichtigkeit sind, werden dann oft entweder sehr viele Ziele benannt oder sehr hohe Ziele in Relation zum aktuellen Status.

Diese Art der Zieldefinition ist sehr verbreitet und eine der Ursachen für das Scheitern von Strategien. Hintergrund hierfür ist, dass schon bei der Erarbeitung der Ziele bei den Beteiligten innere Wahrnehmungen entstehen, wie z. B.: „... ob das überhaupt zu schaffen ist?" oder „... das sind mal wieder Ziele für den Vorstand, aber am Ende hält sich sowieso niemand daran". Existiert ein solches Erleben, ist bereits zu diesem Zeitpunkt die Wahrscheinlichkeit sehr hoch, dass die Ziele nicht erreicht werden.

Die Wirksamkeit von Strategien als zentraler Maßstab für Erfolg und Misserfolg von Unternehmen braucht also mehr als ein „höher, weiter und schneller". Ziele brauchen eine wohlgeformte Gestalt.

Intensiv erlebte Wünsche brauchen, bevor wir sie in die Tat umsetzen können, eine innere Gestalt. Erst eine sinnliche konkrete Vorstellung des zu erreichenden Ziels macht eine präzise Planung möglich.

Wenn wir uns sinnlich konkret vorstellen, unser Ziel wäre bereits erreicht, können wir gleichzeitig den inneren Zustand erleben, der mit der Zielerreichung verbunden ist. Dieser Zielzustand macht es möglich, konkrete Schritte zu planen, Einwände zu berücksichtigen, Hindernisse zu umgehen oder zu beseitigen.

Ist das Ziel unter Berücksichtigung aller Hindernisse, Unwägbarkeiten und Einwände immer noch so attraktiv, dass wir es unbedingt erreichen wollen, wirkt ein solches Ziel wie ein inneres Navigationssystem. Auch wenn es Hindernisse gibt, wird es uns immer wieder auf den Kurs zum Ziel bringen. Dabei wird das Umgehen und Beseitigen von Hindernissen zu einem großen Teil durch unser Unbewusstes geleistet. Viel früher als unser Wachbewusstsein erkennt es, welche Korrekturen erforderlich sind, um ein auftauchendes Hindernis zu umgehen. Um bei diesem technischen Bild zu bleiben: Unser Unbewusstes wirkt wie ein Radar. Es ist darauf geeicht, unsere gedanklichen Vorstellungen in der Außenwelt zu verwirklichen (Wahrnehmungsfilter). Auch unbewusste Ziele werden so oft erstaunlich konsequent realisiert, wenn sekundäre Gewinne im Spiel sind. Wir verwirklichen einfach unsere innere Landkarte - das Gedachte wird in der Welt bevorzugt wahrgenommen und als „Wirklichkeit" identifiziert (z. B. „selbsterfüllende Prophezeiung"). Dieser psychische Mechanismus beeinflusst unser Leben, stärker, als wir oftmals glauben wollen. Die Bestätigung innerer Konzepte vermittelt uns ein Gefühl von Sicherheit und „Wahrheit".

Dies gilt im Übrigen genauso für unsere „negativen Ziele", unsere Befürchtungen und unsere Vermeidungstaktiken. Häufig machen wir z. B. folgende Erfahrung: Je stärker wir versuchen, etwas zu vermeiden, je mehr Energie wir der Vermeidung widmen, desto wahrscheinlicher wird in der Realität das Vermiedene passieren. Wenn etwas vermieden werden soll, muss man es sich zuerst vorstellen - je stärker der Wunsch ist, etwas zu vermeiden, desto intensiver wird die Vorstellung davon. Das Unbewusste reagiert aber auf die Intensität der Vorstellung und nicht auf die Negation. So entsteht eine verstärkte Anziehungskraft auf das bewusst Vermiedene. Die (sprachlogisch) positive Formulierung und sinnlich-konkrete Genauigkeit in der Sprache sind deswegen von besonderer Wichtigkeit.

Die Grundlage jeder gewünschten Veränderung ist damit eine klare und präzise Zielformulierung. Die wohlgeformte Zieldefinition ist ein kraftvolles Werkzeug und erfordert präzises und aufmerksames Erfragen.

Ein wohlgeformtes Ziel ist wie ein fruchtbares Samenkorn, das in den Garten unseres Unbewussten gepflanzt wird. Jeder Mensch hat die Tendenz zur Selbstverwirklichung. Die Ideen, Träume, Wünsche und Visionen, die in uns schlummern, wollen sich entfalten und manifestieren. Je wohlgeformter diese Samenkörner beschaffen sind, desto größer ist die Wahrscheinlichkeit ihrer Realisierung.

Folgende Kriterien sind zu beachten, damit Ziele wirklich erreicht werden:

Kriterium 1: eindeutig positiv und ohne Vergleich

Ein wohlgeformtes Ziel muss eindeutig positiv formuliert sein. Eindeutig positiv heißt, es dürfen keine versteckten Negationen enthalten sein (Vgl. auch **Abbildung 12.5**).

Versteckte Negationen zeigen sich z. B. wie folgt:

- „... wir müssen endlich den Turnaround schaffen ..."

  Hier ist ein Ziel formuliert, das einen Weg von einem Zustand weg zeigt, ohne aufzuzeigen, woran erkennbar ist, dass dieser sogenannte Turnaround geschafft wurde und was dadurch möglich wird.

- „Die Qualität muss besser werden, wenn wir am Markt bestehen wollen."

  Dieses Ziel enthält einen sogenannten unvollständigen Vergleich, da nicht klar ist, wie der aktuelle Stand der Qualität ist, und auch nicht erkennbar wird, woran die Zielerreichung gemessen wird.

- „In diesem Jahr müssen wir einen Umsatz von X Mio. Euro erreichen."

  Hier ist ein Ziel formuliert, das sich zunächst wie eine eindeutige klare Messgröße darstellt. Ohne weitere Ergänzungen ist jedoch auch dies ein „weg-von-Ziel". Interpretiert werden könnte dies z. B. so, dass das bisher Erreichte nicht genug ist. Außerdem ist nicht klar, was dadurch möglich würde, wenn dieses Ziel erreicht wird.

Diese Beispiele zeigen, dass drei Aspekte bei der Zielformulierung von zentraler Bedeutung sind:

- Ziele müssen eindeutig positiv formuliert sein (ohne versteckte Negationen).
- Die mit dem Ziel erreichte positive Absicht/Intention muss benannt sein.
- Es dürfen keine unvollständigen Vergleiche vorhanden sein.

Ein eindeutig positives Ziel wäre z. B.:

„Am 31.12. des kommenden Jahres haben wir einen Reingewinn von X Mio. Euro erreicht, der es uns möglich macht, bei unseren künftigen Investitionsentscheidungen von den Banken unabhängig zu sein."

Kriterium 2: sinnesspezifisch konkret

Das zweite Kriterium eines wohlgeformten Ziels ist seine sinnesspezifische konkrete Beschreibung. Was gibt es zu sehen, zu hören, zu fühlen, wenn das Ziel erreicht ist? In manchen Fällen gibt es hier auch etwas zu riechen oder zu schmecken.

Ziele, die nicht diese sinnlich erfahrbare Qualität haben, bleiben in unserem inneren Erleben unscharf. Um ein Ziel als im besten Sinne erstrebenswert erkennen zu können, müssen wir eine präzise Vorstellung davon haben, was es genau zu sehen, zu hören und zu fühlen gibt, wenn das Ziel erreicht ist.

Kriterium 3: selbst erreichbar ≥ 51 Prozent

Welche Ressourcen brauche ich, um das Ziel zu erreichen? Bereits bei der Definition des Ziels ist es wichtig, dies genau festzulegen. Damit wir das Ziel tatsächlich angehen, müssen wir in der Regel vor dem Start zu diesem Ziel mehr als 51 Prozent der Ressourcen unmittelbar nutzen können. Sind diese 51 Prozent nicht erreichbar, ist es wichtig zu überprüfen, ob das Ziel vielleicht anders gestaltet werden muss oder ob wir vielleicht noch nicht alle Ressourcen entdeckt haben, die wir mobilisieren können. Es gibt natürlich auch Menschen oder Unternehmen, die deutlich weniger oder auch deutlich mehr eigene Ressourcen benötigen, um ein Ziel in Angriff nehmen zu können. Wichtig ist hier genau hinzuschauen, welche Ressourcen vorhanden sind. Dabei geht es auch darum, verdeckte Ressourcen aus dem Umfeld, wie z. B. Mentoren, Sponsoren etc. einzubeziehen.

Abbildung 12.5 [Wohlgeformte Ziele]

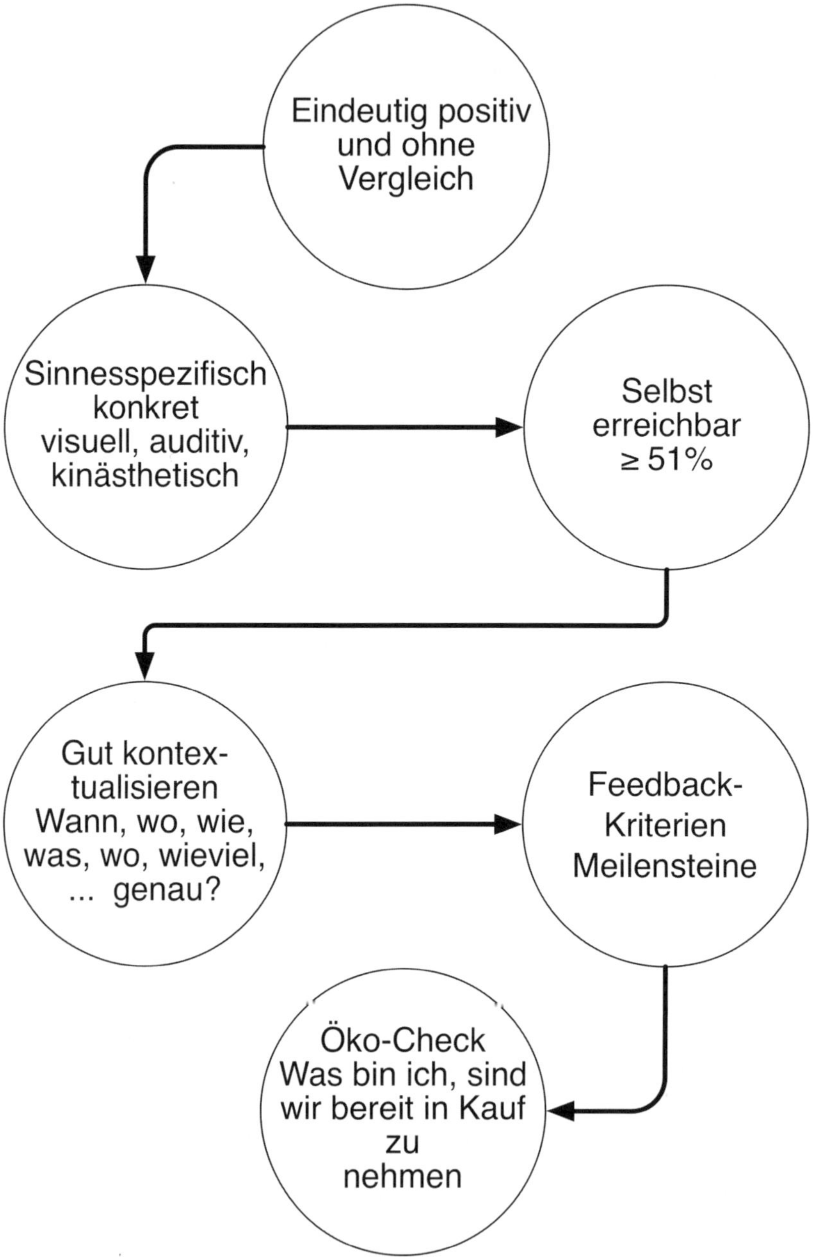

Kriterium 4: gut kontextualisieren

Ein Ziel wirklich zu erreichen bedeutet zu wissen, was genau dazu gehört, um dieses Ziel vollständig erreicht zu haben. Die Kontextualisierung beschreibt dies präzise. Wann genau ist der Punkt erreicht, an dem wir selbst und diejenigen, die mit uns arbeiten, sagen können, wir sind fertig, wir haben das Ziel erreicht?

Die Kriterien hierfür sind u.a. eine genaue Beschreibung der Merkmale wann, wo, was, wie, mit wem, wie viel, wie groß, wie lange etc.

Jede Unschärfe in diesem Bereich führt dazu, dass es Missverständnisse gibt und die Energie zur Zielerreichung verloren geht. Es ist ein weit verbreiteter Irrtum, dass sich durch Unschärfen bei der Zieldefinition strategische oder taktische Vorteile erreichen ließen. Das Einzige, was dadurch erreicht wird, ist, dass der für die Zielerreichung Verantwortliche einen großen Aufwand treiben muss, um das Ziel schrittweise zu konkretisieren und die Beteiligten „bei der Stange" zu halten. Normalerweise legen die Projektbeteiligten jede Unschärfe bei der Zieldefinition schon nach kurzer Zeit als Führungsschwäche aus und verweigern direkt oder indirekt die Gefolgschaft.

Kriterium 5: Feedback-Kriterien und Meilensteine

Durch die gute Kontextualisierung wird jetzt auch deutlich, woran wir selbst (Innen-Referenz) und andere (externe Referenz) erkennen können, dass das Ziel erreicht ist. Bei größeren Zielen macht es Sinn, Etappen-Ziele festzulegen, sog. Meilensteine. Auch diese Feedback-Kriterien und Meilensteine müssen - damit sie wirksame Orientierungspunkte sind - den Anforderungen der guten Kontextualisierung entsprechen. Je größer ein Ziel ist, desto wichtiger ist eine präzise Beschreibung der Feedback-Kriterien und Meilensteine.

Kriterium 6: Öko-Check

Der Öko-Check dient der Prüfung der Konsequenzen, die wir bereit sind, in Kauf zu nehmen, damit dieses Ziel realisiert werden kann. Es gibt kein Ziel, das nicht auch Konsequenzen hat, die zu Veränderungen oder Einschränkungen in anderen Bereichen führen. Hierzu gehören auch Konsequenzen, die einen sehr persönlichen Charakter haben.

Häufig vergessene Konsequenzen sind z. B. die von der Entscheidung beeinflussten Beziehungen. Hierzu gehören berufliche wie private Beziehungen. Wichtig ist zu prüfen, wie sich diese dadurch verändern, dass das Ziel angestrebt und erreicht wird.

d. Umgang mit Zielen, die zu groß oder zu klein sind

Wenn Ziele nicht erreichbar erscheinen oder wenn wir Ziele mühelos erreichen können, entsteht ein Motivationsproblem, das uns daran hindert, diese anzugehen. Wenn uns ein Ziel zu groß erscheint und wir spätestens bei der Selbsterreichbarkeit der wohlgeformten Ziele Zweifel haben, ist es schwer, die weiteren Kriterien auszugestalten. Denn warum sollten wir an einem Ziel arbeiten, das wir nicht erreichen können?

Gleiches gilt auch für mühelos erreichbare Ziele. Sie erzeugen keine Motivation, da sie in uns nicht die erforderliche Energie freisetzen, damit wir ein Ziel auch tatsächlich angehen können.

Wenn ein Ziel also zu groß ist, lautet die Frage „Was hält mich eigentlich davon ab, das Ziel zu erreichen?" Dies hilft, kleinere Ziele zu identifizieren, die es ermöglichen, auf den Weg zu kommen, der dem größeren Ziel dient. Ist ein Ziel zu klein, müsste die Frage lauten: „Wenn ich dieses Ziel erreichte, was würde dadurch möglich?" Hierdurch wird die Frage nach der übergeordneten Intention geklärt, die durch das Ziel bedient wird (vgl. **Abbildung 12.6**).

Abbildung 12.6 [Die richtige Größe des Ziels bestimmen]

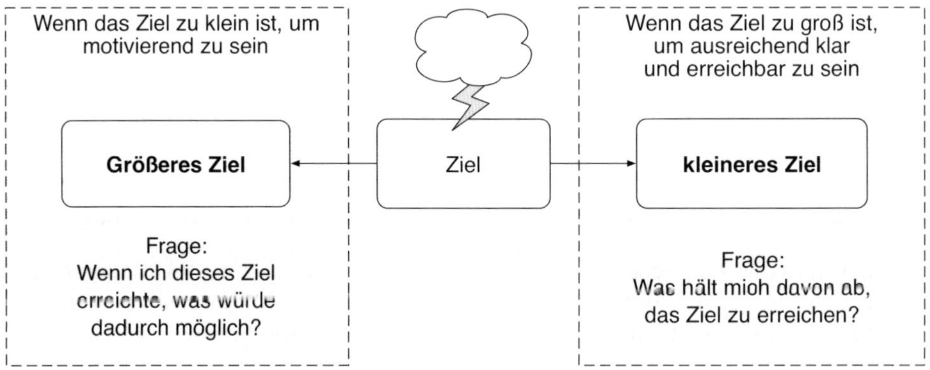

[13] Strategisch planen: Die Zukunft gedanklich vorwegnehmen

Die Wohlgeformtheit von Zielen gilt auch für Strategien, denn sie sollen ja schließlich zu diesen hinführen. Die strategische Planung ist in diesem Zusammenhang die konsequente Ausgestaltung des Weges zum Ziel. Testen Sie mit dem hier vorgestellten Arbeitsformat, ob Ihre Unternehmensstrategien langfristig tragfähig sind. Erfahren Sie, an welchen Stellen Sie u. U. ansetzen müssen, um Ihre Strategie neu auszurichten.

Strategisch zu planen bedeutet, „ausrichtend" tätig zu sein. Eine Strategie soll allen Beteiligten eine klare Orientierung geben. Orientierung entsteht dort, wo verlässlich erkennbar wird, in welche Richtung es geht, wann die Strategie erfolgreich ist. Ferner muss für jeden Beteiligten erkennbar sein, wie er zum Erfolg der Strategie beitragen kann. Taktik ist in Abgrenzung zur Strategie dabei lediglich die Methode, die Anzahl der notwendigen Umwege zu Erreichung der Strategie möglichst klein zu halten.

Wird Strategie in dieser Form verstanden, ergeben sich daraus einige Anforderungen an die Vorgehensweise. So muss die Strategie bereits vor ihrer Implementierung das zu erreichende wohlgeformte Ziel und den dafür notwendigen Weg mit seinen Meilensteinen vollständig abbilden.

Betrachtet man jedoch eine Unternehmensstrategie vom heutigen Standpunkt aus und blickt in die Zukunft, erscheinen viele oder keine Strategie richtig. Die Anzahl der Möglichkeiten und Varianten der Zielerreichung werden nahezu unzählbar. Zahlreiche Modelle der Entscheidungstheorie bilden dieses Entscheidungsproblem mit allerlei mathematischen Modellen ab. Auch die Statistik und Stochastik versuchen sich diesem Thema zu nähern. Doch die Zukunft entzieht sich aus der heutigen Perspektive erfolgreich der Berechenbarkeit.

Will ein Unternehmen den Weg in die Zukunft gestalten, geht es primär darum, eine unternehmerische Idee in die Realität umzusetzen. Insofern muss bereits vor dem Start der Strategie sinnesspezifisch konkret klar sein, wann das Ziel erreicht ist und woran die Geschäftsleitung sowie auch die Mitarbeiter das erkennen können. Damit dies gelingt, bedarf es einer virtuellen Zeitreise zu dem Zeitpunkt, an dem das Ziel bereits im besten Sinne erreicht ist. Die zentrale Frage, die für eine Strategie daher zu klären ist, lautet: „Was soll im Sinne einer Projektion in der Zukunft erreicht sein?" Der Blick zurück auf das Erreichte macht es wesentlich leichter möglich zu erkennen, was wirklich Gestalt angenommen haben muss, damit die Strategie tatsächlich als erfolgreich wahrgenommen wird.

Aus dieser Perspektive lässt sich auch sehr gut prüfen, welche Konsequenzen mit der Strategie verbunden sind. Konkret enthält dies die Klärung der Fragen: „Bin ich/sind wir bereit, auch mögliche negative Konsequenzen zu tragen, die sich aus der Zielerreichung ergeben? Muss das Ziel im Hinblick hierauf eventuell verändert oder angepasst werden?" Denn nur dann, wenn das mit der Strategie zu erreichende Ziel mit allen Konsequenzen akzeptiert wird, werden auch die notwendigen Ressourcen auf allen Ebenen eines Unternehmens freigesetzt oder freigegeben. Der sorgfältige Umgang mit Einwänden und Widerständen ist in diesem Zusammenhang ein wichtiges Element, um alle relevanten Aspekte für eine erfolgreiche Strategie zu berücksichtigen.

Blickt man aus der Zukunftsperspektive zurück, wird sehr leicht erkennbar, welche wesentlichen Etappen notwendig waren, um das Ziel zu realisieren.

Für jede Etappe gelten die gleichen Anforderungen, wie für die Erreichung des Gesamtziels der Strategie: Es muss sinnesspezifisch konkret erkennbar sein, wann diese Etappe/der Meilenstein im besten Sinne erreicht ist. Die Frage nach den negativen Konsequenzen zeigt die ergänzenden und limitierenden Faktoren auf. Wird so Schritt für Schritt die gesamte Strategie entwickelt, entsteht ein sehr präzises Bild der kurz-, mittel- und langfristig notwendigen Aktivitäten. Von einer solchen Strategie können auch Entscheidungen zur Gestaltung einer Strukturorganisation abgeleitet werden. Denn letztlich ist eine Strategie nur dann effizient zu realisieren, wenn die erforderlichen Strukturen und Geschäftsprozesse der Strategie folgen.

Arbeitsformat: Zeitprogression für Unternehmen

Mit dem Format der Zeitprogession lernen Sie eine Methodik kennen, die Sie dabei aktiv unterstützt, langfristig wirksame Strategien zu entwickeln und in die Tat umzusetzen. Auch hierfür begeben Sie sich wieder auf eine Zeitreise, mit deren Hilfe es möglich ist, das erreichte Ziel und alle Teilschritte dorthin aktiv zu erleben (vgl. auch **Abbildung 13.1**).

Stellen Sie sich vor, Sie sind zehn Jahre weiter, und Sie können in einer Art Zeitreise den Weg zum Ziel im Rückblick noch einmal Revue passieren lassen. Worauf schauen Sie gerne zurück, was haben Sie erreicht, worauf sind Sie stolz?

Wo im Raum möchten Sie den Zielzustand lokalisieren? Wo im Raum ist die Gegenwart?

Legen Sie, ausgehend von der Meta-Position (vgl. **Abbildung 13.1**) einen Bodenanker für die Gegenwart und einen für das erreichte Ziel aus, so dass Sie Gegenwart und das erreichte Ziel von der Metaposition aus gleichzeitig sehen können ohne, dass Sie den Kopf drehen müssen.

Gehen Sie auf den Bodenanker, der das Ziel symbolisiert, und erleben Sie assoziiert, wie es ist, angekommen zu sein. Schauen Sie innerlich zurück und nehmen Sie wahr, dass es einige relevante Schritte auf dem Weg hierher gab. Welche Teilschritte können Sie entdecken? Was waren Sie bereit, in Kauf zu nehmen, um dieses Ziel in dieser Vollständigkeit zu erreichen?

Abbildung 13.1 [Ziele rückwärts planen]

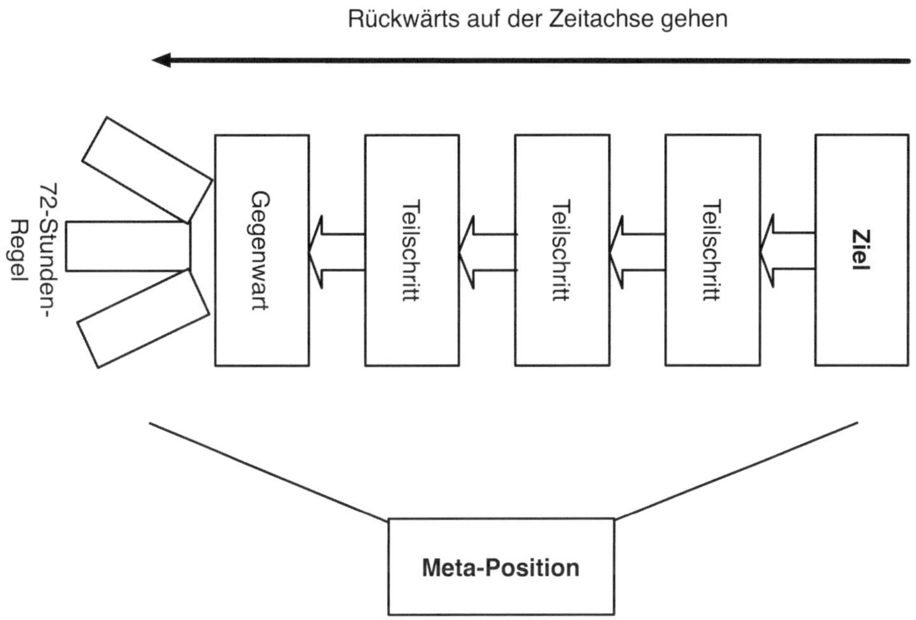

Welcher war der letzte Schritt vor der Erreichung des Ziels, den sie machen mussten, um das Ziel so in dieser Vollständigkeit umzusetzen? Wenn Sie wissen, dass Sie den letzten Teilschritt vor dem endgültigen Ziel erreicht haben, können Sie sich ganz hinein assoziieren. Lassen Sie sich überraschen, welche Erfahrung Sie hier machen und was Sie mit diesem Teilziel für Ihr Gesamtziel erreicht haben. Was waren Sie bereit, in Kauf zu nehmen, um dieses Teilziel zu erreichen? Achten Sie bei jedem Teilschritt auf eine so präzise Beschreibung wie möglich, damit diese konkret erlebbar werden.

Gehen Sie in dieser Weise über die einzelnen Teilschritte rückwärts in Richtung Gegenwart. Prüfen Sie bei jedem Teilschritt genau ab, was hier bereits erreicht ist und welche Konsequenzen dies hat. Mit jedem Teilschritt sind dabei mindestens drei negative Konsequenzen verbunden. Prüfen Sie, ob Sie diese negativen Konsequenzen wirklich in Kauf nehmen wollen. Gibt es an dieser Stelle Zweifel, ist es hilfreich, die folgenden Aspekte zu prüfen:

- Ist das Ziel oder Teilziel richtig formuliert?
- Sind die erforderlichen Ressourcen wirklich verfügbar?
- Gibt es im Unternehmen Vorbehalte?
- Sind die Beteiligten wirklich bereit, sich mit dem Ziel zu verbinden?

Gehen Sie nun über den Gegenwartspunkt auf die Meta-Position.

Schauen Sie noch einmal auf die Teilschritte und das Ziel. Wie geht es Ihnen jetzt damit, was haben Sie Neues entdeckt? Welche neuen Informationen haben Sie über den Weg zu Ihrem Ziel bekommen? Sind die Schritte und die zeitliche Abfolge richtig?

Wie motivierend ist Ihr Ziel jetzt, wo Sie wissen, dass und wie Sie es erreichen werden?

Was werden die nächsten drei konkreten Schritte in den folgenden 72 Stunden sein, die Sie zu erledigen haben?"

Auch hier gilt die 72-Stunden-Regel (vgl. Seite 75), denn wenn wir ein Ziel als wirklich erstrebenswert erleben und bereit sind, alle notwendigen Konsequenzen zu tragen, begeben wir uns schon durch diese ersten Schritte auf den Weg der Realisierung und setzen damit auch für unser Unbewusstes ein wichtiges Signal.

Im unternehmerischen Kontext ist diese Regel von ebenso großer Bedeutung: Werden in einem Gremium Ziele erarbeitet, ist es von entscheidender Bedeutung, die Ergebnisse zeitnah umzusetzen. Geschieht nichts, entsteht bei den Mitarbeitern die Wahrnehmung, dass dieses Gremium keine relevanten Ergebnisse erzielt hat. In der Konsequenz können die mit Engagement erarbeiteten Ziele mit jedem verstreichenden Tag schwerer realisiert werden.

[14] Unternehmenspositionierung - Die innere Klarheit für den äußeren Auftritt

Wer mit seinem Unternehmen erfolgreich sein will, muss sich mit seinen Produkten und Dienstleistungen im Markt so positionieren, dass sie für potenzielle Kunden attraktiv genug sind, um diese zu kaufen. Dauerhaft erfolgreich sind Unternehmen, deren „inneres" und „äußeres" Spiel in Einklang miteinander stehen. Eine praktische Übung unterstützt Sie dabei, ein Alleinstellungsmerkmal für Ihr Unternehmen zu erarbeiten.

Betrachtet man ein Unternehmen nicht nur als formale Organisationsstruktur, sondern als eine Art marktaktives, lebendiges Wesen, muss es durch mehr geprägt sein als durch die mit ihm verknüpften Angebote im Markt. Diese äußeren Aktivitäten in einem bestimmten Kontext (Markt) müssen getragen sein von einer inneren Haltung. Im NLP nennt man dies die Synchronizität des inneren und äußeren Spiels. Dort, wo das äußere Verhalten, mit der inneren Einstellung übereinstimmt, ist es leicht, erfolgreich zu sein. Dort, wo dies auseinanderfällt, werden die Botschaften, die nach außen getragen werden, missverständlich. Ein Kunde, der auf dieses Unternehmen schaut, erlebt dann Irritation. Diese Irritation wird in einem Markt, in dem es normalerweise für ein Produkt eine Vielzahl von Anbietern gibt, mit Ablehnung beantwortet. Wenn also der Geschäftsführer eines Unternehmens andere Aspekte in den Markt kommuniziert als sein Mitarbeiter oder wenn die angekündigten Versprechen nicht eingelöst werden, wenden sich die Kunden schnell einem anderen Anbieter zu, bei dem sie diese Synchronizität wahrnehmen.

Wie wir aus der Arbeit mit den neurologischen Ebenen der Wahrnehmung wissen, entsteht innere Klarheit immer dann, wenn Kontext, Verhalten, Fähigkeiten, Werte, Identität/Rolle und Sinn/Zugehörigkeit kongruent aufeinander aufbauen (siehe Seite 30). Ist auch nur eine dieser Ebenen unscharf, wird das gesamte System unscharf. Für ein Unternehmen im Markt gilt das genauso. Dort, wo diese Stimmigkeit im besten Sinne gegeben ist, entsteht eine klare Erkennbarkeit.

Wenn diese Form der Kongruenz gegeben ist, geschieht dabei noch mehr. Durch die neurologischen Ebenen und die Synchronizität des inneren und äußeren Spiels bekommt das Unternehmen eine innere Haltung, die im Markt zu Bewertungszuschreibungen führt. Die erste Ebene dabei ist oftmals somatischer Natur. So wird bei fast allen Menschen ein Kontakt zu Personen wie zu Unternehmen mit dem **intuitiven Bauchgefühl** dahingehend überprüft, ob man sich angezogen oder abgelehnt fühlt. Die mit dem Bauch abgeprüfte Grundfrage ist, ob das Unternehmen wirklich mit dem, was es zu sein vorgibt, eindeutig erkennbar ist.

Die zweite Überprüfung erfolgt über das **Herz**, verbunden mit der Frage nach der Offenheit. Dort, wo wir diese erkennen können, entsteht Sympathie, da wir uns mit unseren Bedürfnissen erkannt und angenommen fühlen.

Die dritte Frage ist die nach der Klarheit, also nach dem **kognitiven Geist** des Unternehmens. Erkennbar ist dies z. B. in einer klaren Aufstellung im Markt, die möglichst überschneidungsfrei hinsichtlich des Leistungsspektrums ist, und auch darin, dass das, was kognitiv verkündet auch gelebt wird.

„Walk what you talk ..." (Robert Dilts)

Die vierte Frage ist die nach dem **Sinn im Markt**. Welchen Sinn macht es aus Sicht des Kunden, dass das Unternehmen im Markt vorhanden ist? Dabei geht es im Wesentlichen um die Bedeutung, die einem Unternehmen in seinem Marktsegment zugeschrieben wird. Welches Feld wird durch das, was dieses Unternehmen in diesen Markt einbringt, bereichert und welche Kraft/Energie ist damit verbunden?

Ein Beispiel für diese Synchronizität von innerem und äußerem Spiel ließ sich im Sommer 2008 bei Apple beobachten. Die Produkte von Apple stehen seit vielen Jahren für hochpreisige und qualitativ hochwertige IT-Produkte, die besonders einfach und störungsfrei zu bedienen sind. Die ehemals kleine Fan-Gemeinde wuchs in den letzten Jahren beträchtlich und wurde durch den Umstieg von Apple auf Intel-Prozessoren noch größer, da jetzt auch ehemalige Windows-Benutzer leichter auf die Produkte von Apple umsteigen konnten. Durch ein virtuelles Windows innerhalb des Macintosh-Betriebssystems wurde es möglich, die alten Software-Programme weiter zu nutzen.

Zentraler Schlüssel für die Darstellung der Synchronizität ist die Person von Steve Jobs als CEO[30], der für die Apple-Kunden die Verkörperung der Idee ist. Deutlich wird dies insbesondere an den Auftritten als Keynote-Speaker in den Apple-Konferenzen, in denen Steve Jobs die neuen Ideen von Apple präsentiert. Doch solange alles wie geplant verläuft, ist es leicht, eine innere und äußere Synchronizität aufrechtzuerhalten. Spannend wird es immer dann, wenn Schwierigkeiten auftauchen, die es zu bewältigen gilt. Im Sommer 2008 gab es bei Apple den großen Rollout der neuen Plattform MobilMe. Mit diesem Rollout verschwanden E-Mails und die angekündigte Push-Technologie für E-Mails funktionierte an vielen Stellen nicht. Als dieses Problem auftrat, kümmerte sich bereits nach einem Tag Steve Jobs selbst unmittelbar um dieses Thema inklusive einer täglichen Statusberichterstattung an die Nutzer. Im Ergebnis war das Problem innerhalb einer Woche behoben. Die Berichterstattung in der Presse und in den Blogs war weitestgehend frei von Häme[31]. Die

---

[30] CEO = Central Executive Officer = Vorstandsvorsitzender

[31] http://www.mac-essentials.de/index.php/mac/article/19840/ und http://www.fscklog.com/2008/07/apple-entschuld.html

spontane Reaktion auf dieses Verhalten lautete an vielen Stellen: „Das ist doch klar, dass gehört sich auch so ...“ Genau das meint Synchronizität. Innere Haltung und äußeres Verhalten stimmten im besten Sinne überein.

Abbildung 14.1 [Elemente der Unternehmenspositionierung]

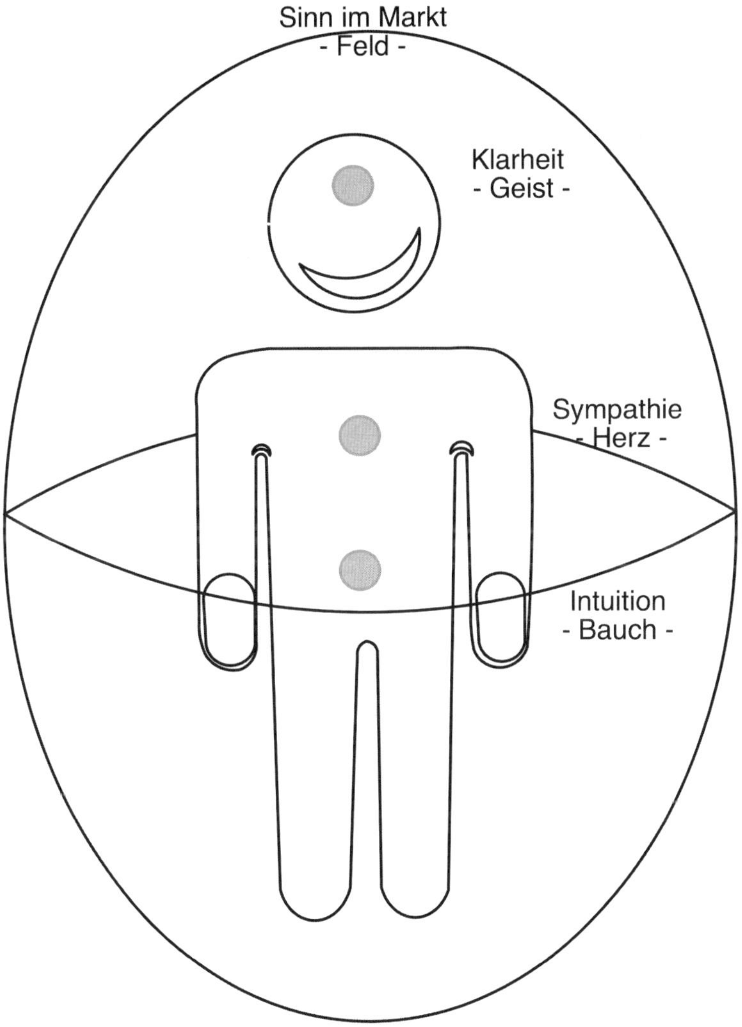

Der Zugang zu einer inneren und äußeren Stimmigkeit liegt in der Balance zwischen innerer Einstellung und äußerer Aktivität. Dort, wo wir beide Seiten in eine Balance miteinander bringen, ist der Kraftaufwand, den wir benötigen, um im Markt erfolgreich zu sein, relativ gering.

Abbildung 14.2 [Gleichgewicht zwischen innerem und äußerem Spiel]

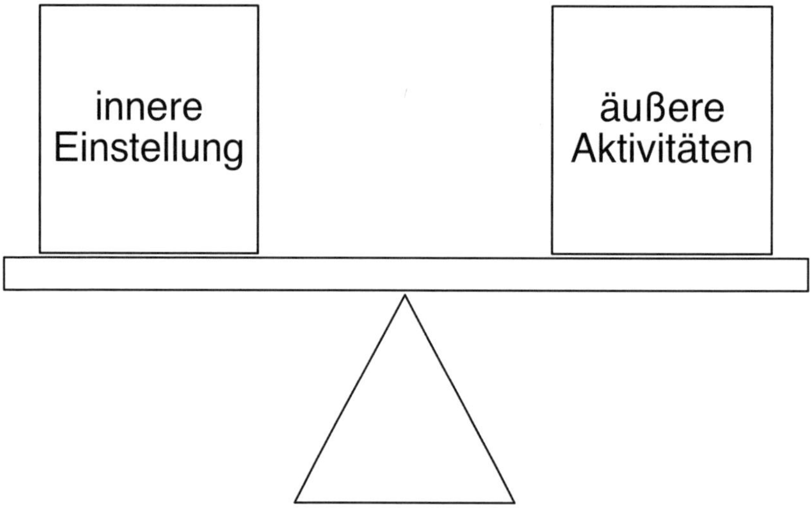

Der erste Schritt zum Erfolg und zu einem Alleinstellungsmerkmal am Markt liegt damit im Inneren des Unternehmens selbst. Nehmen wir noch einmal das Bild vom Unternehmen als lebendiges Wesen, wird deutlich, dass jeder Mitarbeiter Teil dieses Wesens und mit relevant dafür ist, damit dieses Wesen als Ganzes seine Form und Lebendigkeit bekommt. Das heißt, Körper und Geist dieses Wesens wissen um die eigenen Ressourcen und das, was es am Markt erreichen will. Die innere Einstellung dieses Wesens ist in einem guten Sinne auf den Markt und die Kunden gerichtet und die Haltung, mit der das Wesen nach außen auftritt, findet sich in jeder Zelle wieder. Kleinere Wunden heilen schnell, weil das übrige Wesen gesund ist und dafür sorgt, dass sich Wunden nicht entzünden können. Die Nervenbahnen und Muskeln sind gut trainiert, um im Markt kraftvoll auftreten zu können. Die Metapher des Wesens zeigt deutlich, worauf es bei der Erarbeitung des Alleinstellungsmerkmals ankommt.

Das nachfolgende Format wurde dafür entwickelt, mit einzelnen oder Teams Alleinstellungsmerkmale für Unternehmen zu erarbeiten. In der Praxis können auf diese Art und Weise alle relevanten Aspekte einfach und schnell herausgearbeitet werden. Hinzu kommt, dass auch die Beteiligten ein deutlich tieferes Verständnis von den inneren Prozessen und Notwendigkeiten erhalten als über eine rein kognitive Lösungsarbeit.

Arbeitsformat: Erarbeitung des Alleinstellungsmerkmals

Abbildung 14.3 [Format zur Erarbeitung des Alleinstellungsmerkmals]

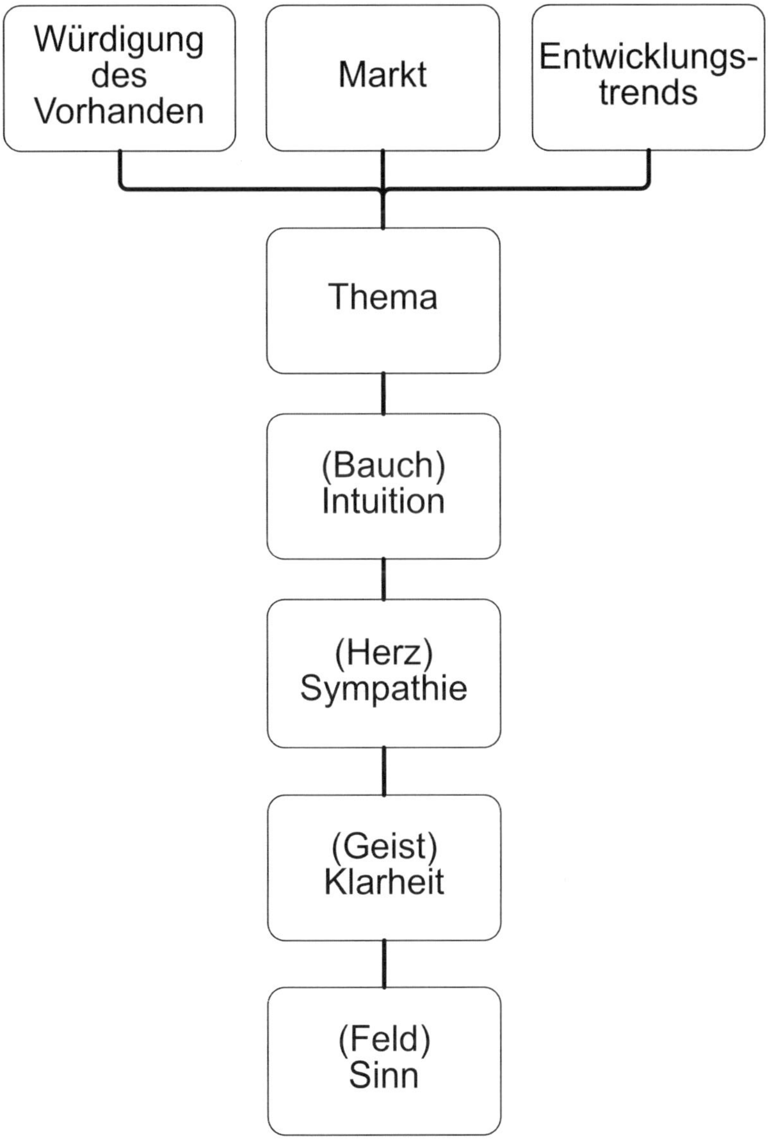

Würdigung des Vorhandenen

All das, was uns zu dem gemacht hat, was wir jetzt sind, zählt zu den Ressourcen, auf denen wir für die Zukunft aufbauen können. Das gilt gerade auch im unternehmerischen Kontext: Verhalten, Fähigkeiten und Talente, Werte und Identität/Rolle, die ein Unternehmen prägen, haben es zu dem gemacht, was es heute ist. Diese inneren Ressourcen des Unternehmens herauszumodellieren, gibt ein tiefes Verständnis für seine Wurzeln. Gerade in wirtschaftlich schwierigen Zeiten wird oftmals vergessen, dass diese inneren Ressourcen vorhanden sind. Die Würdigung der inneren Ressourcen hilft auch in einer angespannten wirtschaftlichen Lage, Klarheit über diese inneren Kräfte zu bekommen - auch über diejenigen, die vielleicht in der jüngeren Vergangenheit vergessen wurden.

Auf dieser Position werden also alle Ressourcen gesammelt, die das Unternehmen bisher tragen. Auch solche, die vielleicht vorhanden sind, aber noch nicht zur Anwendung kamen, da sie in der bisherigen Unternehmensstrategie keine Rolle spielten. Nimmt man alle Ressourcen und inneren Strategien zusammen, lassen sich die inneren Erfolgsstrategien einzelner Personen und Teams im Unternehmen herausmodellieren (vgl. auch Seite 34 ff). Hierbei gilt die Grundannahme: In jedem Unternehmen sind grundsätzlich alle essenziellen Ressourcen vorhanden, um am Markt erfolgreich zu sein. Unter Umständen müssen diese Ressourcen für den nächsten Entwicklungsschritt erweitert oder auch ergänzt werden. Welche Ressourcen das sind, wird im weiteren Prozess erkennbar. Diese können dann zielgerichtet aufgebaut werden.

Markt

Der Begriff „Markt" ist für sich genommen nichtssagend, da kein Unternehmen auf allen Märkten tätig ist. Es geht also um Segmente dieses Marktes sowie die Menschen und Unternehmen, die in diesem Märkten agieren. Ein Marktsegment ist dabei der Teil des Marktes, in dem bestimmte Kunden ähnliche oder gleiche Bedürfnisse haben, die durch Angebote befriedigt werden können. Der Grundgedanke ist also der, dass erst einmal unabhängig vom eigenen Angebot der sog. Markt betrachtet wird. Wichtig ist hierbei, nicht das eigene Thema bei der Analyse der Marktsegmente in den Vordergrund zu stellen, sondern die Ressourcen, die bei der Würdigung des Vorhandenen sichtbar wurden. In den Teilbereichen des Marktes, in denen die bereits vorhandenen Ressourcen bestmöglich genutzt werden können, finden sich in jedem Fall Segmente, die eine besonders hohe Erfolgswahrscheinlichkeit mit sich bringen. Diese Herangehensweise bietet dabei den Vorteil, nicht einfach bekannte Marktsegmentierungen zu verwenden, sondern das Marktsegment aus den vorhandenen Ressourcen abzuleiten. So werden auch neue noch nicht bekannte Segmentierungen wichtig, die für ein Alleinstellungsmerkmal im Markt von zentraler Bedeutung sind (siehe **Tabelle 14.1**).

Tabelle 14.1 [Ressourcen, Nutzen, Märkte]

Ressource	Nutzen für andere	Mögliche Märkte

Entwicklungstrends

Basierend auf den Ressourcen und dem herausgearbeiteten Marktsegment wird in diesem Schritt untersucht, welche Entwicklungstrends in diesem Marktsegment erkennbar sind. Durch das individuell herausgearbeitete Marktsegment treffen hier oftmals Entwicklungstrends aus unterschiedlichsten fachlichen Bereichen zusammen. So ergibt sich oft ein Patchwork aus Entwicklungstrends. Diese können jetzt mit den Ressourcen vernetzt werden, die gebraucht werden, um die Entwicklungstrends aufzunehmen und im Sinne eines Angebotes nutzbar zu machen (Siehe **Abbildung 14.4**).

Thema

Aus der Vernetzung von Würdigung, Markt und Entwicklungstrends lässt sich das Thema ableiten, wofür die Ressourcen des Unternehmens im Markt gebraucht werden können. Durch die Verankerung mit den vorherigen Themenfeldern ist sichergestellt, dass für alle Beteiligten überprüfbar wird, ob das Thema richtig benannt ist oder ob es Zweifel gibt. Existieren zu diesem Zeitpunkt solche Zweifel, ist es wichtig, sie in den Prozess hineinzunehmen und sorgfältig zu klären. Denn Zweifel oder Störgefühle sind ein wichtiger Hinweis darauf, dass noch etwas im Sinne der inneren Ökologie zu klären ist.

Bauch - Intuition

Wie wir heute wissen, werden große Teile unserer Entscheidungen im Unbewussten vorselektiert. Für eine Aufstellung im Markt geht es also darum, dieses Unbewusste so anzusprechen, dass die potenziellen Kunden unmittelbar ein gutes Gefühl mit dem Angebot verbinden. Bei der Auswahl spielt auch das Unbewusste und die damit verbundene Intuition eine zentrale Rolle. Also stellt sich hier die Frage: Wie lassen sich die unternehmerischen Ressourcen bezogen auf das Thema nutzen, um ein gutes Bauchgefühl beim Kunden zu erzeugen? Doch dieses Gefühl entsteht nur dann, wenn das innere und äußere Spiel bezogen auf das Thema synchronisiert sind. D.h., die Kunden müssen nicht nur rational überzeugt sein, sondern auf ihrer unbewussten Seite der Entscheidung für ein Produkt zustimmen. Hier spielen insbesondere Emotionen und Werte eine große Rolle, da sie genutzt werden, um die kognitiven Erkenntnisse hinsichtlich ihrer Richtigkeit zu prüfen. Umgekehrt werden emotional gefundene Entscheidungen über den kognitiven Geist geprüft.

Abbildung 14.4 [Verknüpfung von Ressourcen und Trends]

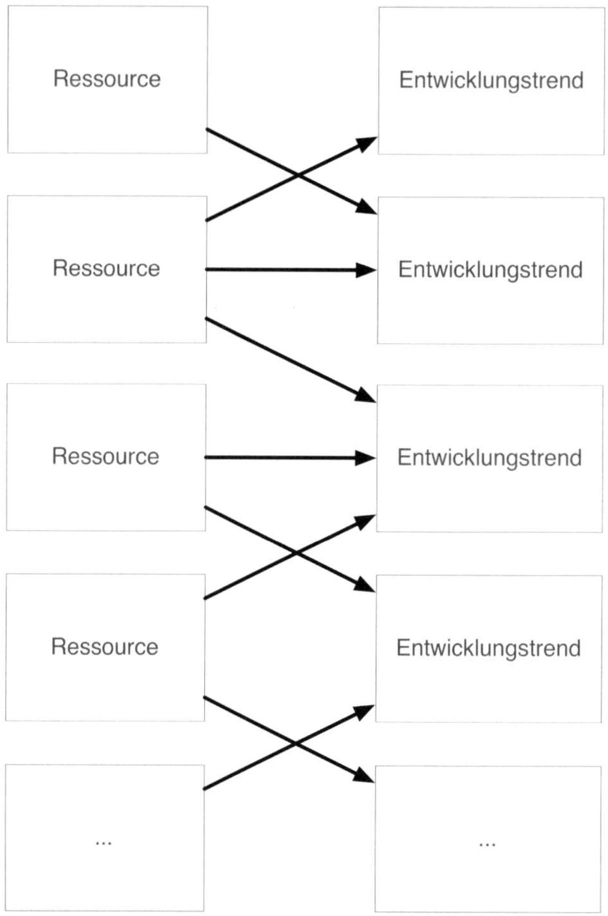

Herz - Sympathie

Die zweite Ebene der Entscheidung ist die des Herzens. Sympathie hat dabei viel damit zu tun, dass wir eine Offenheit wahrnehmen, die unsere Bedürfnisse aufnimmt und würdigt. Das Ergebnis der Wahrnehmung ist dann das Gefühl von Zuneigung und Offenheit für die angebotene Lösung. Gerade beim Thema Sympathie hat dies damit zu tun, dass wir uns angenommen fühlen. Hier werden auch die wichtigen Werte angesprochen, die sich auf dieses Gefühl beziehen. Für die Ausarbeitung des Alleinstellungsmerkmals kommt es also darauf an festzulegen, wofür das Unternehmen offen ist, und welche Bedürfnisse es würdigen will und welche nicht.

Geist - Klarheit

Die dritte Ebene ist die der kognitiven Klarheit. Hier geht es um eine eindeutige und klare Aufstellung im Markt. Folgende Aspekte gilt es z. B. zu prüfen: Welche Produkte und Dienstleistungen werden angeboten? Sind diese aus Sicht des Kunden eindeutig und als eigenständige Produkte und Dienstleistungen erkennbar? Was gehört in das Angebot hinein und was nicht, wofür steht das Unternehmen mit diesem Angebot und für was nicht? Wesentlich ist hier eine konkrete Begrenzung und Fokussierung auf die Produkte und Dienstleistungen, die durch die inneren Ressourcen am stärksten getragen werden. Auf alle anderen möglichen Facetten der Produktpalette sollte bewusst verzichtet werden, um das Bild der Klarheit nicht zu verwässern.

Feld - Sinn

Die vierte Ebene bezieht das Feld ein, in dem sich das Unternehmen bewegt. Das betrifft zum einen natürlich das Marktsegment, aber auch die Art und Weise, wie das Geschäft getätigt wird. Bewegt sich das Unternehmen z. B. in einem Markt für Gesundheitsprodukte, gelten andere Regeln im Miteinander der Beteiligten als in einem Markt für Software oder auf einem Gemüsemarkt. Um im jeweiligen Feld erfolgreich zu sein, ist es zum einen natürlich wichtig, diese inneren Regeln für Kommunikation und Verhalten zu verstehen und zu internalisieren. Zum anderen macht ein Angebot nur dann Sinn, wenn es dem Marktsegment etwas hinzufügt, was aus Sicht der Kunden sinnvoll ist, und etwas darstellt, dem sie angehören wollen. Da die Sinnhaftigkeit und Zugehörigkeit auf der Basis des Wertesystems und Rollenverständnis der Beteiligten abgeprüft werden, geht es hier auch darum, die zentralen Werte der potenziellen Kunden anzusprechen. So macht es z. B. einen großen Unterschied, ob ich Menschen ansprechen will, die einen hohen Qualitätsanspruch haben, oder ob ich Menschen erreichen möchte, für die der Wert „alles muss so billig wie möglich sein" wichtig ist. Wobei in einer Person durchaus beide Wertigkeiten vorhanden sein können. Für das Angebot von Produkten und Dienstleistungen muss ich mich jedoch für eine klare Aussage in die eine oder andere Richtung entscheiden.

Sind alle Ebenen kongruent aufgestellt, entsteht eine Unternehmenspositionierung, die im besten Sinne geeignet ist, am Markt erfolgreich zu sein.

[15] Das Modell der Balanced Scorecard (BSC) für nachhaltige Strategien nutzen

Das Modell der Balanced Scorecard (BSC) ist seit einigen Jahren in Unternehmen ein favorisiertes Modell, um die Umsetzung von Strategien und die Leistungsfähigkeit der Organisation zu messen. Der dabei betriebene Aufwand, um verlässliche Zahlen zu erhalten, ist oftmals erheblich. Da das Modell eine hohe Informationsqualität ermöglicht, lautet daher die zentrale Frage: Wie lässt sich der Aufwand reduzieren und die Akzeptanz erhöhen? Die nachfolgend beschriebene Vorgehensweise, bei der NLP und die BSC verknüpft werden, zeigt einen Weg, wie beide Probleme behoben werden können.

a. BSC-Grundlagen

Unternehmen müssen sich in einem stark wettbewerbsorientierten Umfeld ständig verändern, um die eigene Leistungsfähigkeit am Markt zu erhalten und auszubauen. Damit dies gelingen kann, müssen große Teile der internen Ressourcen auf allen Ebenen des Unternehmens ihre Energie dafür einsetzen, die Leistungsfähigkeit zu überprüfen und zu verbessern. Eine Untersuchung in den USA führte in diesem Zusammenhang zu dem Ergebnis, dass lediglich 35 Prozent der Unternehmen ihre Instrumente zur Messung der Leistungsfähigkeit als effektiv oder sogar sehr effektiv einstufen.[32] Gehen wir von dieser Studie aus, dann versucht der größte Teil der Unternehmen, mit unzuverlässigen Steuerungsinstrumenten erfolgreich zu sein. Doch um wie vieles erfolgreicher könnten diese Unternehmen sein, wenn sie verlässliche Steuerungsinstrumente hätten?

Im Normalfall werden in einem Unternehmen auch heute noch in erster Linie die finanziellen Kennzahlen beobachtet. Auch wenn wir an die Börse schauen, ist dort nach wie vor der kurzfristige finanzielle Erfolg der wesentliche Treiber für Kauf und Verkauf von Aktien. Die hohe öffentliche Wirksamkeit der Börse hat darüber hinaus dazu geführt, dass diese Perspektive eine weit höhere Bedeutung bekommen hat, als ihr eigentlich zukommen dürfte, wenn es um die Erzielung von Erfolgen geht.

---

[32] Maisel, Lawrence S.: Performance Measurement Practises: A Long Way from Strategy Management <Performance Measurement Practises>, Balanced Scorecard Report May- June 2001, Harvard Business School Publishing.

Hier setzt im Kern der Gedanke der Balanced Scorecard an. Ihr zufolge müssen mindestens vier Perspektiven in Einklang gebracht werden:

- Zukunftsorientierung
- Kundenperspektive
- Interne Perspektive
- Finanzwirtschaft
- und heute verstärkt die ökologische Verträglichkeit

Mit diesem integrativen Ansatz zur Messung der Leistungsfähigkeit wurde von Robert S. Kaplan und David Norton[33] erstmals ein Verfahrensansatz dargestellt, der die unterschiedlichen Erfolgsparameter eines Unternehmens derart misst, dass sie mit ihren Wechselwirkungen erkennbar werden. Auf diese Weise können alle zentralen Erfolgsfaktoren eines Unternehmens in einer Gesamtstrategie zusammengeführt und einer gezielten Leistungsmessung zugänglich gemacht werden.

Abbildung 15.1 [BSC löst zwei Schlüsselprobleme von Unternehmen]

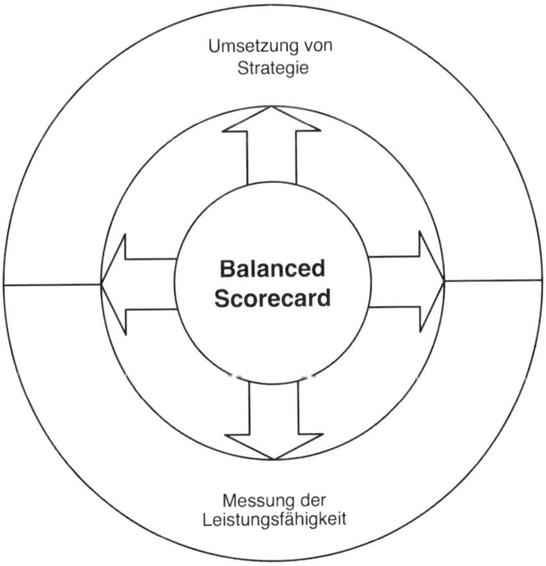

[33] Kaplan, Robert S. und Norton, David P., The Balanced Scorecard - Measures that Drive Performance. In: Harvard Business Review. 1992, January-February S. 71-79.

Die Balanced Scorecard hilft so, zwei Schlüsselprobleme zu lösen:

- die Leistungsfähigkeit der Organisation zu messen,
- die strategischen Ziele zu implementieren.

Die Leistungsfähigkeit zu messen und eine Strategie zu implementieren setzt voraus, dass die zu erhebenden Zahlen die tatsächlichen Gegebenheiten verlässlich wiedergeben und für die Mitarbeiter eine tatsächliche Steuerungsrelevanz besitzen. Ähnliches gilt auch für die Strategie. Eine Strategie, die im Sinne ihrer ursprünglichen Bedeutung der Ausrichtung wirken soll, muss für alle Beschäftigten im Unternehmen eine klare Orientierung bieten. Orientierung bedeutet dabei auch Verlässlichkeit und Klarheit. Aufgrund dieser beiden zentralen Aspekte kann eine Strategie nur dann ihre volle Wirksamkeit erreichen, wenn sie auf allen Ebenen eines Unternehmens verankert ist. D.h., Strukturen, Aktivitäten und Verhalten müssen konsequent der Strategie folgen.

Erst wenn das vollständig gelungen ist, sind auch die Kennzahlen zur Messung der Leistungsfähigkeit des Unternehmens valide. Schnelle Kursänderungen können zwar auf diese Weise auch erkennbar gemacht werden, beziehen sich aber immer auf die ursprüngliche Strategie und fallen damit in den Bereich der Taktik.

Der Zusammenhang von klarer langfristig angelegter Strategie, dazu passenden Strukturen und einem Verhalten aller Beteiligten im Unternehmen, das sich an dieser Strategie ausrichtet, sind ein zentraler Schlüssel für dauerhaften Erfolg. Jetzt wird der eine oder andere zu recht darauf hinweisen, dass zahlreiche Unternehmen ohne eine Balanced Scorecard und ohne eine festgelegte Strategie sehr erfolgreich geworden sind. Im ersten Internethype gab es hierfür zahlreiche Beispiele. Die Organisationsstruktur dieser Unternehmen war von außen betrachtet regelrecht chaotisch, auch eine langfristige Strategie war oftmals auf den ersten Blick nicht erkennbar, geschweige denn schriftlich fixiert. Was diese Unternehmen zusammenhielt, war die Verhaltensseite, in der das Miteinander einem gemeinsamen Wollen folgte. Hieraus lässt sich gut ableiten, warum viele Unternehmen am Ende des ersten Internethypes zusammenbrachen. In dem Moment, wo der schnelle wachsende Erfolg ausblieb und es statt um mehr, um eine Verteilung der vorhandenen Ressourcen ging und oftmals die Banken „kalte Füße" bekamen, fehlte diesen Unternehmen das innere Gerüst, um langfristig zu überleben. Von den Unternehmen, die es schafften, diese Phase zu überstehen, haben viele verstärkt interne Strukturen, Aktivitäten und Verhalten aufeinander zubewegt.

Dabei war das System der Balanced Scorecard sicherlich nur eine der gewählten methodischen Ansätze, aber einer, der aus Sicht des Autors methodisch der konsequenteste ist. Erstens versucht sie, alle Bereiche des Unternehmens so weit zu konkretisieren, dass es eindeutige Ziele und Kennzahlen für den jeweiligen Bereich gibt. Zweitens versucht sie, alle relevanten Unternehmensperspektiven miteinander zu vernetzen. Doch auch dieser Ansatz hat eine zentrale Schwachstelle: die Anbindung des Systems an die Verhaltensseite der Beteiligten. In der Folge versandeten die oftmals mit viel Aufwand eingeführten Systeme. Hier ist einer der zentralen Ansatzpunkte für den Einsatz von NLP.

b. NLP und Balanced Scorecard

Der Ansatz, NLP und die Methodik der Balanced Scorecard zu vernetzen, beruht auf der Erkenntnis, dass die Methodik der Balanced Scorecard zwar bestechend ist. Im Unternehmensalltag wird sie jedoch in vielen Fällen wenig gelebt und erlebt. Insbesondere die Vernetzung der unterschiedlichen Perspektiven bereitet vielen Unternehmen Schwierigkeiten. Die Folge sind immer wieder teure Software-Lösungen, die zwar viele Daten liefern könnten, aber selten die Ursache-Wirkungs-Beziehungen in der notwendigen Eindeutigkeit und Klarheit abbilden. Am Ende wird dann von den Unternehmensperspektiven nicht selten nur die Finanzperspektive wirklich ausreichend präzise gepflegt.

Betrachtet man die einzelnen Perspektiven genau, braucht jede für sich genommen eine Konkretisierung. Das heißt, sie muss für die Beteiligten erfahrbar werden und zu etwas werden, was sie als notwendig und bedeutsam für ihr eigenes Handeln einstufen. Denn nur dort, wo ein System eine Anbindung an das eigene Wollen findet, bekommt es die notwendige Relevanz, es in das tägliche Tun einzubinden.

Da das eigene Wollen, wie wir aus den vorangegangenen Kapiteln wissen, in hohem Maße dadurch geprägt wird, welchen Sinn und welche Zugehörigkeit wir in unserem Handeln erkennen können, bildet diese Ebene auch die Basis für eine Balanced Scorecard. Ausdruck dieser Ebene der Wahrnehmung ist letztlich eine Unternehmensvision, da in ihr auf jeden Fall der Sinn, die Zugehörigkeit, die Rolle am Markt und auch die Werte benannt werden. Wie eine solche entwickelt werden kann, wurde bereits auf Seite 47 f. beschrieben. Am Anfang einer Balanced Scorecard steht deswegen die Unternehmensvision. Die Vision bildet wie bei allen langfristigen Strategieüberlegungen die Ausgangsbasis für die weiteren Arbeiten. Auf der Grundlage der Vision kann jetzt begonnen werden, diese schrittweise in die einzelnen Perspektiven und die Handlungsfelder des Unternehmens zu übertragen.

Will ein Unternehmen z. B. „mobile Software-Lösungen für alle kaufmännischen Prozesse" anbieten, stellt sich nach der Methodik der BSC die Frage, welche Unternehmensperspektiven bei der Ausgestaltung zu berücksichtigen sind. Nehmen wir als Ausgangsbasis die am häufigsten verwendeten.

Hierzu zählen:

- Zukunftsorientierung,
- Kundenperspektive,
- interne Perspektive,
- Finanzwirtschaft,

  und ergänzen diese ggf. um die Perspektive

- ökologische Verträglichkeit.

Für jede der Perspektiven ist es jetzt notwendig zu beschreiben, was aus jeweils dieser Sicht notwendig ist, um die Vision Realität werden zu lassen. Aus der Perspektive der **Zukunftsorientierung** könnte das z. B. bedeuten, mit den mobilen Lösungen schrittweise alle Geschäftsbereiche und alle Ebenen des Unternehmens zu durchdringen. Nimmt man die **Kundenperspektive** ein, sind idealerweise nur solche Lösungen interessant, die mit wenig Aufwand eine deutlich bessere Marktbearbeitung ermöglichen. Etwa nach dem Motto: „Jede Lösung muss innerhalb eines Jahres einen sichtbaren Beitrag zur Steigerung des Unternehmenserfolges erbringen." Aus Sicht der **internen Perspektive** könnte dies z. B. bedeuten: Die Erfahrungen des Vertriebes und des Kundenservices müssen so schnell wie möglich in die Produktentwicklung einfließen, damit die Produkte stabil funktionieren und wenig Aufwand bei Installation und Wartung auslösen. Aus dem Blickwinkel der **Finanzwirtschaft** müssten hier vielleicht die Kosten für Vertrieb, Service und Produktentwicklung in einer gesunden Relation zum Ertrag stehen. Die Produktentwicklungen müssten vor diesem Hintergrund im Vorfeld auch nicht nur die Kosten sondern auch die Folgekosten einbeziehen. Nimmt man nun noch die Perspektive der **ökologischen Verträglichkeit** hinzu, könnte dies z. B. bedeuten, bei der Hardware nur recycelbare Komponenten zu verwenden und die Software-Lösungen besonders energiesparend auszulegen. Vielleicht würde aus dieser Perspektive auch die Anforderung entstehen, eine Lösung zu entwickeln und anzubieten, die Kennzahlen für eine Ökobilanz bietet.

Schon hier wird sichtbar: Jede Perspektive beschreibt eine Sichtweise, die aus sich heraus sinnvoll sein muss. Die innere Sinnhaftigkeit jeder einzelnen Perspektive bietet natürlich auch ein entsprechendes Konfliktpotenzial zwischen den Vertretern der jeweiligen Perspektiven im Unternehmen. Gleichzeitig wissen alle Beteiligten, dass jede dieser Perspektiven von zentraler Bedeutung ist für die Existenz und Weiterentwicklung des Unternehmens.

Diese einzelnen Perspektiven miteinander zu vernetzen, ist Ziel der Balanced Scorecard. Sie erlebbar und sinnesspezifisch konkret zu machen ist das, was NLP an dieser Stelle leisten kann.

Wie die nachfolgende **Abbildung 15.2** zeigt, ist die Entwicklung einer Balanced Scorecard der Anfang eines kontinuierlichen Prozesses. Beginnend mit der Vision und der Übersetzung in die jeweiligen Perspektiven, geht es darum, diese in einem nächsten Schritt in die nachgeordneten Ebenen zu kommunizieren und vor allem für die dort Beteiligten erlebbar zu machen. Erst dadurch, dass auch die Beteiligten der nachgeordneten Ebenen die Vision und die Perspektiven für sich übersetzen können, wird es möglich, die Vision schrittweise zu operationalisieren, also in etwas zu verwandeln, was eine unmittelbare Anbindung im Verhalten der Menschen findet. Auch die in der Grafik (siehe **Abbildung 15.2**) aufgeführten Anreizsysteme müssen dabei so gestaltet werden, dass die beteiligten Mitarbeiter dadurch eine dauerhafte Motivation erfahren. Wobei dauerhafte Motivation nur dann entstehen kann, wenn zum einen die Sinnhaftigkeit des Systems verstanden wird und zum anderen die Ziele mit dem inneren Wertesystem kompatibel sind. Um das sicherzustellen, ist es wichtig, gemeinsam mit den Beteiligten diese Stimmigkeit herauszuarbeiten. Von zentraler Bedeutung ist hierbei die Frage: „Wenn die Ziele, so wie sie ausgearbeitet wurden, vollständig erreicht sind, werden dabei die wichtigen Werte, Glaubenssätze und Prinzipien der Organisation sichergestellt oder vielleicht sogar im guten Sinne weiterentwickelt?" Diese Frage klingt auf den ersten Blick banal. Werden aber zentrale Werte der Beteiligten durch die Erreichung der Ziele verletzt, ist die Bereitschaft und Motivation der Beteiligten schnell am Ende.

Abbildung 15.2 [Grundlegender Weg der Implementierung einer Balanced Scorecard]

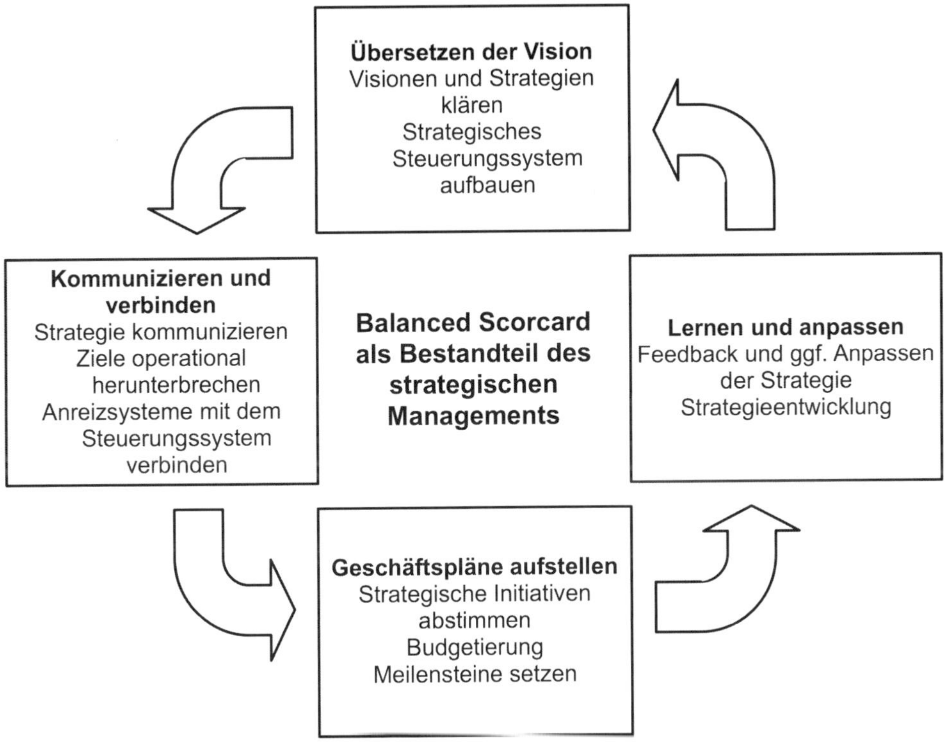

Ist dieser zweite Schritt abgeschlossen, können auf der Grundlage der Ziele Geschäftspläne aufgestellt werden. Auch hier lassen sich die Möglichkeiten des NLP nutzen. Jeder Geschäftsplan muss von seinem Grundsatz her den sechs Kriterien eines wohlgeformten Zieles folgen (vgl. Seite 95 ff.).

Erster Schritt eines Geschäftsplanes ist die Formulierung der Zielsetzung. Diese sollte wie bereits benannt eindeutig positiv sein.

Auch die sinnesspezifische Erfahrbarkeit des erreichten Ziels ist von zentraler Bedeutung für die Zielerreichung, da unscharf formulierte Ziele von jedem der beteiligten Akteure unterschiedlich ausgelegt werden können. Dies geschieht oftmals unbewusst, da wir in unserer Wahrnehmung immer versuchen, ein vollständiges Bild zu erzeugen, auch dann, wenn das Ziel eigentlich unscharf benannt ist. Dieser Effekt ist einer der häufigsten Ursachen für Missverständnisse in der täglichen Arbeit. Ist diese Form der unspezifischen Zielformulierung sehr ausgeprägt, ist leicht vorstellbar, dass die unterschiedlichen Interpretationen, Korrekturen, Nachbesserungen, bis hin zu kompletten Überarbeitungen, viel Ärger bescheren und Geld kosten können. Zusätzlich müssen bei einer BSC die unterschiedlichen Perspektiven berücksichtigt werden, um die erkennbaren Ursache-Wirkungs-Beziehungen bei der Zielformulierung einfließen zu lassen.

Der nächste Schritt ist die konkrete Festlegung, welche Ressourcen für die Erreichung des Ziels vorhanden sind und welche davon für dieses Ziel eingesetzt werden sollen. Wichtig ist es auch, Ressourcenkonflikte zu benennen und zu prüfen, ob die Ressourcen wirklich in dem benötigten Maße zur Verfügung stehen. Auch hier muss die Frage aus der jeweiligen Perspektive beantwortet werden. Hilfreich ist ebenfalls, die Ressourcen mit einzubeziehen, die auf den ersten Blick nicht so sichtbar sind, wie z. B. bestimmte Fähigkeiten und Talente einzelner Mitarbeiter oder Gruppen. Von zentraler Bedeutung ist ferner, dass alle Beteiligten bereits vor dem Start der Überzeugung sind, mehr als die Hälfte der benötigten Ressourcen für die Zielerreichung definitiv zur Verfügung stehen zu haben. Ist dies nicht der Fall, werden die Ziele nur halbherzig oder gar nicht angegangen.

Sind die Ressourcen sichergestellt, muss der Geschäftsplan konkretisiert und kontextualisiert werden. D.h., es muss präzise geklärt werden, was, wann, wo, wie viel, wie groß, etc. die einzelnen Zielparameter sein müssen. Auch hier gilt es, jedes einzelne Kriterium so zu beschreiben, dass es konkret erfahrbar wird. Dabei ist es wichtig, nacheinander alle Perspektiven zu betrachten, zu konkretisieren und auf Wechselwirkungen hin zu überprüfen. Auf diese Weise wird der Interpretationsspielraum im Vorfeld der Realisierung deutlich verringert. Unschärfen, die an dieser Stelle in Kauf genommen werden, tauchen bei der Realisierung garantiert wieder auf und müssen dann mit deutlich mehr Aufwand nachgearbeitet werden. Die Kriterien sollten in einer Liste zusammengefasst werden.

Ist die Konkretisierung sorgfältig durchgeführt worden, lassen sich aus dieser die Feedback-Kriterien und Meilensteine ableiten. Die Feedback-Kriterien im Geschäftsplan sind dabei idealerweise so gestaltet, dass sie in einem Reporting als erreicht gekennzeichnet werden können. In Verbindung mit dem vorherigen Schritt der Konkretisierung lassen sich jetzt Leistungspakete definieren, in denen die einzelnen Aktivitäten aus den unterschiedlichen Perspektiven berücksichtigt werden müssen. Mit Hilfe der Leistungspakete können dann auf der Zeitachse Meilensteine festgelegt werden. Diese haben dabei vor allem die Bedeutung, allen Beteiligten auch auf einem langen Weg die Sicherheit und Zuversicht zu geben, das gesteckte Ziel zu erreichen. Gleichzeitig bilden sie wichtige Interventionspunkte für Richtungsentscheidungen oder auch für Stop-or-Go-Entscheidungen.

Letzter und oftmals vergessener Schritt einer guten Geschäftsplanung ist der sogenannte Ökologie-Check. Damit verbunden ist die möglichst vollständige Abschätzung der negativen Konsequenzen der Zielerreichung. Es gibt immer mindestens drei negative Konsequenzen, meist mehr. Werden diese nicht benannt oder die benannten nicht als relevante Konsequenz gesehen, entstehen hier normalerweise ernsthafte Risiken, die eine Realisierung der Planung erheblich behindern oder sogar verhindern (vgl. Seite 95 ff.).

Abbildung 15.3 [Geschäftsplanung aus unterschiedlichen Perspektiven in der BSC]

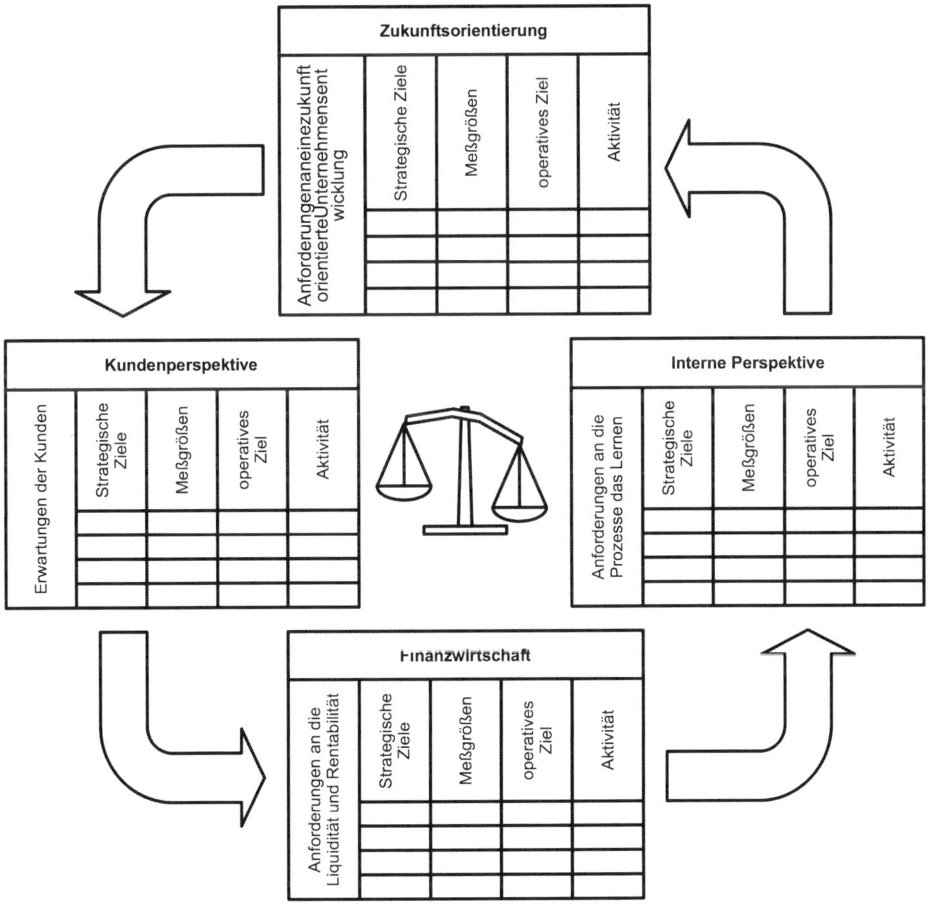

Abbildung 15.4 [Hierarchie der Ausgestaltung von Zielen in der BSC]

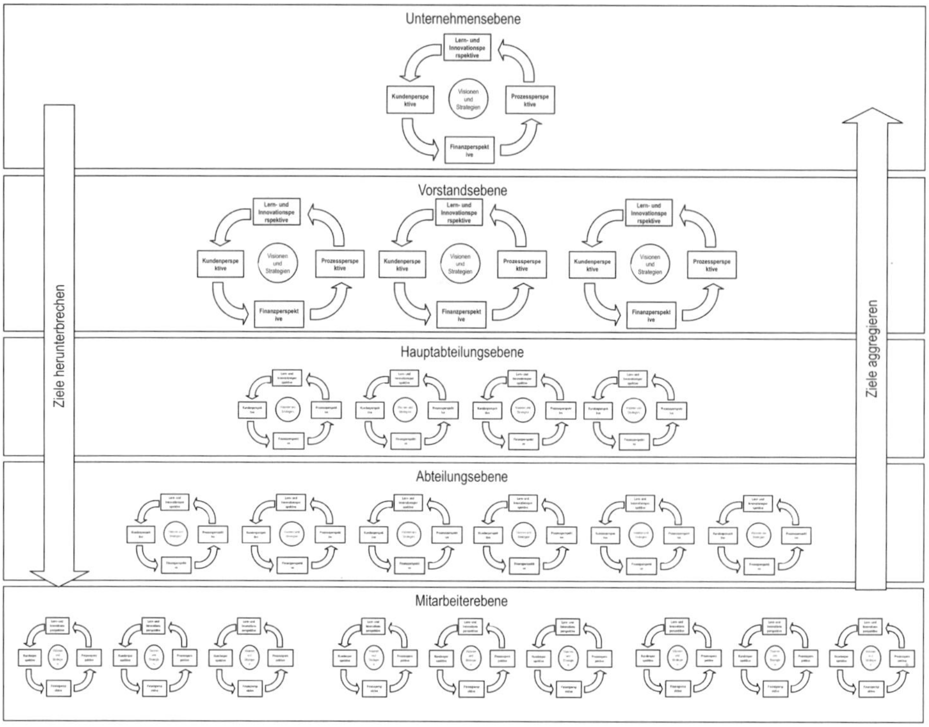

c. Abbildung der erkennbaren Ursache-Wirkungsbeziehungen

Alle Ziele der BSC müssen anschließend daraufhin überprüft werden, welche Wechselwirkungen sie zu anderen Zielen haben. Alle Kennzahlen werden daraufhin untersucht, wie sie durch andere Ziele beeinflusst werden und alle Aktivitäten werden in Abhängigkeit von den Ursache-Wirkungs-Beziehungen geplant.

Schon in kleinen Organisationen gelangt man schnell an die Grenzen des Möglichen, um die Ursache-Wirkungs-Beziehungen zu erkennen. Die Balanced Scorecard bleibt daher auf dem klassischen Wege eine rein kognitive Annäherung an das Beziehungsgeflecht in einem Unternehmen. Dennoch ist dieses Vorgehen im Grundsatz richtig, da so der Blick für die systemischen Beziehungen geöffnet wird.

Eine systemische Strukturaufstellung (siehe Seite 40 ff.) ist zur Klärung der Beziehungen und der Einflussfaktoren ein zweckmäßiger Weg. Durch sie wird das Beziehungsgeflecht inklusive ggf. vorhandener Blockaden erkennbar. An dieser Stelle sei auf die Arbeiten von Matthias Varga von Kibed, Insa Sparrer[34] und Bernd Isert[35] verwiesen, die hier wesentliche Entwicklungsarbeit geleistet haben.

Sind die wesentlichen Beziehungen geklärt, geht es darum zu überprüfen, welchen Einfluss sie aufeinander haben und wie sich diese Abhängigkeiten so abbilden lassen, dass sie einer kontinuierlichen Nachverfolgung zugänglich sind.

Ein einfacher und pragmatischer Weg, eine solche Struktur aufzubauen, ist, hier für jede der gewählten Perspektiven je einen Stellvertreter zu benennen und diesen durch ein gemeinsames Arbeitsformat zu schicken. Eine Person steht dann z. B. für die Kundenperspektive, eine für die Zukunftsorientierung, eine für die interne Perspektive, eine für die Finanzwirtschaft und ggf. weitere für andere Perspektiven.

Arbeitsformat: BSC-Kaleidoskop

Dieses Format ist aus dem Teamkaleidoskop (siehe **Abbildung 10.5**) abgeleitet und hat sich in der Beratungsarbeit als einfache und schnelle Methode erwiesen.

Schritt 1 - Wahl der Stellvertreter

Jeder Stellvertreter begibt sich in einen Zustand, in dem er diese Perspektive voll und ganz vertritt. Er/sie nimmt die Welt nur durch diese Brille wahr. Der Vertreter der Zukunftsorientierung hat nur die Zukunft im Blick und nichts anderes. Der Vertreter der inneren Perspektive schaut nur auf die inneren Bedürfnisse und Qualitäten des Unternehmens, der Vertreter der Kundenperspektive vertritt nur die vorhandenen und potenziellen Kunden des Unternehmens und der Vertreter der Finanzwirtschaft schaut nur darauf, dass es dem Unternehmen finanziell gut geht.

Schon diese Einleitung zeigt, dass jeder der Stellvertreter einen anderen Blick auf die Welt hat und auch sein Umfeld anders wahrnimmt.

---

[34] Vgl. u.a. Varga von Kibéd, Matthias, Sparrer, Insa, Ganz im Gegenteil: Tetralemmaarbeit und andere Grundformen systemischer Strukturaufstellungen – für Querdenker und solche, die es werden wollen. 5., überarbeitete Auflage, Heidelberg 2005.

[35] Isert , Bernd, Rentel, Klaus, Die Wurzeln der Zukunft: Lebensweg-Arbeit, Aufstellungen und systemische Veränderungen, Padberborn 2000.

Abbildung 15.5 [BSC-Kaleidoskop]

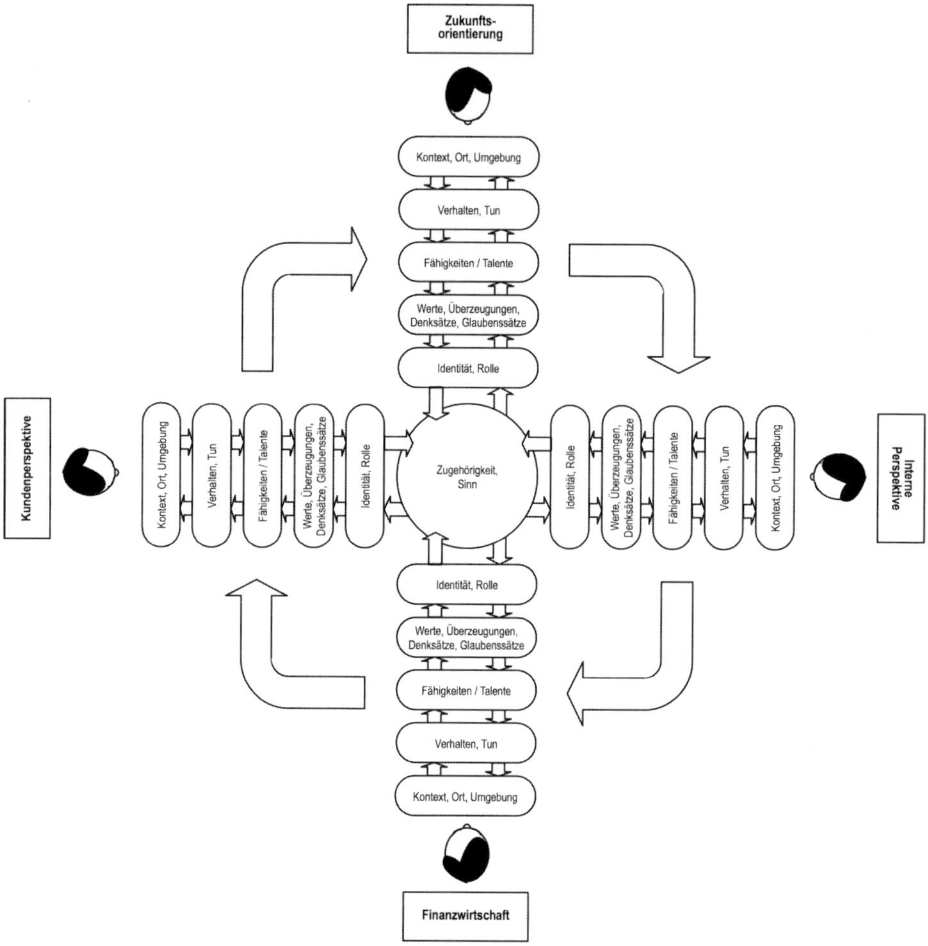

Schritt 2 - Kontext und Umfeld

Alle Stellvertreter legen für ihre Perspektive den ersten Bodenanker aus und beschreiben ihr Umfeld, ihren Kontext und wie sie diese wahrnehmen. Wichtig ist hier, dass die Beteiligten darauf achten, was sie vor ihrem inneren Auge sehen, was sie hören oder zu sich sagen und was sie fühlen. Das sinnesspezifisch konkrete Erleben spielt hierbei eine zentrale Rolle, da so die beschriebenen Aspekte konkret erfahrbar werden. Damit wird sichergestellt, dass die spätere Abbildung in der Balanced Scorecard ebenfalls dem konkreten Erleben folgt.

Sind weitere Teilnehmer im Raum, können diese sich Notizen zu den einzelnen Perspektiven machen. Sie haben die Funktion, das Gesagte zu dokumentieren und ggf. um eigene Gedanken zu ergänzen.

Schritt 3 - Erweiterung der Perspektive

Hat jeder seine Sichtweise beschrieben, gehen die jeweiligen Stellvertreter im Uhrzeigersinn auf den Bodenanker des linken Stellvertreters. Jeder der Stellvertreter hat jetzt den Auftrag zu überlegen, was er der Perspektive seines Nachbarn im Sinne eines Geschenkes (z. B. in Form einer wertschätzenden Notiz), an ergänzenden und erweiternden Sichtweisen hinterlassen kann. Auf diese Weise werden die einzelnen Perspektiven um wichtige Aspekte ergänzt, die zur Beschreibung der Abhängigkeiten wesentlich sind. Der Wechsel im Uhrzeigersinn mit den Ergänzungen und Erweiterungen geht so lange weiter, bis die Stellvertreter wieder auf ihrem ursprünglichen Bodenanker angekommen sind.

Schritt 4 - Verhalten/Tun

Alle Stellvertreter legen den nächsten Bodenanker aus und beschreiben, welches Verhalten/Tun Sie aus ihrer Perspektive prägt. Mit dem Wissen um die Ergänzungen und Erweiterungen wird dies beim Verhalten berücksichtigt. Hier steht die konkret erkennbare Tätigkeit im Vordergrund, also das „Was".

Anschließend wird im Uhrzeigersinn gewechselt, um die jeweilige Perspektive um die Aspekte zu ergänzen, die die Stellvertreter der anderen Sichtweisen einbringen.

Schritt 5 - Fähigkeiten und Talente

Mit dem nächsten Schritt auf die „Fähigkeiten und Talente" geht es nicht nur um die Talente, die mit dieser Perspektive als selbstverständlich verbunden werden, sondern im Besonderen um die spezifischen Talente und Fähigkeiten, die im Unternehmen vorhanden sind. Hier gilt es auf die Fähigkeiten zu achten, die den wesentlichen Kern des bisherigen Unternehmenserfolges ausmachen.

Wieder ist der Wechsel über alle Perspektiven eine wichtige Anreicherung der jeweiligen Sichtweise, da so auch die aus der jeweils anderen Perspektive sichtbaren Fähigkeiten klar herausgearbeitet werden können.

Schritt 6 - Werte, Glaubenssätze/Denksätze

Mit dem Schritt auf den Bodenanker für „Werte und Glaubenssätze" betreten die Stellvertreter einen Raum, in dem es um die zentralen Motivationsfaktoren des Unternehmens geht. Hier wird die Frage nach dem „Warum" beantwortet. Ohne passende Werte werden viele Fähigkeiten und Talente nicht abrufbar, gibt es kein eindeutiges Verhalten und auch der Kontext ist nicht mehr klar definierbar. Sichtbar wird so die zentrale Begründung für das Handeln aus der jeweiligen Perspektive.

Durch den Wechsel der Stellvertreter über die anderen Bodenanker werden diese Perspektiven um wichtige Aspekte angereichert, die eine zentrale Vernetzung des gesamten Wertemodells des Unternehmens bilden. Anhand dieses Netzes von Werten und Glaubenssätzen werden auch die Standpunkte erklärbar, die das Unternehmen bezogen auf bestimmte Angebote oder interne Regelungen vertreten muss, um im Markt eine klare Positionierung zu finden.

Insgesamt definiert das gesamte Bild der Werte und Glaubenssätze, wofür das Unternehmen steht und wofür nicht.

Diese Ebene bildet im Sinne der Balanced Scorecard eine wesentliche strategische Perspektive ab. Sie bildet die Begründung für die Existenz des Unternehmens im Markt.

Schritt 7 - Rolle, Identität

Auf diesem Bodenanker geht es um eine klare Rollendefinition bezogen auf die Perspektive. Da die Basisperspektive durch die Stellvertreterfunktion benannt ist, geht es jetzt um eine Metapher, ein Symbol für diese Rolle.

Diese Metapher ist das Sinnbild für das, wofür diese Perspektive im Unternehmen wichtig ist.

Durch die Ergänzungen der anderen Stellvertreter werden dann noch weitere Ergänzungen der Metapher möglich und oftmals sogar neue erweiterte Metaphern gefunden.

Schritt 8 - Sinn und Zugehörigkeit

Auf dem letzten Bodenanker geht es um die Fragen: Welcher übergeordnete Sinn steckt dahinter, aus dieser Perspektive dieses Verhalten zu zeigen, diese Fähigkeiten einzusetzen, diese Werte und Glaubenssätze zu vertreten und diese Rolle wahrzunehmen? Was weist über alle Beteiligten hinaus, was ist der höhere Sinn dieses Unternehmens im Markt? Welcher besonderen Gruppe von Unternehmen gehört dieses an und was ist das, was diesem Unternehmen im Markt einen besonderen Sinn gibt?

Anders als bei den vorigen Bodenankern geht es hier um eine gemeinsame Sinngebung und Zugehörigkeit, da letztlich alle Einzelperspektiven einem gemeinsamen Sinn folgen müssen, damit die Beteiligten auch einem übergeordneten Ganzen verpflichtet sind.

Im Sinne der Balanced Scorecard wird so die langfristige Entwicklungsperspektive des gesamten Unternehmens definiert. Über diese Ebene erkennen heutige und künftige Kunden die Bedeutung des Unternehmens und seine Relevanz im Markt.

Schritt 9 - Abschluss

Die Stellvertreter gehen mit dem Wissen um den Sinn und die Zugehörigkeit auf ihren jeweiligen Bodenankern rückwärts und reichern dieses um die Erkenntnis aus Sinn und Zugehörigkeit an.

Dabei ist der Schritt vom Sinn auf die Rolle und Identität auch mit der Frage verbunden: „Welches Amt ergibt sich dadurch, dass dieser Sinn und diese Zugehörigkeit gegeben sind?" Das Amt bezeichnet hierbei die Verpflichtung, die dadurch entsteht, dass Sinn und die Zugehörigkeit bestmöglich erfüllt werden sollen.

Mit dem Wissen um den Sinn, die Zugehörigkeit und das Amt werden bestimmte Werte deutlich fokussiert und können als zentrale Leitsätze des Unternehmens benannt werden.

Gehen die Stellvertreter dann weiter zurück auf die Ebene der Fähigkeiten, werden auch die zentralen Kerntalente sichtbar, die erforderlich sind, um Sinn, Zugehörigkeit, Amt und Werte optimal zu unterstützen. Hier werden wesentliche Fähigkeiten und Talente benannt, die im gesamten Unternehmen präsent sein müssen, damit der Unternehmenserfolg auf allen Ebenen ausgeprägt werden kann. Nicht selten werden auch Fähigkeiten benannt, die im Unternehmen gezielt weiterentwickelt werden müssen, um den Unternehmenserfolg voranzutreiben.

Auf der Ebene des Verhaltens können dann konkrete Handlungen gesammelt werden, die erforderlich sind, um das Unternehmen mit diesem Sinn und dieser Zugehörigkeit im Markt voranzubringen.

Dort liegen auch im Sinne der Balanced Scorecard die Aktivitäten und Kennzahlen, die für die Steuerung des Erfolges erforderlich sind.

Mit dem letzten Schritt zurück auf die Ebene des Kontextes und des Umfeldes wird auch dieser vor dem Hintergrund der anderen Perspektiven oftmals verändert oder erweitert. Nicht selten ist eine klarere Fokussierung im Markt das Ergebnis. Auch wird durch das Weglassen von Elementen des Umfeldes sowie eine klare Begrenzung auf bestimmte Segmente des Umfeldes, z. B. des Kundenkreises, eine deutlich höhere Wirtschaftlichkeit erreicht.

Schritt 10 – Zusammenfassung und Abbildung

Die einzelnen Perspektiven werden jetzt entlang der Ebenen zusammengefasst und mit operativen Zielen und Kennzahlen versehen, die die Erkenntnisse des Formates abbilden. Diese Abbildung hat dabei zum einen die textliche Ebene der Ergebnisse. Die andere Ebene ist die der Abbildung von Feedback-Kriterien und Meilensteinen, mit denen die Zielerreichung abgebildet werden kann.

Wichtig ist, darauf zu achten, dass die Feedback-Kriterien und Meilensteine sinnesspezifisch konkret sind, so dass die herausgearbeiteten Ergebnisse für alle Beteiligten und auch die Kunden konkret erlebbar werden.

Durch die Zusammenfassung und Abbildung der Erkenntnisse wird so auch die konkrete Umsetzung in Gang gesetzt.

Schritt 11 - Weitere Arbeitsschritte zur Ausbreitung im Unternehmen

Im Anschluss müssen die Ergebnisse auch über den Kreis der unmittelbar Beteiligten hinaus bekannt werden. Sind mehrere Unternehmenshierarchiestufen und Geschäftsbereiche vorhanden, müssen die Ergebnisse schrittweise von diesen in gleicher Form durchgearbeitet werden. Aus der ersten Arbeitsgruppe sollte dabei immer ein Vertreter die nachfolgenden Arbeiten unterstützen, da er oder sie den Prozess miterlebt hat und damit wichtiges Verbindungsglied in die Ursprungsgruppe ist. Er/sie hat im Prozess die Aufgabe, darauf zu achten, dass die ursprünglichen Ergebnisse in den weiteren Arbeiten wiederzufinden sind und nicht konterkariert werden. Sollte dies geschehen, gibt es normalerweise über alle Ebenen der Hierarchie Klärungsbedarf, da sich hier ein Teil der Organisation dann offensichtlich in eine andere Richtung entwickelt als der Rest des Unternehmens. Derjenige, der hier also die Rolle des Verbindungsglieds übernimmt, muss auch die Kompetenz haben, solche Klärungsprozesse durch die Hierarchiestufen abzustimmen und in der jeweiligen Gruppe Entscheidungen zu fällen.

Die Ergebnisse aus der ersten Arbeit der übergeordneten Gruppe dienen als Input und Vorgabe. Die nachgeordneten Bereiche haben damit den Auftrag, diese Ergebnisse für ihren individuellen Kontext zu übersetzen.

Durch die schrittweise Übersetzung der Ergebnisse werden alle Unternehmensteile systematisch der zentralen Balanced Scorecard zugeordnet. Das Unternehmen wird so als Ganzes im Markt wesentlich präziser erkennbar. Auch die Wirtschaftlichkeit steigt deutlich, da die verfügbaren Ressourcen dort eingesetzt werden, wo sie für den gemeinsamen Erfolg am wirksamsten eingesetzt werden können. Allein durch das Weglassen aller Aspekte, die nicht der herausgearbeiteten Gesamtidee folgen, entstehen schon erhebliche Wirtschaftlichkeitseffekte.

Die Durchführung einer Balanced Scorecard in dieser erlebnisorientierten Form ist nach den Erfahrungen das Autors zum einen wesentlich schneller erarbeitet als über das klassische Verfahren und vor allem ermöglicht sie den Beteiligten, unmittelbar zu erleben, welcher Effekt durch die Nutzung der BSC erreichbar ist. Im Ergebnis steigt hierdurch auch die Akzeptanz dieses Instruments deutlich und der gesamte Zeitrahmen für eine Einführung wird deutlich kürzer als bei den klassischen Verfahren. Ferner sinkt der Bedarf für den Erhebungsaufwand der Kennzahlen, da nur die Zahlen erhoben werden müssen, die tatsächlich für die Steuerung genutzt werden.

Unternehmenssteuerung

Um eine Abgrenzung der unterschiedlichen Steuerungs- und Abwicklungsaufgaben zu ermöglichen, ist eine klare Zuordnung von Aufgaben, Verantwortlichkeiten und Kompetenzen notwendig. Eine hohe Klarheit in der Zuordnung schafft die notwendige Voraussetzung für ein gemeinsames Verständnis innerhalb des Unternehmens, aber auch für die Beziehung zu internen und externen Kunden. Erfahren Sie, welch hohe Bedeutung die sinnesspezifische Ausgestaltung von Zielen und Feedback-Kriterien bei der Unternehmenssteuerung in diesem Kontext ebenso hat wie eine Feedback-Kultur, die diesen Namen auch verdient. Mit der S.C.O.R.E.-Methodik lernen Sie ein wirkungsvolles Instrument kennen, mit dem Sie auch tiefgreifende Probleme lösen können, die häufig schon über einen langen Zeitraum gären.

Die innere Klarheit eines Unternehmens ist ein Annäherungsprozess, der in starkem Maße von den Aufgabenstellungen und der Organisationsstruktur abhängig ist. Dies stellt keinen Freibrief für willkürliche Aufgabenzuschnitte dar. Vielmehr ist es ein Plädoyer dafür, Aufgaben, Verantwortlichkeiten und Kompetenzen so zu bündeln, dass die übergreifenden Abstimmungs- und Koordinationsaufgaben der Führungskräfte auf das notwendige Maß begrenzt bleiben. Die Anforderung, die sich hieraus für die Führungskräfte ergibt, ist, Ziele klar und eindeutig zu formulieren (vgl. Seite 95 ff.) und die damit verbundenen Aufgaben vollständig an einen Verantwortlichen so zu übertragen, dass dieser alle erforderlichen Kompetenzen besitzt, um das gesetzte Ziel zu erreichen. Für die Mitarbeiter bedeutet dies im Gegenzug, nur solche Aufgaben anzunehmen, die sie selbst erfolgreich ins Ziel bringen können. Das bedeutet für jeden Mitarbeiter auch, klar prüfen zu können, ob er alle notwendigen Ressourcen besitzt, um die Aufgabe zum Erfolg zu führen.

In einem Unternehmen wird mit zunehmender Größe deutlich, dass mehrere Hierarchieebenen erforderlich sind, um die Komplexität und Quantität der Aufgaben sinnvoll handhaben zu können. Ist es in einem Unternehmen mit bis zu 15 Beschäftigten noch möglich ohne Hierarchie zu arbeiten, wird spätestens ab dieser Größe eine zusätzliche Ebene der Steuerung notwendig. Eine absolute Grenze für eine Leistungsspanne lässt sich dabei nicht festlegen. Grundsätzlich lässt sich sagen: Die Leitungsspanne wird umso größer, je einfacher die Tätigkeiten sind, die gesteuert werden müssen. Steigt die Komplexität der Aufgabenstellung, ist die Leitungsspanne elementar davon abhängig, inwieweit Ziele klar formuliert und die dazugehörigen Verantwortlichkeiten und Kompetenzen vollständig auf den jeweiligen Mitarbeiter übertragen werden. Doch auch dann bleibt die Grenze der direkten Leitungsspanne, also die Anzahl der Mitarbeiter, die in der Hierarchiestufe direkt geführt werden können, etwa bei 15 Personen. Diese Grenze ergibt sich aus der Tatsache, dass sonst der Zeitrahmen für den Kontakt zwischen den Beteiligten so klein wird, dass von einer effektiven und effizienten Steuerung nicht mehr gesprochen werden kann.

Abbildung 15.6 [Steuerungsebenen eines Unternehmens]

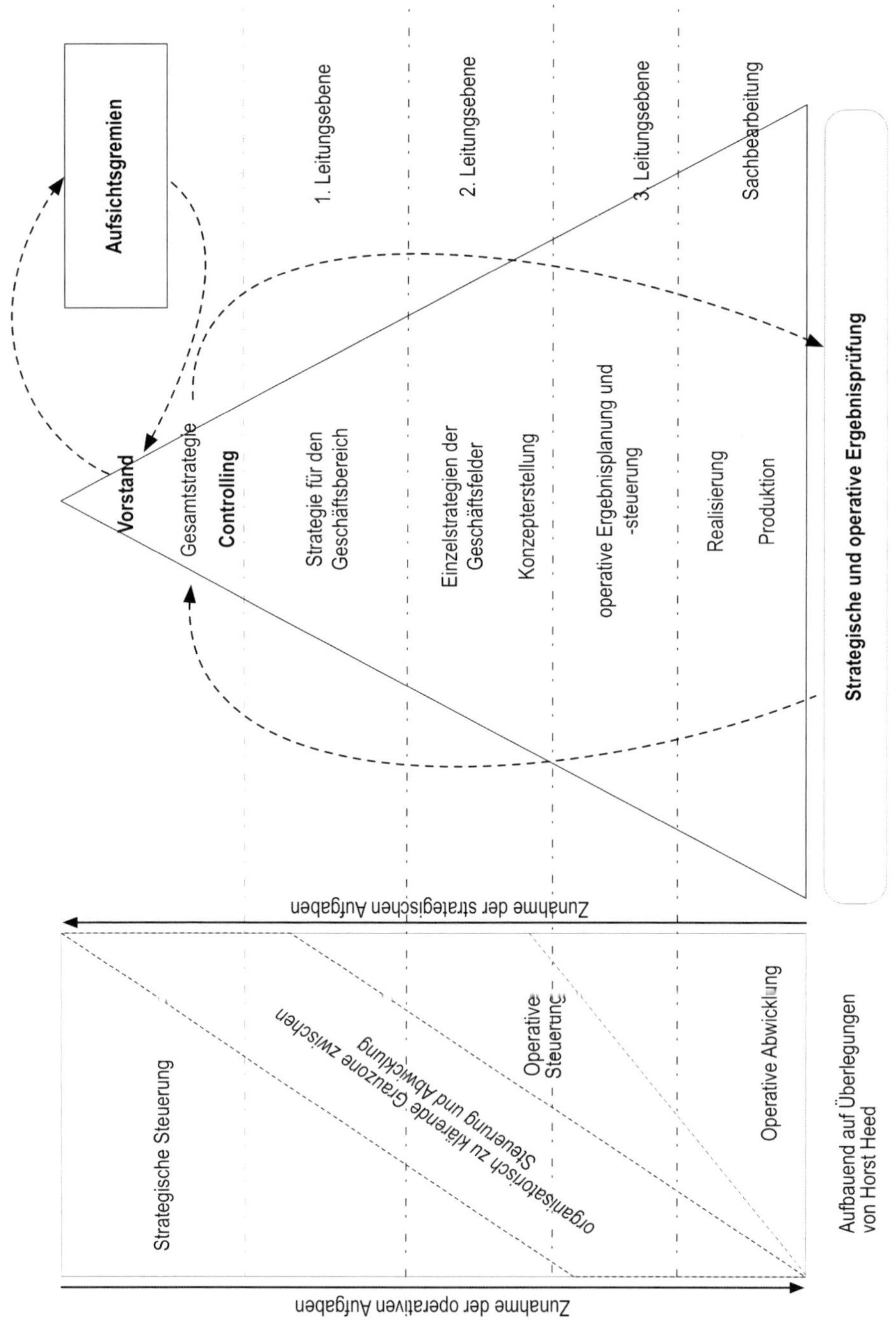

Je größer die Organisation, desto stärker trennen sich die Aufgabengebiete. Um ihren Zuständigkeitsbereich steuern zu können, müssen sich die oberen Führungsebenen auf die strategischen, die langfristig ausrichtenden Aufgaben konzentrieren. Je unmittelbarer die Leitungskräfte direkt die operative Abwicklung steuern, desto weniger Zeit bleibt für strategische und konzeptionelle Arbeiten.

Tabelle 15.1 [Abgrenzung der Steuerungsebenen]

Steuerungsebene	Aspekte der Steuerung
Strategische	■ systematische Aufdeckung von zukunftsorientierten Chancen und Risiken. Die mittel- (> 1 Jahr) bis langfristige (> 3 Jahre) Entwicklungsplanung steht hier im Zentrum der Betrachtungen. ■ Ermittlung der Chancen und Risiken ■ Entwicklung neuer Erfolgspotenziale ■ Feststellung der Frühwarnindikatoren (müssen beschrieben und festgelegt werden) ■ Beobachtung des Umfeldes ■ Entwicklung neuer Strategien im Kontext zur Gesamtstrategie ■ Planung der Umsetzung
Steuerung	■ Kontrolle – Soll-Ist-Vergleich, Abweichungsanalyse ■ Korrektur – Durchführung von Steuerungsmaßnahmen

Allen Ebenen gemeinsam ist das Thema der Steuerung und der Kontrolle. Auch bei sehr klaren Zielvereinbarungen und einer konsequenten Übertragung von Verantwortlichkeiten und Kompetenzen müssen Ergebnisse und Teilergebnisse konsequent nachgehalten werden, um den Gesamterfolg sicherzustellen. Je größer eine Organisation ist, desto mehr sind diese Steuerungsinformationen auch für andere Führungskräfte von Relevanz, um sich selbst und wiederum die eigenen Mitarbeiter zu steuern.

Eine klare Struktur von Aufgaben, Verantwortlichkeiten und Kompetenzen ist eine Grundvoraussetzung für eine wirksame Steuerung. Das wird auch an dieser Stelle wieder deutlich. Denn eine klare innere Struktur mit eindeutigen Feedback-Kriterien bildet die einzige wirklich wirksame Grundlage für Steuerung und Kontrolle. Das Controlling ist dabei für alle Ebenen von Bedeutung. Es muss sicherstellen, dass alle steuerungsrelevanten Informationen systematisch bis zur obersten Steuerungsebene verdichtet und von dort bei Bedarf über alle Ebenen differenziert werden können.

Abbildung 15.7 [Berichtshierarchie]

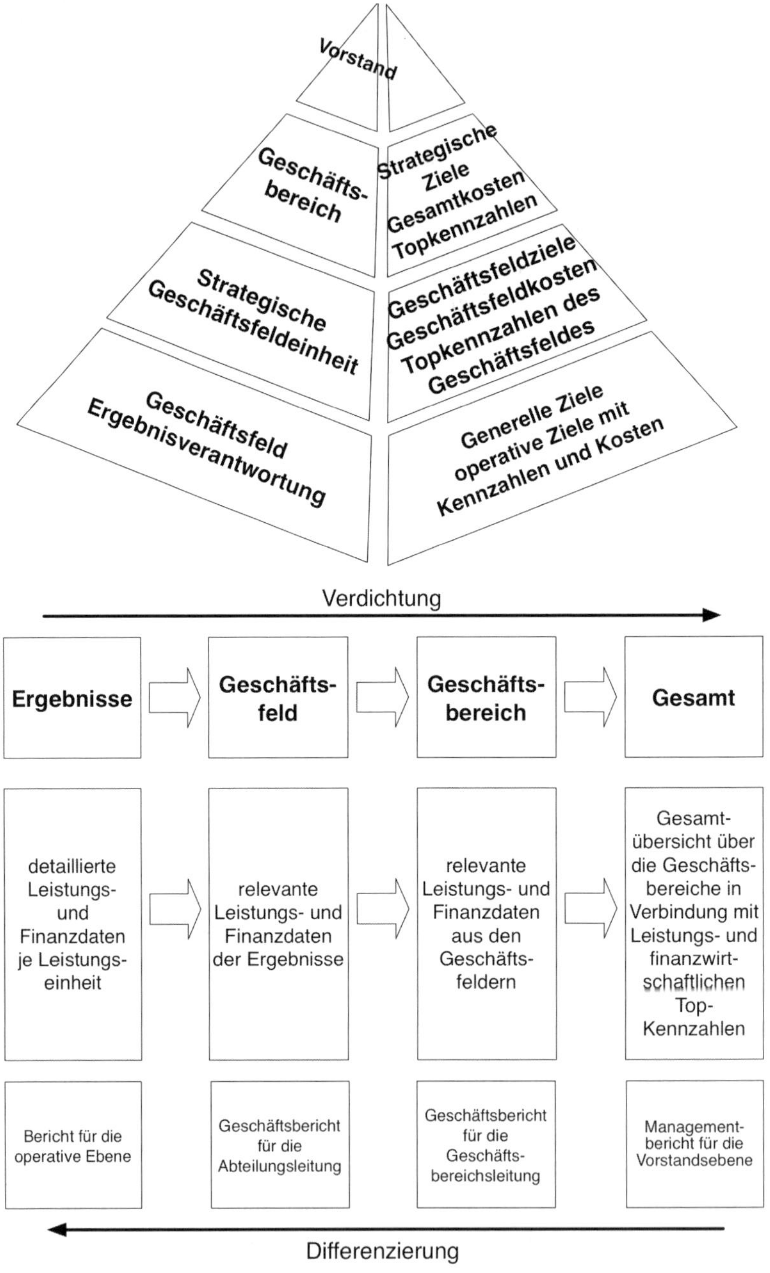

[16] Effektive und effiziente Kontrolle der Zielerreichung

Unsere fünf Sinne sind das praktikabelste Kontrollinstrument für die Zielerreichung: Denn erst wenn ein Projekt oder Standardablauf tatsächlich zu sehen, hören, riechen, schmecken oder anzufassen ist, sind sie real. Was so banal klingt, wird oftmals bei der Ausarbeitung von Zielen vergessen oder nebelig und unscharf. Je sinnesspezifisch-konkreter wir das Ziel vor Augen haben, desto klarer lässt es sich in allen Phasen bis zur Realisierung gestalten. Die sinnesspezifische Ausgestaltung von Zielen ist damit zentrale Voraussetzung für eine gelungene Zielerreichung.

Wenn wir unsere eigenen Ziele aus den Augen verlieren, wird die Zielerreichung schwierig, wenn nicht sogar unmöglich. Dieser Effekt gilt auch für Organisationen jeder Art. Die beste Zielplanung ist immer nur so gut, wie die konsequente Verfolgung der Zielerreichung.

Persönliche Ziele oder unternehmerische Ziele innerhalb einer Organisation zu erreichen braucht ein funktionierendes System, welches sicherstellt, dass die Ziele in der vereinbarten Schrittfolge erreicht und dass bei Störungen rechtzeitig Korrekturen eingeleitet werden können.

Der klassische betriebswirtschaftliche Weg ist hier das Controlling. Es versucht, über die regelmäßige Überprüfung von Zielen und Kennzahlen die Zielerreichung erkennbar zu machen. Dabei werden zum einen Standardkennzahlen der Betriebswirtschaft überprüft, wie z. B. Finanzkennzahlen oder Qualitätskennzahlen. Darüber hinaus werden für spezifische Projekte und Aufgaben gesonderte Kennzahlen und Berichte geführt. Der in vielen Unternehmen investierte Aufwand an Zeit und Geld in das Controlling zeigt, wie hoch die Bedeutung dieses Bereiches ist. Motiviert ist dieser Aufwand jedoch oftmals nicht durch positive Ziele, sondern durch das Vermeiden von Gefahren.

Um den Aufwand und Nutzen von Controlling zur Zielerreichung in ein gesundes Gleichgewicht zu bringen, gilt es, die Kennzahlen unmittelbar an die „wohlgeformten Ziele" (siehe Seite 95 ff.) zu binden. Dort, wo eine Kennzahl konsequent mit einem wohlgeformten Ziel verbunden ist, sind neben den Feedback-Kriterien und Meilensteinen auch die negativen Konsequenzen bekannt. Folglich sind bezogen auf die Ziele keine Vermeidungsstrategien notwendig.

Entscheidend für eine erfolgreiche Zielerreichungskontrolle ist, die Überprüfung entlang der Feedback-Kriterien und Meilensteine aufzubauen. Als Feedback-Kriterien sind dabei grundsätzlich nur solche geeignet, die sich sinnesspezifisch konkret ausgestalten lassen. Kriterien also, die für andere wie für uns seh-, hör- und fühlbar sind. Auch wenn z. B. bei einem Umsatzziel dies auf den ersten Blick nicht das ist, an was wir denken, lässt sich auch dieses in Form einer Zahl auf der Ergebnisrechnung konkret erkennen. Doch dies reicht normalerweise nicht aus, da neben dem visuellen Erkennen auch noch Hörbares und mit Sicherheit Fühlbares eine große Rolle spielen. Die Frage ist also: Was gibt es auch zu hören? Oftmals sind dies die Dinge, die wir zu uns selbst sagen, oder das, was in einem Gespräch oder Meeting zu diesem Thema gesagt wird. Der am häufigsten vergessene Faktor jedoch sind die Gefühle. In welchem inneren Zustand sind wir, wenn wir einen Teilschritt oder das Ziel selbst erreicht haben? Denn letztendlich verfolgen wir unsere Ziele deswegen, um den besten möglichen inneren Zustand zu erreichen, den wir mit der Erreichung dieses Ziels verbinden. Erst wenn dieser Zustand über die Hauptwahrnehmungskanäle (sehen, hören, fühlen) vollständig für alle Beteiligten repräsentierbar ist, ist er als Feedback-Kriterium geeignet. Abstrakte betriebswirtschaftliche Kennzahlen sind für die Kontrolle der Zielerreichung insoweit hilfreich, als sie zeigen, wie weit wir von dem erstrebten Zustand entfernt sind.

Ein zentraler Schlüssel für den Erfolg im Unternehmen ist, dass alle, die an der Erreichung eines Ziel beteiligt sind, gemeinsam die sinnesspezifisch konkreten Kriterien festlegen, an denen die Zielerreichung und die Erreichung der einzelnen Meilensteine erkennbar wird. Damit findet gleich zu Beginn des Prozesses eine Vereinbarung statt, die wenig Raum für Interpretationen zulässt. Als nicht stimmig erweist sich hier das Argument, dieser Prozess sei zu aufwändig für die Praxis. Denn die Zeit, die am Anfang scheinbar durch schnelle, aber unscharfe Zielfestlegungen eingespart wird, führt über den ganzen Zeitraum der Zielerreichung bei den Beteiligten zu Interpretationen über das „richtige" Verständnis des Ziels. Aufwand und Kosten dieser Interpretations- und Abstimmungsbedarfe übersteigen in der Regel bei weitem den Aufwand einer sorgfältigen Zielklärung.

Passende Beispiele, in diesem Kontext sind zahlreiche IT-Projekte. So geht z. B. die Standish Group davon aus, dass nur 29 Prozent aller IT-Projekte erfolgreich sind. Die Kosten für gescheiterte Projekte in Deutschland werden in einer Studie des Münchner Professors für Betriebswirtschaft, Manfred Gröger, auf einen dreistelligen Milliardenbetrag geschätzt.[36] Gröger beziffert den Anteil der wertsteigernden Projektarbeit auf nur 13 Prozent, während 87 Prozent als Wertvernichtung ins Gewicht fallen. Die Ursache dieser dramatischen Bilanz liegt im Wesentlichen darin, dass zu Beginn der Projektarbeit zu wenig Aufwand in die eindeutige Klärung des Projektauftrages gesteckt wird. Stattdessen wird unter dem vermeintlichen Diktat von Effektivität und Effizienz auf eine konkrete Klärung verzichtet. Ursache hierfür ist oftmals auch, dass weder auf Seiten des Auftraggebers noch auf Seiten des Auftragnehmers eine detaillierte Klärung gewollt ist. Auf Seiten des Auftraggebers wird so vermieden, zu Beginn bereits über die ggf. negativen Konsequenzen zu sprechen. Beim Auftragnehmer entsteht dadurch genug Spielraum, um den Auftrag Schritt für Schritt ausdehnen zu können. So wird Interpretationen bei jedem einzelnen Beteiligten Tür und Tor geöffnet, da jeder Mensch eine konkrete innere Repräsentation braucht, um an einer konkreten Lösung arbeiten zu können.

[36] Computerwoche online, 10.11.2005.

Die Frage ist also nicht, ob wir eine Klärung in Form sinnesspezifisch konkreter Feedback-Kriterien benötigen, sondern wann wir dies auf dem Weg zum Ziel machen. Geschieht dies erst im Verlauf des Zielerreichungsprozesses, wird der gesamte Prozess der Zielerreichung dadurch erschwert, die Interpretationen der Beteiligten, die ggf. sogar schon sehr konkrete Formen erreicht haben, einzufangen. Im Sinne eines gemeinsamen Verständnisses müssen diese dann wieder zusammengeführt werden. Da sich alle Beteiligten im besten Sinne um eine gute Lösung bemüht haben, ist jeder bestrebt, seine Ergebnisse zu verteidigen. Konflikte, suboptimale Lösungen und komplett gescheiterte Projekte sind nicht selten die Folge.

Gleiches gilt für zahlreiche Standardprozesse im Unternehmen. Die Erfahrungen des Autors aus Projekt- und Coachingarbeit zeigen, dass gerade im Management in den letzten Jahren unter dem Druck der immer knapper ausgelegten Personaldecke viel Zeit mit diesen Interpretationsprozessen verbracht wird und dadurch erhebliche Belastungen bei allen Beteiligten entstehen.

Wenn wir also effektive und effiziente Kontrollen für die Zielerreichung aufbauen wollen, beginnt dies immer mit der sinnesspezifisch konkreten Ausgestaltung der Ziele und ihrer Feedback-Kriterien. Das Ergebnis sind nicht nur bessere Kontrollen, sondern vor allem Arbeitsprozesse, die wesentlich effektiver und effizienter laufen, da alle Beteiligten ihre Energie auf das gemeinsam sinnesspezifisch konkrete Ziel oder den Meilenstein richten können statt in die Interpretation der Ziele oder in Konflikte über den richtigen Weg zum Ziel.

Doch wie schrieb bereits General Carl von Clausewitz: „Planung ist alles, der Plan ist nichts.“[37] Wie dieser Ausspruch auf einfache Art und Weise deutlich macht, liegt die erste Hauptarbeit in der präzisen Planung. Macht man sich danach auf, das geplante Ziel zu erreichen, stellt man häufig fest, dass das Operationsgebiet nicht mehr mit der Landkarte und dem dazugehörigen Plan übereinstimmt. Damit jetzt nicht die erste kleine Abweichung zum Scheitern führt, dient die sinnesspezifische Klärung gleichzeitig dazu, passende Umwege und Anpassungen zu finden, um das Ziel vollständig zu erreichen. Egal ob es sich dabei um Ressourcenfragen oder um fachliche Details handelt, wird mit der eindeutigen Klärung im Vorfeld erkennbar, wie groß ggf. erforderliche Umwege zum Ziel sind und wie viel Aufwand und Kosten sie verursachen.

---

[37] Clausewitz, Carl von, Vom Kriege, Hamburg 2008.

Carl Philipp Gottlieb von Clausewitz (* 1. Juli 1780 als Carl Philipp Gottlieb Claußwitz in Burg bei Magdeburg; † 16. November 1831 in Breslau) war ein preußischer General, Heeresreformer und Militärtheoretiker. Clausewitz wurde durch sein nicht vollendetes Hauptwerk „Vom Kriege“, das sich mit der kriegswissenschaftlichen Politologie beschäftigt, bekannt. Seine Theorien über Strategie, Taktik und Philosophie hatten großen Einfluss auf die Entwicklung des Kriegswesens in allen westlichen Ländern. Seine Theorien werden bis heute an wichtigen Militärakademien gelehrt und finden zudem im Bereich der Unternehmensführung sowie im Marketing Anwendung.

Hilfsmittel auf diesem Weg ist eine würdigende Form der operativen Kontrolle und Steuerung. Steuerungssysteme sollten grundsätzlich so angelegt sein, dass sie jeder Verantwortungsebene eine weitgehende Steuerung auf der Basis von konkreten Zielplanungen und Berichtspflichten mit den jeweiligen Vorgesetzten ermöglichen. Erforderlich ist hierfür eine klare Abgrenzung der Verantwortungsbereiche. Wie oben gezeigt, setzt dies eine sinnesspezifisch konkrete Planung voraus.

Allen Steuerungssystemen gemeinsam ist die Anforderung, strategische Ziele über eine stufenweise Operationalisierung einem Controlling im Sinne einer sinnlich konkreten Messbarkeit zugänglich zu machen. Dabei steigt mit zunehmender Detaillierung (Operationalisierung) die Berichtstiefe deutlich an (vgl. **Abbildung 15.7**). Je umfassender die Führungsaufgaben der jeweiligen Ebene werden, desto eher sind die Führungskräfte bereit, auf Detailinformation zu verzichten. Der Bedarf an übergreifend angelegten Informationen auf einem hohen Verdichtungsgrad hat hier meist Priorität. Die Gefahr ist, dass der Verzicht auf Detailinformationen in vielen Fällen die Einbuße sinnlich konkreter Informationen bedeutet. Das Ergebnis sind oftmals Missverständnisse, da auch die Vorgesetzten in einer Organisation eine innere Repräsentation des erreichten Ziels und der dazugehörenden Teilschritte benötigen.

Betrachten wir noch einmal ein typisches Projekt. So ist für den Vorgesetzten z. B. von zentraler Bedeutung, woran er das erreichte Ziel erkennen kann und welcher Nutzen dadurch für die gesamte Organisation erreicht wird. Wichtig ist hier auch, alle relevanten Teilschritte sinnesspezifisch so konkret zu machen, dass er sicher erkennen kann, ob das Projekt in der vorgesehenen Zeit mit dem geplanten Budget erreicht wird. Das bedeutet, dass schon vor Beginn der Umsetzung die konkret überprüfbaren Effekte erkennbar gemacht werden müssen. Damit findet ein zentraler Teil der Projektarbeit im Vorfeld des Projektes statt. Wie wir oben bereits gesehen haben, ist der Nutzen so erheblich, dass sich der Aufwand an dieser Stelle immer lohnt. Denn wenn dieser Teil abgeschlossen ist, sind die zentralen Elemente auf eine Art und Weise geklärt, dass eine sichere Entscheidungsbasis entsteht.

Auch die Planung des Budgets wird hierdurch um vieles sicherer. Für die eigentliche Projektabwicklung entsteht damit für alle Beteiligten eine deutlich größere Sicherheit. Werden große Projekte geplant und dabei externe Berater oder Projektabwickler eingesetzt, lohnt es sich daher in einem überschaubaren Vorprojekt, diese Fragestellungen entsprechend aufzubereiten, bis für alle Beteiligten eine sinnesspezifisch konkrete Wahrnehmung entsteht. Die Erfahrungen des Autors zeigen hier, dass damit die Gesamtkosten für Projekte erheblich gesenkt werden können. Auch wenn dieser Arbeitsschritt am Anfang teuer erscheint, zeigen die Nachkalkulationen einen deutlichen Vorteil zugunsten der sinnesspezifisch konkreten Klärung.

Abbildung 16.1 [Prozess der Zielsteuerung]

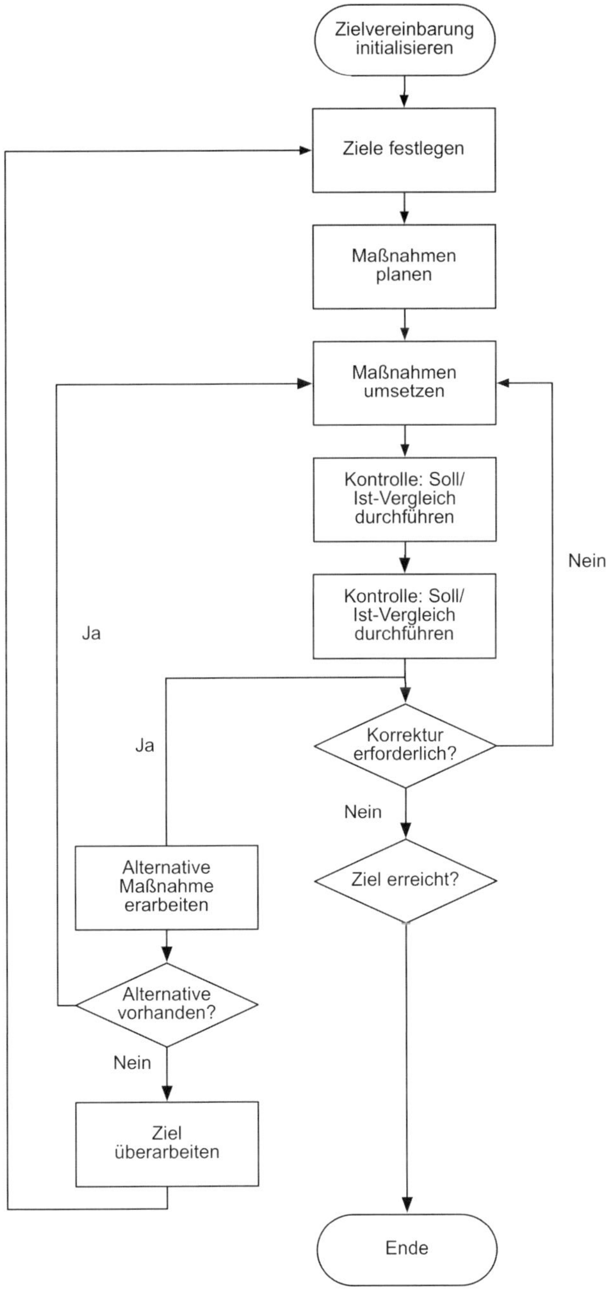

[17] Feedback-Kultur als Element der Steuerung

Der zentrale Schlüssel für erfolgreiche Unternehmenssteuerung ist die Würdigung aller Beteiligten und der konsequente Blick auf Erweiterung im Sinne einer guten Lösung. Steuerungsaufgaben so wahrzunehmen, bringt nicht nur deutlich bessere Ergebnisse innerhalb des geplanten Zeitrahmens. Auch die Stimmung unter Führungskräften und Mitarbeitern, die Leistungsbereitschaft und das Betriebsklima profitieren erheblich hiervon. Wie das funktioniert, zeigt die Sandwich-Feedback-Methode.

Abweichungen von der Planung sind, wie oben bereits beschrieben, nicht immer vermeidbar. Damit jedoch das Ziel seine Verbindlichkeit nicht verliert, ist es wichtig, alle Beteiligten auf dem Weg mitzunehmen. Erhalten diese nur negative Kritik, wird es nicht lange dauern, bis sie ihre Verbindlichkeit dem Ziel gegenüber aufkündigen.

Eine Kultur konstruktiven Feedbacks ist somit von wesentlicher Bedeutung für eine erfolgreiche Zielerreichung. Die einfache und praxisnahe Form des Feedbacks baut auf der These auf, dass jeder versucht, sein Bestmögliches zu leisten, und abends gerne mit dem Gefühl nach Hause geht, einen guten Arbeitstag hinter sich zu haben. Wenn wir diese Grundannahme akzeptieren, liegt die Ursache für „Fehler“ oder eine nicht vollständige Zielerreichung darin begründet, dass die Beteiligten bestimmte Lösungsmöglichkeiten nicht erkennen konnten. Die Anzahl der Wahlmöglichkeiten für eine Lösungsfindung war damit innerhalb des Lösungsraums der Beteiligten nicht vorhanden. Das Ziel des Feedbacks muss es also sein, die notwendigen Wahlmöglichkeiten erkennbar zu machen.

Um dies zu ermöglichen, ist eine Erweiterung des vorhandenen Denkrahmens im Sinne eines Lösungsraums notwendig. Wird, wie oftmals zu erleben, jetzt nur negative Kritik geübt, suchen die Beteiligten die Lösung innerhalb des Problemraums, in dem sie zuvor keine Lösung gefunden haben. Das Ergebnis ist also eine Suchschleife, mit der nur schwer oder gar keine Lösung gefunden werden kann.

Um die Erweiterung zu einem Lösungsraums zu erreichen, ist es notwendig, den Beteiligten eine Vorstellung davon zu vermitteln, woran sich eine gute Lösung erkennen lässt.

Die Methode des sogenannte „Sandwich-Feedback“ bietet hierfür eine praxisnahe Lösung an:

1. Im ersten Schritt geht es darum, das, was bereits geleistet wurde, zu würdigen, denn wie bereits benannt, haben alle versucht, eine gute Lösung zu finden. Dieser Schritt ist am Anfang der schwierigste. Denn er verlangt von demjenigen, der Kritik übt, die positiven Elemente einer Lösung hervorzuheben, über deren Ergebnis er insgesamt verärgert ist.

2. Im zweiten Schritt geht es darum, den Beteiligten aufzuzeigen, welche Möglichkeiten der Erweiterung notwendig sind, damit die Lösung im guten Sinne vollständig ist. Damit dies funktioniert, gilt es zu benennen, woran sinnesspezifisch konkret erkennbar wird, dass die Lösung den Erwartungen entspricht.

3. Sich kraftvoll in einen Prozess einzubringen setzt voraus, zum einen die Sinnhaftigkeit unseres Tuns zu erkennen und zum anderen uns zugehörig zu fühlen. Beides zusammen erzeugt die Verbindlichkeit, die wir brauchen, um weiter an einer Lösung zu arbeiten und auch dann dabei zu bleiben, wenn etwas missglückt ist.

Diese Methode zeigt auch, dass gute Steuerung viel mit würdigendem Umgang innerhalb einer Organisation zu tun hat. Würdigend heißt dabei, wertschätzend Klartext miteinander zu sprechen. Nebeliges und unscharfes Umgehen miteinander bietet immer die Basis für Konflikte.

Effektivität und Effizienz nehmen deshalb in uns selbst ihren Anfang und funktionieren nur dann, wenn das gesamte System, in dem wir tätig sind, von einer würdigenden Einstellung getragen wird.

Abbildung 17.1 [Sandwich-Feedback]

[18] Problemanalyse sowie Neuausrichtung von Prozessen und Strukturen mit S.C.O.R.E.

Vorgestellt wird hier eine Methode, mit der tiefgreifende und häufig schon über einen langen Zeitraum gärende Probleme gelöst werden können. Auch hierbei spielt eine sinnesspezifische Vorgehensweise wieder eine zentrale Rolle. Testen Sie anhand des Übungsformates, welch handfeste Ergebnisse hier möglich sind.

Sind die Problemstellungen tiefgreifender, zeigt dies, dass in einem Unternehmen über einen längeren Zeitraum versucht wurde, mit Lösungsoptionen zu arbeiten, die nicht ausreichend waren. Im Ergebnis geraten dann oftmals alle am Prozess Beteiligten zunehmend in einen ressourcenarmen Zustand. Dies bezeichnet man auch als sog. „Stuck-State“[38]. Jeder weitere Versuch, die Dinge zu verbessern, erfordert mehr Kraftaufwand, was ein deutliches Zeichen dafür ist, dass der bekannte Lösungsraum ausgeschöpft ist. Oftmals ist dies der Zeitpunkt, an dem durch die Budgetverantwortlichen Unternehmensberater eingebunden werden, die dann den bekannten Problemraum noch einmal gründlich untersuchen. Nicht selten werden dann Lösungen erarbeitet und als neueste Erkenntnis verkauft, die von den Beteiligten bereits erdacht wurden, aber aus Gründen der inneren Ökologie verworfen wurden.

Hier liegt einer der Gründe, warum so viele gut gedachte Konzepte von Unternehmensberatern scheitern. Die Konzepte werden mit dem Verständnis erstellt, man könne auf dem „grünen Tisch“ eine Idee beschließen und dann würden alle Menschen in einem Unternehmen auf der Basis des Beschlusses anders denken, glauben und handeln. Da dies in vielen Fällen nicht oder nur unzureichend funktioniert, versuchen die Beteiligten, über den Austausch von Personen die gewünschten Effekte zu erzielen. Das Resultat ist oftmals noch mehr Irritation. Doch die neuen Amtsinhaber müssen meist an dem Vorhaben festhalten, da sie ja verpflichtet wurden, diese Idee in die Tat umzusetzen. Vergessen die neuen Amtsinhaber dann noch, dass sie ohne die vorhandenen erfahrenen Mitarbeiter/innen ihre Ideen nicht realisieren können, werden diese in vielen Fällen von der Belegschaft abgelehnt. Solche Prozesse enden häufig mit dem higher and fire von Mitarbeitern, was über einen langen Zeitraum keine Ruhe in das Unternehmen bringt, viel Geld kostet und manchmal sogar Auslöser für den vollständigen Niedergang ist.

---

[38] to stuck bedeutet festfahren, haken, hängen bleiben, stecken bleiben. Im NLP meint Stuck-State einen Zustand, in dem man keinen oder nur eingeschränkten Zugang zu seinen Ressourcen hat. In diesem Zustand sind Menschen unflexibel, blockiert und können keinen klaren Gedanken fassen.

Es braucht nicht viel Fantasie, um zu verstehen, dass wesentlich mehr vonnöten ist, um ein ganzes System auf einen neuen Weg zu bringen.

Die systemischen Prozesse in einem Unternehmen zu erkennen und für eine positive Veränderung nutzbar zu machen, ist einer der zentralen Schüssel bei der Lösungsfindung (vgl. hierzu auch Seite 40 ff.).

Ein Einstieg in diesen Prozess ist über das Format S.C.O.R.E. möglich, da es einen guten Überblick über den notwendigen Prozess der Lösungsfindung gibt. S.C.O.R.E. steht für Symptom, Cause, Outcome, Ressource, Effect[39].

Abbildung 18.1 [S.C.O.R.E als Format]

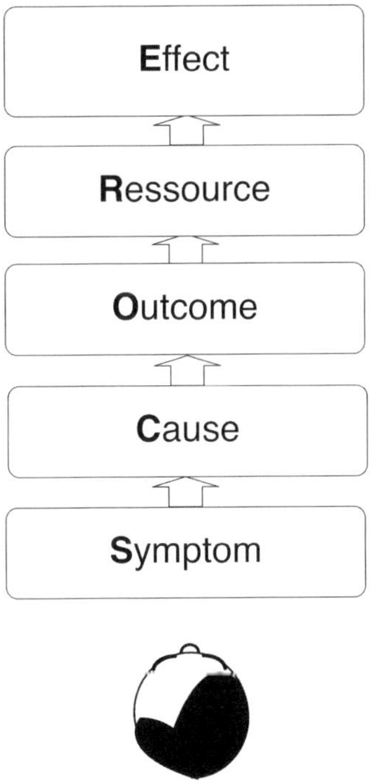

Neben der nachfolgend beschriebenen Methode kann hier auch eine systemische Strukturaufstellung genutzt werden. Die Fragen sind dabei in beiden Fällen ähnlich.

[39] Mohl, Alexa: Der große Zauberlehrling, Teil 2, Paderborn 2006, Seite 795 ff.

Symptom

Anstatt wie oftmals üblich, mit der Ursachenforschung zu beginnen und das Problem als gegeben anzunehmen, geht diese Arbeitsweise erst einmal das Symptom an. Wichtig ist bei dieser Herangehensweise, das Symptom, das sich im Unternehmen zeigt, erst einmal genau zu beschreiben, ohne zu bewerten. Als Symptom wird das bezeichnet, was konkret sichtbar, hörbar, fühlbar ggf. sogar zu riechen oder zu schmecken ist. Durch diese sinnesspezifisch konkrete Betrachtung werden alle Beteiligten dazu angehalten, die tatsächlich erkennbaren Phänomene zu beschreiben.

Wenn z. B. ein Projekt nicht den gewünschten Erfolg bringt, wird oftmals direkt gefragt, warum dies geschehen ist. Nach der S.C.O.R.E.-Methodik wird zunächst das Phänomen im Detail beschrieben.

- Woran genau sollte eigentlich erkennbar sein, dass das Projekt, die Aktivität erfolgreich ist?
- Was genau beschreibt das aktuelle Ergebnis sinnesspezifisch konkret ohne Bewertungen?
- Welche Elemente des Projektes entsprechen den Anforderungen, welche nicht?
- Wer bewertet das Projekt als nicht erfolgreich?
- Was genau wird bemängelt?
- Wer waren die Beteiligten?
- Welche Beziehungen, Hierarchien, Abhängigkeiten waren relevant für das Ergebnis?
- ...

Das Ergebnis ist eine präzise Beschreibung des Gesamtphänomens.

Cause

Auf der Basis der Symptombeschreibung kann jetzt eine Ursachenanalyse durchgeführt werden. Gibt es dabei Elemente, die sich einer eindeutigen Beschreibung der Ursache entziehen, weist dies darauf hin, dass noch ein weiteres Phänomen existiert, das in den Bereich der Symptome gehört. Es ist hilfreich, dann kurz einen Schritt zurückzugehen und dieses Phänomen ebenfalls zu beschreiben. In diesem Schritt werden für jedes Teilphänomen die Ursachen analysiert und einer Bewertung unterzogen. Durch das Zerlegen des Gesamtphänomens in seine einzelnen Bestandteile wird es möglich, eine hinreichend differenzierte Bewertung vorzunehmen.

Bezogen auf das oben genannte Projekt wären dabei folgende Fragen zu beantworten:

- Gab es unscharf definierte Erfolgskriterien, die durch die Beteiligten individuell interpretiert wurden?
- War die Steuerung geeignet, Fehlentwicklungen rechtzeitig zu erkennen?

- War die Steuerung in der Lage, effektiv und effizient Gegensteuerungsmaßnahmen einzuleiten?
- Gibt es Teilaspekte der Aktivität, die den Anforderungen entsprechen?
- Welche Teilelemente entsprechen nicht den Anforderungen und was genau ist der Mangel?
- Was bewegt diejenigen, die beurteilen, zu diesem Urteil?
- Welche positiven Intentionen konnten nicht erfüllt werden?
- Welche Werte der Urteilenden wurden ggf. verletzt?
- Wie hat das interne Beziehungsnetzwerk dazu beigetragen, dass dieses Ergebnis entstehen konnte?
- ...

Durch das genaue Erfragen der Ursachen und ggf. Ursache-Wirkungs-Ketten (soweit erkennbar) entsteht ein präzises Bild der Ursachen, die das Symptom ausgelöst haben.

Ressourcen

Mit dem dritten Schritt wird überprüft, welche Ressourcen erforderlich sind, um das Symptom im gewünschten Sinne zu verändern. Der zentrale Gedanke hierbei ist, dass das Symptom nur deswegen auftreten konnte, weil ein Mangel an benötigten Ressourcen gegeben ist. Wichtig ist hierbei statt der Frage „was hätten wir gebraucht ...?" zu formulieren „was brauchen wir ...?". Die rückwärtsgewandte Frage ist zum Zeitpunkt der Analyse nicht mehr hilfreich und führt nur zu gegenseitigen Schuldzuweisungen unter den Beteiligten. Als Konsequenz sinkt dann häufig die Problemlösungsbereitschaft gegen null.

Bezogen auf das oben genannte Projekt wären folgende Fragen interessant:

- Welche Klärungen sind notwendig, damit alle Beteiligten sicher sind, dass das Projekt erfolgreich wird? Hier geht es um die sinnesspezifisch konkrete Klärung der Feedback-Kriterien für den Erfolg.
- Wer hat welche Ressourcen, um den gewünschten Erfolg zu erreichen und ggf. kraftvoll gegensteuern zu können?
- Sind die Aufgaben, Verantwortlichkeiten und Kompetenzen als stimmige Ressource in der Hand desjenigen, der ein Ergebnis oder Teilergebnis zu verantworten hat?
- Wie wird sichergestellt, dass die positiven Intentionen und Werte derjenigen erfüllt werden, die das Projekt beurteilen?
- Wer muss wann in das Projekt eingebunden werden, damit die relevanten Beziehungen auf dem Weg zum Ziel ausreichend gewürdigt werden?
- Welche materiellen Ressourcen brauchen wir, um das gewünschte Ergebnis zu erreichen?

- Welche personellen Ressourcen sind erforderlich?
- Welche immateriellen Ressourcen wie z. B. Unterstützung, Freiräume brauchen wir?

Von zentraler Bedeutung ist hier, wirklich alle benötigten Ressourcen zu klären. Anmerkungen wie „das klären wir dann im weiteren Verlauf..." sind hier nicht hilfreich.

Outcome/Ziel

Dieser Schritt beschreibt, welches Ziel erreicht werden soll. Im Sinne einer vollständigen Zielformulierung ist es hilfreich, die Kriterien für wohlgeformte Ziele zu nutzen (vgl. Seite 95 ff.).

Nehmen wir wieder das oben genannte Projekt, lautet die zentrale Frage: Ist das Ziel im Sinne der inneren Ökologie vollständig? Hierzu gehören Teilaspekte wie z. B.:

- Gibt es hier Vorbehalte oder Einwände? Ist dies der Fall, dann ist es sinnvoll, diesen nachzugehen, da sonst neue Symptome die Erreichung des Ziels gefährden können.
- Wurden alle relevanten Beziehungen berücksichtigt?
- Wie verändern sich die Beziehungen dadurch, dass das Ziel erreicht wird?
- Sind das Ziel und die Art der Zielerreichung auch für die Zukunft hilfreich?

Effect

Aus jedem erreichten Ziel ergibt sich ein Effekt, der über das Ziel selbst hinausreicht. Jedes erreichte Ziel führt dazu, dass ein Wert positiv unterstützt oder hilfreich verändert wird.

Für das oben genannte Projekt ergeben sich dadurch u.a. folgende Fragen:

- Welche Werte der Beteiligten und des gesamten Unternehmens werden durch die Zielerreichung unterstützt?
- Welche positiven Intentionen werden dadurch erfüllt, dass dieses Ziel erreicht ist?
- Welchen Sinn hat es, das Ziel erreicht zu haben?
- Welche Art von Zugehörigkeit wird für die Beteiligten dadurch möglich, dass das Ziel erreicht wird?

Der Effekt nimmt direkten Bezug zu den positiven Intentionen und Werten der Projektverantwortlichen und den übergeordneten Entscheidern, die das Projekt abnehmen. Dadurch, dass der Effekt direkt innerhalb des Formates geklärt wird, entsteht für alle Beteiligten auf den oberen Ebenen der Wahrnehmung eine wichtige Klärung. Durch sie wird ein zentraler Anker geschaffen, der die konsequente Zielverfolgung sicherstellt.

Organisation ressourcenvoll gestalten

„Wenn du Veränderung willst, musst du selbst Teil des Wandels werden."

Mahatma Gandhi

Unternehmerisches Handeln sieht sich heute vor immer größere Herausforderungen gestellt: Innere und äußere Anpassungsprozesse müssen stärker als je zuvor in einem ständigen Gleichgewicht gehalten werden. Je komplexer die Anforderungen, desto höher muss die Flexibilität sein, um diese Balance zu erhalten oder wieder herzustellen. Der nachfolgende Teil stellt die hierfür wichtigsten Parameter vor. Dazu zählen einerseits die Aufbau- und Ablauforganisation, da ihre Ausgestaltung maßgeblich für die Qualität der Kundenbeziehungen ist. Anhand einer praktischen Übung können Sie überprüfen, wie gut die Beziehungen zu Ihren Kunden tatsächlich sind. Andererseits bedeutet ressourcenvolle Organisationsgestaltung auch, die Stellenprofile so zuzuschneiden, dass Aufgaben, Verantwortung, Kompetenz und Qualifikation eine Einheit bilden. Gezeigt wird, wie die systemische Strukturaufstellung zur Problemlösung komplexer Systeme eingesetzt werden kann.

Organisationen werden grundsätzlich dafür geschaffen, Ziele zu erreichen. Organisation als Methode ist dabei der Versuch, ein leistungsfähiges System zu schaffen, das den Anforderungen der Umwelt genügt und in der Lage ist, die angestrebten Ziele mit möglichst geringer Kraftanstrengung zu erreichen. Strukturen, Aktivitäten und Verhalten sind hierbei im Idealfall in gleichem Maße darauf ausgerichtet, dies optimal zu unterstützen. Dort, wo Strukturen, Aktivitäten und Verhalten aller Beteiligten konsequent auf die Erreichung der Ziele ausgerichtet sind, ist eine Organisation in einem Zustand der inneren Balance. Ob diese Balance auf Dauer haltbar ist, hängt in hohem Maße davon ab, ob die Organisation als System flexibel und anpassungsfähig genug ist, um sich erfolgreich an Veränderungen anpassen zu können.

Wie die Systemtheorie uns lehrt, gibt es für jedes System das „Gesetz der erforderlichen Vielfalt.[40] Demzufolge benötigt jedes Mitglied eines Systems ein Mindestmaß an Flexibilität, um sich erfolgreich anpassen und bestehen zu können. Dieses Maß an Flexibilität steht in einem proportionalen Verhältnis zur Vielfältigkeit der Umwelt im Sinne eines übergeordneten Systems. Das heißt, je komplexer ein Gesamtsystem wird, desto mehr Flexibilität ist erforderlich, um das eigene System in Balance zu halten. Ein mit dieser Vielfalt flexibel

---

[40] Vgl. Ross, Ashby, W., An introduction to cybernetics, London, 1956, dt. Übersetzung, Frankfurt am Main., 1974.

umgehendes und dabei in Balance bleibendes System ist danach das dominierende Element des Gesamtsystems.

Wenn wir also über Organisationsveränderung nachdenken, sind u.a. folgende Fragen zu klären:

- Welche Strukturen brauchen wir, um als System mit unserer Umwelt flexibel umgehen zu können?
- Wie planen wir unsere Aktivitäten, um in der Umwelt ein dauerhaft überlebensfähiges Element zu sein?
- Was sind die Regeln für Kommunikation und Verhalten, die uns nach innen wie auch nach außen prägen müssen?
- Woran erkennen wir, dass unser System in Balance ist?
- Woran erkennen wir, dass das System dauerhaft erfolgreich in seiner Umwelt bestehen kann?

Schon mit diesen wenigen Fragen wird erkennbar: Ein Veränderungsprozess ist nur dann erfolgreich, wenn er in der Lage ist, die verfügbaren Ressourcen konsequent zu mobilisieren. Dabei müssen Strukturen, Aktivitäten und Verhalten so miteinander in Einklang gebracht werden, dass das gesamte System seine optimale Leistungsfähigkeit erreicht.

Wenn über **Strukturen** eines Unternehmens nachgedacht wird, beschäftigen wir uns im Rahmen der Organisation mit der Aufbau- und Ablauforganisation sowie mit dem Managementsystem. Betrachten wir die **Aktivitäten**, stehen die Strategien und Konzepte zur Realisierung der Unternehmenspolitik im Fokus. Schauen wir auf die **Verhaltensseite**, geht es um Kommunikationsregeln sowie die in- und externe Seite des Verhaltens. Geht es um das wirksame Zusammenspiel dieser drei Säulen, sind die **Geschäftsprozesse** das Element der Gestaltung.

NLP bietet für diese Art der Veränderungsarbeit eine Fülle von unterstützenden Formaten, die dazu beitragen können, die Stimmigkeit und Balance im Unternehmen zu erreichen und zu sichern. Die dabei zugrunde liegende Annahme ist:

Der Grad der Leistungsfähigkeit eines Unternehmens steigt überproportional mit der Mobilisierung der Leistungsbereitschaft der Mitarbeiter.

Leistungsfähigkeit bezieht sich dabei im Sinne der neurologischen Ebenen auf die Fähigkeiten und das Verhalten. Leistungsbereitschaft kann nur dann entstehen, wenn die Werte, die eigene Rolle sowie Sinn und Zugehörigkeit bezogen auf die Organisation stimmig sind. An dieser einfachen Differenzierung wird deutlich, in welchem Maß für die Erreichung des gewünschten Erfolges alle neurologischen Ebenen der Wahrnehmung für die gesamte Organisation und für jeden einzelnen Mitarbeiter stimmig sein müssen. Eine der großen Herausforderungen dabei ist, die individuellen Verhaltensweisen, Fähigkeiten, Wertesysteme sowie Rollenverständnisse so zusammenzubringen, dass ein gemeinsames Verständnis von Sinn und Zugehörigkeit entsteht.

Stellen wir uns ein Unternehmen noch einmal als ein lebendiges Wesen vor, lässt sich gut zeigen, worum es geht. Wie alle Lebewesen möchte es sich mit seinem Verhalten, seinen Fähigkeiten, seinen Werte und seiner Identität bestmöglich einsetzen, um in seinem Umfeld als sinnvoll und zugehörig wahrgenommen zu werden. Ob dieses Wesen leistungsfähig und leistungsbereit ist, wird dabei von seinem inneren und mentalen Zustand sowie von seinem äußeren Handeln bestimmt. Das „innere Spiel" (vgl. Seite 105 ff.) des Wesens entscheidet in hohem Maße darüber, was im äußeren Spiel wirklich an Leistung abrufbar ist. Denn die innere mentale Aufstellung schließt auch den Glauben des Wesens an sich selbst und seine Umgebung mit ein. Sie entscheidet darüber, wie mit Fehlern und Rückschlägen umgegangen, wie auf Druck reagiert wird und wie konzentrationsfähig das Wesen ist.

Gelingt es, das innere und äußere Spiel des Wesens „Unternehmen" miteinander in Einklang zu bringen, fließen die Aktivitäten in müheloser Exzellenz, die man „in der Zone Spielen"[41] nennt. Indikatoren dafür sind:

- Ein Gefühl des Vertrauens und die Abwesenheit von Angst und Selbstzweifeln.
- Ein Sinn für „bescheidene Autorität" – Selbstvertrauen ohne Arroganz.
- Keine Versagensangst oder Selbstbewusstsein im Hinblick auf die Zielerreichung.
- Das Fokussieren auf ästhetisches und ausgezeichnetes Handeln.
- Ergebnisse kommen ohne Mühe – das ganze Wesen muss hierüber nicht angestrengt nachdenken.

Stellen wir uns das Wesen „Unternehmen" in diesem Zustand vor, wird erkennbar, wie leicht es erfolgreich sein kann. Kommen einzelne Teile dieses Wesens aus der Balance, kann das u. U. sehr schnell Folgen für das gesamte Wesen haben.

Übertragen wir dieses Verständnis eines Wesens wieder auf die einzelnen Bestandteile einer Organisation, wird erkennbar, welch großer Sorgfalt es im Umgang mit dem System „Unternehmen" bedarf. So verstandene Organisationsveränderung unterstützt das gesamte System oder einzelne Systembestandteile dabei, in einen Zustand zu kommen, in dem die Leistung mühelos im Sinne der Ziele abgerufen werden kann. Die Haltung, die dabei allen Menschen in diesem System entgegengebracht wird, ist die von Würdigung. Denn jeder Einzelne versucht hier mit seinem Verständnis von der Welt und dem für ihn erkennbaren Sinn, seiner Rolle, seinen Werten und Fähigkeiten, sein Bestes beizutragen. Dies gilt auch dann, wenn das Verhalten des Einzelnen manchmal widersinnig erscheint. Vielmehr sind diese Stellen, an denen sich ein solch „widersinniges" Verhalten zeigt, diejenigen, an denen wir am schnellsten erkennen können, ob das System als Ganzes Gefhar läuft, aus der Balance zu geraten.

---

[41] Dilts, Robert, Professionelles Coaching mit NLP, Mit dem NLP-Werkzeugkasten geniale Lösungen ansteuern, Paderborn 2005, S. 164 ff.

Geht man solchen Phänomenen nicht nach, können sie schnell dazu führen, dass sie wie ein Krebsgeschwür das Unternehmen von innen heraus aufzehren. Fühlen sich z. B. Teilbereiche der Organisation nicht eingebunden und damit nicht ausreichend gewürdigt, können sie in eine völlig andere Richtung arbeiten als der Rest. Ein anderes Beispiel sind neu hinzugefügte Bestandteile, die nicht zum ursprünglichen Unternehmen gehören, wie Zukäufe, Fusionen etc. Sie wirken oftmals wie Implantate. Häufig werden sie rasch abgestoßen, wenn sie nicht sorgfältig ausgewählt und integriert werden können.

Insofern ist der zentrale Schlüssel für die Veränderungsarbeit in einer Organisation auf den oberen drei neurologischen Ebenen von Werten, Identität und Sinn zu finden. Fähigkeiten, Verhalten und die Gestaltung des Umfeldes folgen diesen Ebenen der Wahrnehmung.

[19] Ablauforganisation

Am besten geeignet für den Einstieg in die Organisationsveränderung sind die Geschäftsprozesse und die mit ihnen verbundene Ablauforganisation. Aufbauend auf der Vision und den strategischen Zielen stellt sich die Frage: Welche Ergebnisse wollen wir in welchen Bereichen erzielen? In welcher Weise tragen sie zur Erreichung der Vision und der strategischen Ziele bei? Welche Rolle nehmen diese Ergebnisse in Bezug auf die Gesamtorganisation ein, und welche Werte des Unternehmens werden dadurch besonders unterstützt?

Diese Fragen im Rahmen der Ablauforganisation zu stellen, scheint im ersten Moment abwegig, doch ohne die Motivation der Prozessbeteiligten wird ein Arbeitsablauf nicht reibungslos funktionieren. Diese Motivation wird zentral gespeist durch das Wertesystem, die erkennbare eigene Rolle und den erkennbaren Sinn des eigenen Tuns. Hierbei muss für die Prozessbeteiligten auch klar sein, welchen Beitrag sie zur Erreichung der Vision leisten können.

Sind die drei oberen neurologischen Ebenen (vgl. Seite 30) geklärt, stellt sich unmittelbar die Frage der verfügbaren Ressourcen, um das Ergebnis entsprechend dieser Ebenen auch zu realisieren. Hierzu gehören Menschen, Technik, Infrastruktur, ökologisches Umfeld, Geografie, Lieferanten etc. Alle Ressourcen müssen daraufhin untersucht werden, inwiefern sie bestmöglich dazu beitragen können, die Ergebnisse für diese Vision zu erzielen.

Für die Ablauforganisation ergibt sich daraus das Grundprinzip, dass Arbeitsabläufe den kürzesten möglichen Weg zwischen Auslöser und Ergebnis beschreiben müssen. Einfachheit und Klarheit im Sinne der Zielerreichung sind dabei oberstes Gebot.

Die Geschäftsprozesse werden zu diesem Zweck in Führungs-, Ausführungs- und Unterstützungsprozesse unterteilt. Auch die in den Geschäftsprozessen enthaltenen Aufgaben folgen diesen Kriterien (vgl. auch **Abbildung 19.1**):

- Ausführungsaufgaben und die damit verbundenen Ausführungsprozesse dienen der direkten Leistungserbringung für den Kunden. Sie stehen im Zentrum der ablauforganisatorischen Betrachtung.
- Führungsaufgaben/-prozesse dienen der optimalen Steuerung der Ausführung.
- Unterstützungsaufgaben/-prozesse sind Serviceleistungen, um einen möglichst reibungsarmen Ausführungsprozess zu gewährleisten.

Abbildung 19.1 [Arten von Geschäftsprozessen]

Führungsaufgaben	Ausführungsaufgaben	Unterstütungsaufgaben
- Ziele formulieren - Entscheidungen treffen - Planung aufstellen - Prozesse koordinieren - Produkterstellung kontrollieren - Mitarbeiter motivieren - Unternehmen repräsentieren - etc.	- Kunden beraten - Überwachungen durchführen - Schulungen durchführen - Projekte abwickeln - Produktion - etc.	- Informationen bereitstellen - Mitarbeiter ausbilden - Finanzen beschaffen - Sachmittel bereitstellen - etc.

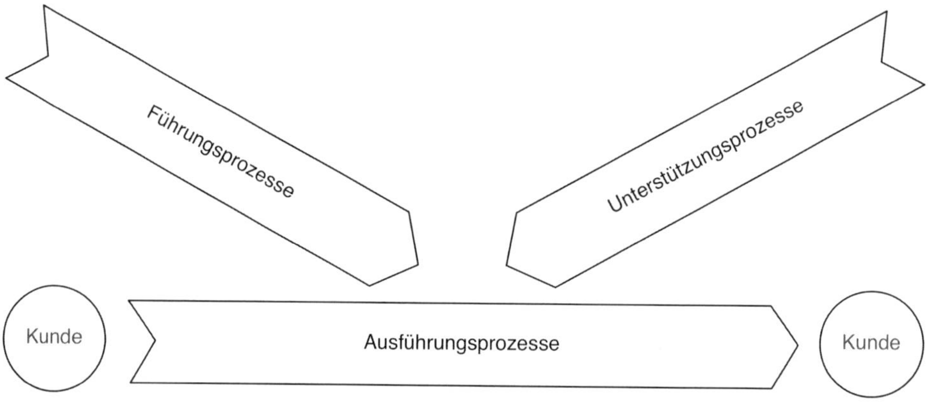

Schon durch diese einfache Trennung finden keine Vermischungen statt, die der notwendigen systemischen Flexibilität im Wege stehen. Durch die klare Trennung lassen sich die Geschäftsprozesse in eindeutig abgrenzbare Leistungspakete, Teams, Einzelpersonen oder andere Ressourcen einteilen und mit klaren Regeln, Verantwortlichkeiten sowie Kompetenzen verbinden.

Leistungspakte müssen mit diesem Verständnis derart geschaffen sein, dass für denjenigen, dem ein solches Paket zugewiesen wird, der Sinn seines Tuns für das Gesamtergebnis erkennbar ist. Das bedeutet: Die jeweiligen Akteure müssen zum einen ein in sich abgeschlossenes Teilergebnis erzielen können. Zum anderen muss dieses Teilergebnis groß genug sein, um motivierend zu wirken. Gleichzeitig darf das Leistungspaket nur so groß sein, dass das Teilergebnis auch in eigener Verantwortlichkeit und Kompetenz erreicht werden kann. Schon diese wenigen Anforderungen zeigen: Schnittstellen sind nur dort wirklich sinnvoll, wo sie den Übergang zwischen zwei in sich abgeschlossenen Leistungspakten bilden. Diese Schnittstellen sind auch besonders geeignet, um Führungs- und Steuerungsprozesse einzubinden, da sie natürliche Kontrollpunkte im Gesamtprozess darstellen. Dabei liegt der Teil der operativen Zielvorgabe vor und der Kontrollen nach dem jeweiligen Leistungspaket. Rückkopplungsschleifen sind damit innerhalb eines Geschäftsprozesses nur dort hilfreich, wo eine Kontrolle der Qualitätssicherung der Zielerreichung dient und das Ergebnis ggf. optimiert werden muss. Unterstützungsprozesse sind idealerweise vor dem Gesamtprozess oder den jeweiligen Leistungspaketen zu finden, um die notwendigen Ressourcen anforderungsgerecht bereitzustellen.

Für den Einsatz menschlicher Ressourcen wird es auf diese Art möglich, Stellen zu beschreiben, in denen Aufgaben, Verantwortlichkeiten und Kompetenzen eine homogene Einheit bilden.

Auch der wirtschaftliche Einsatz von Softwareprodukten ist auf diese Weise wesentlich einfacher, da hier klar abgegrenzt wird, welcher Teil des Geschäftsprozesses wirklich in die Software verlagert wird.

Einfachheit und Transparenz sind Grundanforderungen an die Gestaltung von Geschäftsprozessen. Die Prozessgestaltung folgt dabei dem Grundsatz, nur so viel ablauforganisatorisch vorzugeben, wie unbedingt erforderlich ist. Das bewusste Akzeptieren von nicht detailliert beschriebenen Teilprozessen schafft im Sinne einer zielorientierten Führung die Bereiche, die durch Zielvereinbarungen gesteuert werden müssen (vgl. Seite 95).

Damit die Geschäftsprozesse im Sinne der Zielorientierung möglichst effektiv und effizient ablaufen können, müssen bei der Gestaltung der Prozesse folgende Regeln eingehalten werden:

Thesen:

- Die Prozessgestaltung orientiert sich an wohlgeformten Zielen.
- Die Leistungspakte für die Kunden stehen im Vordergrund der Arbeitsablauforganisation.
- Es werden nur solche Prozesse und Leistungspakete gebildet, die eine zielorientierte Steuerung ermöglichen. D.h., Input und erwarteter Output müssen messbar sein.
- Die Prozessgestaltung muss dem Prinzip der Ganzheitlichkeit folgen, damit Verantwortung und Kompetenz eindeutig übertragen werden können.
- Arbeitsprozesse sollten, soweit möglich, ohne Medienbrüche abgewickelt werden können.
- Schnittstellen sollen auf das unbedingt notwendige Maß begrenzt werden.
- Schnittstellen müssen innerhalb der Organisation sowie zu anderen externen Organisationen eindeutig definiert werden.

- Moderne Informations- und Kommunikationstechnik wird systematisch in die Arbeitsprozesse eingebunden. Es wird exakt beschrieben, welche Teile des Prozesses durch die Software übernommen werden.
- Die Prozessgestaltung gewährleistet optimale Kommunikations- und Informationswege.
- Die Reaktionszeiten gegenüber den Kunden müssen so kurz wie möglich sein.
- Die Ablauforganisation muss so gestaltet sein, dass der Regelungsbedarf minimal ist.

Abbildung 19.2 [Metadesign für Geschäftsprozesse]

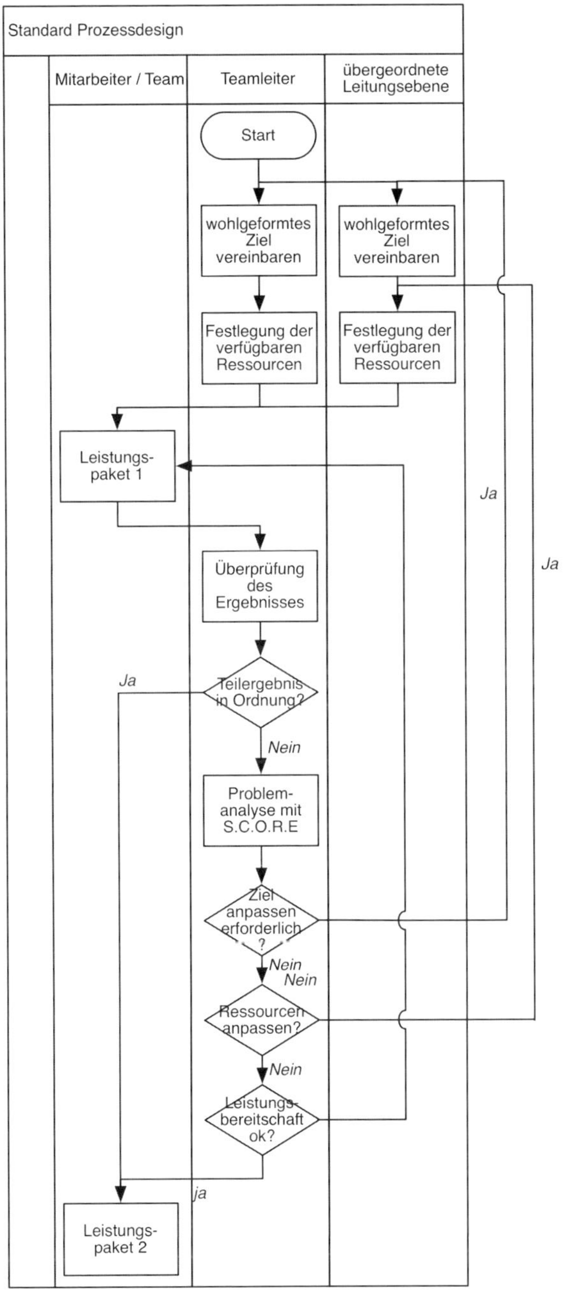

[20] Anforderungen an eine Stellenbildung

Damit eine Person oder ein Team in der Lage sind, ein Leistungspaket in komplett eigener Regie übernehmen zu können, müssen Aufgaben, Verantwortung, Kompetenz und die dazugehörige Qualifikation eine homogene Einheit bilden. Doch welche Rahmbedingungen, Voraussetzungen und spezifische Anforderungen gelten hierfür?

Abbildung 20.1 [Aufgaben, Verantwortlichkeiten und Kompetenzen]

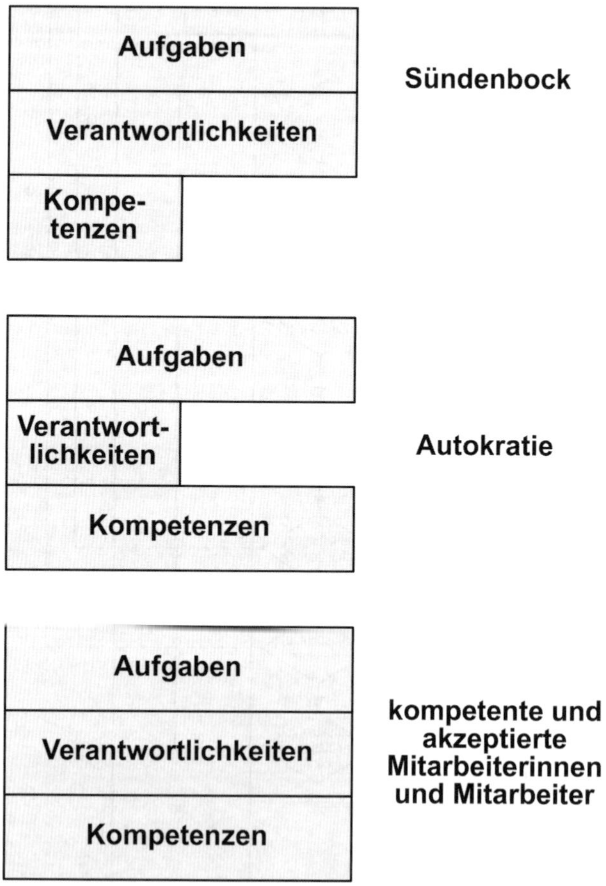

Für die Stellenbildung sollte der Grundsatz gelten, die Aufgabenzuschnitte so zu gestalten, dass ein übertragenes Aufgabenspektrum so weit wie möglich in einer ganzheitlichen Verantwortung abgewickelt werden kann (vgl. auch **Abbildung 20.1**). Rückkopplungsschleifen sollten möglichst vermieden werden. Aufgaben, Verantwortlichkeiten und Kompetenzen sollten in einem ausgewogenen Verhältnis zueinander stehen. Jede Stelle, die nach diesen Kriterien definiert wurde, sollte auch mit einem eindeutigen Qualifikationsprofil versehen werden, in dem sowohl fachliche Qualifikation als auch Merkmale zu Verhalten, sozialen Fähigkeiten, Werten und Rollenverständnis und Sinn enthalten sind.

Tabelle 20.1 [Stellenprofil]

Stellenprofil	
Sinn und Zugehörigkeit	■ …
Aufgaben	■ …
Verantwortlichkeiten	■ …
Kompetenzen	■ …
Rollenverständnis	■ …
Wichtige Werte	■ …
Fachliche Qualifikation	■ …
Soziale Fähigkeiten	■ …

Diese Art der Beschreibung von Stellenprofilen (siehe **Tabelle 20.1**) verbindet die klassische Stellenbeschreibung mit den neurologischen Ebenen. Damit wird auch die innere Kongruenz der Stelle beschrieben, die für eine stimmige und qualitativ hochwertige Aufgabenwahrnehmung von zentraler Bedeutung ist.

Die Motivation einzelner Personen wie eines Teams ist eng mit deren innerer Stimmigkeit verbunden. In der Realität gibt es jedoch nicht den perfekten Mitarbeiter für das jeweilige Leistungspaket mit einem so differenzierten Anforderungsprofil. Gerade deswegen ist die differenzierte Qualität dieser Anforderungsprofile erforderlich. Nur durch ein klar definiertes Verständnis des erforderlichen Profils können Mitarbeiter ausgewählt werden, die dem jeweiligen Profil am ehesten nahekommen. Fehlende Qualifikationen auch auf der Persönlichkeitsebene können gezielt gefördert und eingefordert werden.

Werden die Mitarbeiter nach einem stimmigen Profil für das jeweilige Leistungspaket ausgewählt, ist von Beginn an die Leistungsbereitschaft hoch. Denn alle Beteiligten erkennen den Sinn ihres Tuns, und auch ihr Rollenverständnis sowie ihre Werte stehen mit dem Leistungspaket in Einklang. Ferner entsteht durch die Kongruenz der Beteiligten ein gemeinsames Feld des Miteinanders, in dem die Beteiligten hinsichtlich ihrer Leistungsfähigkeit und Leistungsbereitschaft deutlich mehr erreichen, als die Personen einzeln zu leisten in der Lage sind. Man kann hier auch von einem H_2O-Effekt sprechen. Ihm zufolge wird durch das Zusammenfügen von Wasserstoff und Sauerstoff ein höherer Aggregatzustand erreicht, der weder Sauerstoff noch Wasserstoff ist, sondern ein neuer Zustand, nämlich Wasser. Ähnliches lässt sich in Teams erleben, die ein solches leistungsfähiges Feld miteinander bilden.

[21] Aufbauorganisation

Die Aufbauorganisation ist von zentraler Bedeutung für die ressourcevolle Entwicklung von Organisationen, weil sie die Plattform für die Realisierung guter Kundenbeziehungen ist. Eine klar strukturierte Aufbauorganisation macht erst das Leistungspotenzial jedes Unternehmens oder öffentlichen Organisation sichtbar. Erfahren Sie, wie NLP-Formate mit der Aufbauorganisation effektiv verknüpft werden können.

Die Aufbauorganisation wird in dem oben genannten Verständnis aus den Zielen, den benötigten Ressourcen und der dazugehörigen Ablauforganisation abgeleitet. Die Klarheit der Ziele auf allen Ebenen des Unternehmens ist entscheidend dafür, mit welcher Stimmigkeit die Aufbauorganisation gestaltet werden kann, da letztendlich die gesamte Organisation nur dann auf Dauer Bestand hat, wenn sie am Markt als sinnvoll wahrgenommen wird (vgl. hierzu Seite 105 ff). Implizit ist dieser Herangehensweise, dass die gesamte Aufbauorganisation in erster Linie als Plattform für die Realisierung guter Kundenbeziehungen gedacht wird, da die Sinnhaftigkeit nur durch diese letztendlich definiert wird.

Aufbauend auf der Vision und den abgeleiteten strategischen Zielen, lassen sich die Geschäftsbereiche definieren, in denen diese Ziele in ganzheitlicher Verantwortung erreicht werden sollen. Schon diese Anforderung macht deutlich, dass Schnittstellen innerhalb des Unternehmens und nach außen immer nach dem Grundsatz gestaltet werden sollten, klare Auftraggeber-Auftragnehmer-Verhältnisse zu schaffen. Dort, wo eine eindeutige Beziehung zwischen den Beteiligten existiert, sind Leistungsfähigkeit und Leistungsbereitschaft höher als dort, wo diese Klärung nicht erfolgt ist. Unscharfe Leistungsbeziehungen führen nahezu ausnahmslos zu Konflikten und setzen die Bereitschaft, Ergebnisverantwortung zu übernehmen, dramatisch herab.

Klare Leistungsbeziehungen werden in vielen Unternehmen und öffentlichen Organisationen in dem Glauben vermieden, dadurch würde die Machtposition der Führungskräfte gestärkt. Tatsächlich wird durch diese Vorgehensweise ein Umfeld geschaffen, in dem das persönliche Gefallen mehr zählt als das, was für die Erreichung eines Ziels sachlich erforderlich ist. Gleichzeitig werden Führungskräfte damit zum Nadelöhr für alle ungeklärten Leistungsbeziehungen. Die Leistungsfähigkeit aller beteiligten Bereiche wird so erheblich herabgesetzt, teilweise bis zur Handlungsunfähigkeit. Jede Entscheidung, die nicht in eigener Verantwortung geklärt werden kann, wird den Führungskräften zur Entscheidung vorgelegt. Schon der Verdacht, der Kompetenzbereich der Führungskraft oder eines Kollegen könnte verletzt sein, führt zu Abstimmungsbedarf. Je größer dieser „Nebel" ist, desto größer wird die Anzahl der internen Besprechungen. Aufgrund dieser Tatsache lässt sich in der Praxis beobachten, dass die Anzahl der Meetings überproportional steigt, je größer die Unschärfen in der Organisation sind. Bleibt diese Unschärfe dauerhaft erhalten, führt dies regelmäßig zur Demotivation der Mitarbeiter aller Ebenen. Gute Mitarbeiter verlassen das Unternehmen und es wird immer schwerer, hierfür Ersatz zu finden. In jedem Fall werden die Leistungsfähigkeit und Leistungsbereitschaft im Unternehmen dauerhaft beschädigt.

Dieser „Nebel“ beginnt grundsätzlich in der obersten Leitungsebene. Denn wenn dort keine Klarheit im Sinne einer eindeutigen Zuordnung von Aufgabe, Verantwortung und Kompetenz besteht, wird schon die nächste Ebene überlegen, inwieweit sie überhaupt Klarheit schaffen kann, ohne mit dem eigenen Vorgesetzten in einen Konflikt über die Interpretation der Ziele und Aufgaben zu geraten. Diese Unschärfen setzen sich auf allen Ebenen der Organisation fort und können Unternehmen nachhaltig in ihrer Existenz gefährden. In öffentlichen Institutionen lässt sich ein großer Teil der desolaten Zustände in den Haushalten auf diese Unschärfen in der Organisation zurückführen.

Die selbst erzeugten Unschärfen führen dazu, dass die Informations- und Kommunikationsprozesse dieser Unklarheit folgen. Das ist ein weiterer Aspekt, der von vielen Führungskräften in diesem Zusammenhang unterschätzt wird. Im Ergebnis erreichen auch relevante Informationen die Führungskräfte oftmals nicht mehr, da den Beteiligten die Bedeutung der Information nicht erkennbar ist oder sich durch unscharfe Zuständigkeiten niemand verantwortlich fühlt.

Auch die für die Führung relevanten Steuerungsinformationen können nicht in der benötigten Qualität aufbereitet werden, da diese Daten die Ergebnisse aus den Geschäftsbereichen erkennbar machen müssen. Controlling-Informationen folgen unmittelbar der Klarheit in der Organisation und bilden genauso die erzeugte Unschärfe ab. Hierin liegt einer der Hauptgründe, warum bei Unternehmenskrisen relevante Steuerungsinformationen oftmals viel zu spät sichtbar werden.

Die Klarheit in der Aufbauorganisation ist für alle Beteiligten wertvoll und macht erst das Leistungspotenzial des Unternehmens oder der öffentlichen Institution im vollen Umfang nutzbar.

Das Grundmodell für eine klare Aufbauorganisation lässt sich auf drei Strukturelemente verdichten (siehe auch **Abbildung 21.1**):

- Geschäftsbereiche, die direkt für die Kunden arbeiten
- Steuerungsebene (oberste Leitungsebene)
- Interne Servicebereiche

Die **Geschäftsbereiche** sind dabei die Unternehmensteile, die darauf ausgerichtet sein sollten, für die Kunden tätig zu sein. In ihnen muss die Gestaltung der Kundenbeziehung oberste Priorität haben. Diese Bereiche müssen ferner über ein konkretes Budget verfügen. Auch die Umsätze sind diesen Bereichen immer konkret zuzuordnen. Je klarer die innere Organisation ist, desto genauer ist auch die Zuordnung von Kosten möglich und damit auch das rechtzeitige Erkennen von Erfolgen und von Fehlentwicklungen.

Die **Steuerung** umfasst grundsätzlich diejenigen Bereiche, in denen Ziele und strategische Vorgaben entwickelt werden. Auch das Unternehmens-Controlling und das Multiprojektmanagement sind hier angesiedelt. Unternehmensfunktionen wie Marketing, strategische IT-Planung sowie zentrales Finanzmanagement gehören in den Bereich der Steuerung. In der Steuerung müssen auch die zentralen strategischen Vorgaben für die Servicebereiche erarbeitet werden. Sehr oft wird dies leider ignoriert, was dazu führt, dass in den Unternehmen für interne Dienstleistungen unnötig viele Ressourcen gebunden werden.

Grundsätzlich sollten in einem Steuerungsbereich zu folgenden Themenfeldern strategische Planungen existieren, die mindestens jährlich fortgeschrieben werden:

Ausrichtung	Teilstrategie
Gerichtet auf die Geschäftsbereiche	Gesamtstrategie inkl. Scenariobetrachtung des Marktes
	Geschäftsbereichsstrategie
	Marketing-Strategie
	Forschung- und Entwicklungsstrategie
Gerichtet auf die Servicebereiche	IT-Strategie
	Beschaffungsstrategie
	Facility-Management-Strategie
Gerichtet auf das ganze Unternehmen	Management- und Organisationssystem
	Personalentwicklungsstrategie
	Regeln für Kommunikation und Verhalten

Jedes dieser strategischen Themen benötigt im Steuerungsbereich eine verantwortliche Führungskraft die sich als Sponsor versteht und das Thema in der gesamten Organisation vorantreibt. Ohne eine verantwortliche Person in der obersten Leitungsebene sind diese Themenfelder im Unternehmen nicht durchsetzbar. Vielmehr werden sie innerhalb kürzester Zeit überholt und sind dann für die handelnden Personen nicht mehr relevant.

Für klassische Unternehmensfunktionen wie Marketing oder Forschung & Entwicklung gibt es normalerweise Vorstandsmitglieder. Themenfelder, die nach innen wirken wie z. B. IT, Personal, Organisation werden in der Regel durch ein Mitglied des Vorstandes verantwortet, jedoch selten mit einer strategischen Planung versehen. Die Themen werden meist nur dann auf der strategischen Ebene als relevant wahrgenommen, wenn dort Probleme auftauchen, die von den Verantwortlichen nicht mehr gehandhabt werden können. Alle unternehmensweit wirksamen Themen bedürfen einer kontinuierlichen strategischen Unterstützung. Deshalb ist es empfehlenswert, für diese eine strategische Gesamtplanung zu entwickeln, die in festen Zyklen von mindestens einem Jahr weiterentwickelt wird. Da in diese Themenfelder die Interessen aus allen Geschäftsbereichen einfließen müssen, ist es ratsam, die Erstentwicklung der strategischen Planungen mit externer Unterstützung aufzubauen. Die Weiterentwicklung kann dann je nach Auslastung der Sponsoren intern erfolgen oder durch einen jährlichen überschaubaren Coaching-Prozess begleitet werden.

Die internen **Servicebereiche** sollten grundsätzlich als reine Dienstleister im Unternehmen agieren. Auf der Basis strategischer Vorgaben aus der Steuerungsebene muss der Handlungsspielraum festgelegt werden. Dieser bestimmt dann den Rahmen, innerhalb dessen die Servicebereiche für die Geschäftsbereiche und die Steuerung tätig werden dürfen. Für die internen Leistungsbeziehungen gibt es dabei ein kostenbasiertes Preissystem. Auch kann durch die strategischen Vorgaben festgelegt werden, an welchen Kriterien sich Make-or-Buy-Entscheidungen (Kaufen oder selbst machen) orientieren müssen. Das vollständige Outsourcen von Servicebereichen ist dabei zwar grundsätzlich auch eine denkbare Lösung, die jedoch selten auf Dauer stabil und wirtschaftlich funktioniert. Grundvoraussetzung für ein komplettes Outsourcing sind sehr präzise Service-Level-Agreements und ein ausgeprägtes Vertrauensverhältnis zwischen Steuerung und Dienstleister. In den meisten Fällen ist es von zentraler Bedeutung, dass innerhalb der Organisation mindestens folgende Randbedingungen gegeben sind:

- Es existiert ein strategisches Handlungskonzept für die Dienstleistung, das jährlich fortgeschrieben wird.
- Es gibt eine ausgeprägte Steuerungskompetenz für die jeweilige Dienstleistung oder die Dienstleistungspakete.
- Die Dienstleistungsmodule sind so gestaltet, dass der Dienstleister kurzfristig gewechselt werden kann.
- Service-Level-Agreements sind so gestaltet, dass Qualität und Quantität eindeutig messbar festlegt sind.
- Die Verträge stellen sicher, dass in dynamischen Märkten eine Preisanpassung nach unten kurzfristig möglich ist.

Mit dieser überschaubaren Anzahl von Regeln für eine klare funktionale Aufbau- und Ablauforganisation lassen sich die Grundvoraussetzungen einer hohen inneren Leistungsfähigkeit und Leistungsbereitschaft einer Organisation herstellen. Das gilt unabhängig davon, ob sie privatwirtschaftlicher oder öffentlich-rechtlicher Natur ist.

Abbildung 21.1 [Grundmodell der Organisationsgestaltung]

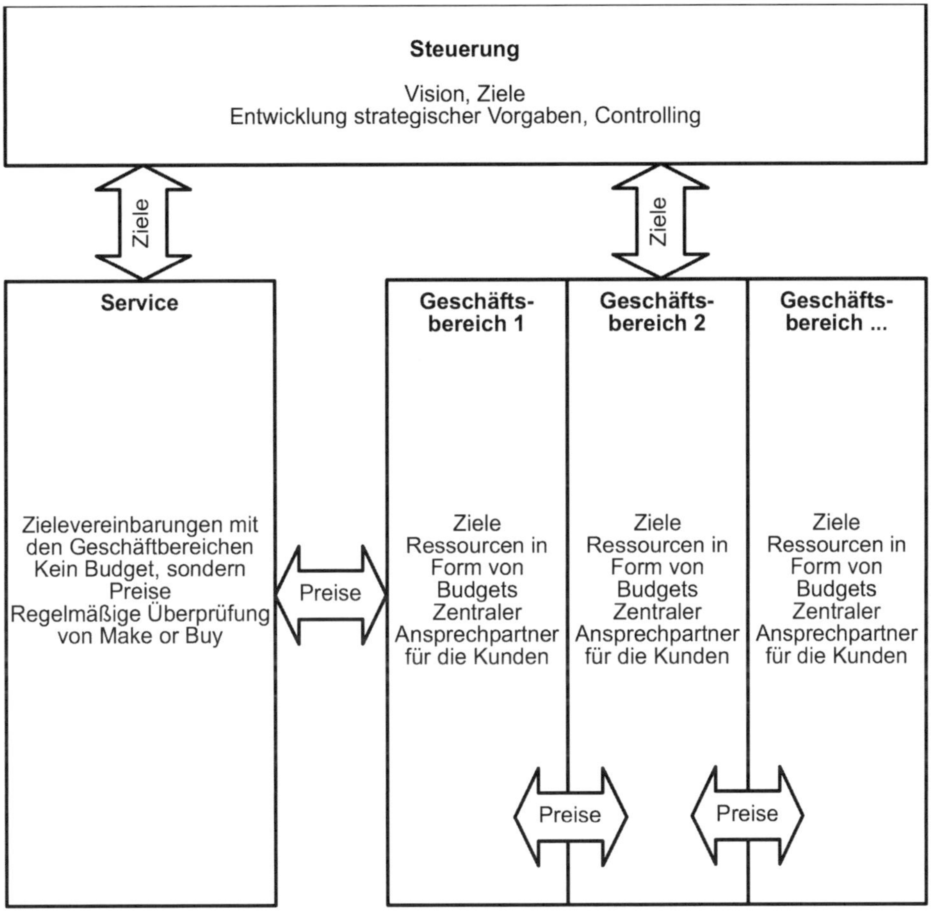

NLP-Formate können für die Entwicklung der Aufbauorganisation in vielfältiger Form genutzt werden. So kann über die wohlgeformten Ziele (vgl. Seite 95 ff.) erreicht werden, dass für das gesamte Unternehmen, aber auch für die Geschäfts- und Servicebereiche Teilziele entwickelt werden können. Sind diese Ziele für das Unternehmen als Ganzes geklärt, ist zu fragen: Welche Ziele oder Teilziele müssen in einer Hand zusammenlaufen, damit möglichst einfach und schnell Erfolge erreicht werden können? Wichtig ist hierbei, dies erst einmal ohne Blick auf die vorhandenen Personen zu tun. Letztendlich gewinnen alle Beteiligten, da jeder in seinem Bereich erfolgreich sein kann und die vorhandenen Ressourcen nicht in inneren Machtkämpfen verloren gehen. Diese Klärung zwischen den Beteiligten kann in einem weiteren Schritt durch ein Teamalignment unterstützt werden (vgl. Seite 59 ff.). Auch wenn dieses Thema im Rahmen der Visionsarbeit behandelt wurde, eignet es sich hier, um nach der Aufteilung der Ziele im Leitungsteam eine gemeinsame Verbindlichkeit bezogen auf die Unternehmensvision herzustellen. Bei der Ausgestaltung der einzelnen Ziele über die Zeitachse ist das Format der Zeitprogression sehr hilfreich (vgl. auch Seite 101 ff.)

Insbesondere diese drei Formate können auf jeder Ebene der Organisation genutzt werden, um die Ergebnisse aus der obersten Leitungsebene weiter auszugestalten. Hierfür muss der Prozess immer im Top-Management beginnen, denn wie oben bereits beschrieben, wird jede Unschärfe, die auf der obersten Leitungsebene vorhanden ist, nach unten weitergegeben. Umgekehrt führt jede Klarheit und Stimmigkeit in der obersten Leitungsebene auch dazu, dass die nachgeordneten Ebenen klare Antworten geben müssen. Auch die Steuerungsmechanismen sind dann wirkungsvoll und Arbeitsabläufe können eindeutig sowie klar gestaltet werden.

Die innere Klarheit, die das ganze Unternehmen prägt, wird in der Folge auch von den Kunden wahrgenommen. Unternehmerischer Erfolg bei gleichzeitig hoher Effizienz ist die logische Konsequenz aus einer solchen Aufbau- und Ablauforganisation.

[22] Gute Kundenbeziehungen als Messlatte für die Aufbau- und Ablauforganisation

Dauerhafte Kundenbeziehungen, die auf einem wertschätzenden fairen Miteinander aufbauen, sind und bleiben die zentrale Ressource, die darüber entscheidet, ob ein Unternehmen weiter besteht oder nicht. Diese Beziehung gut aufzubauen, zu erhalten und über lange Zeit zu pflegen, ist von eminenter Bedeutung für nachhaltigen Unternehmenserfolg. Treten hier Konflikte auf, müssen diese so schnell und sorgfältig wie möglich ausgeräumt werden.

Für eine präzise Klärung der Kundenbeziehungen bietet sich das NLP-Format der Wahrnehmungspositionen (siehe **Abbildung 22.1**) an, da hier die unterschiedlichen Beziehungsperspektiven der Marktteilnehmer einander gegenübergestellt werden können. Dieses Format ist auch sehr gut geeignet, um Lösungen für Probleme in Kundenbeziehungen zu erarbeiten.

Abbildung 22.1 [Wahrnehmungspositionen von Kunden und Unternehmen klären]

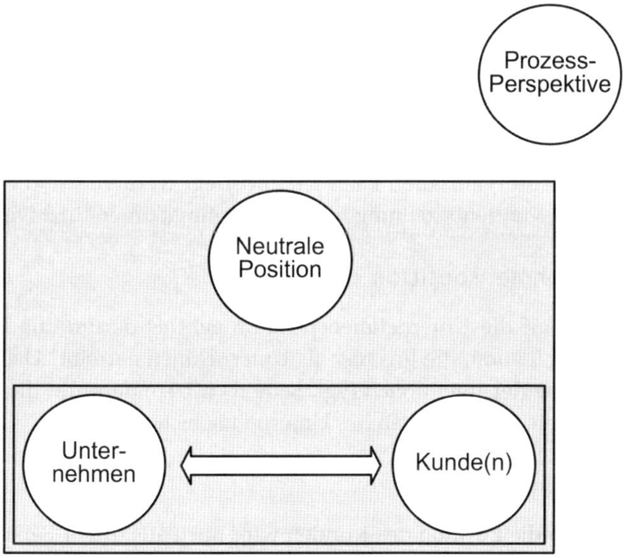

Arbeitsformat: Kundenbeziehung klären

Indem die unterschiedlichen Perspektiven über Bodenanker unabhängig voneinander erlebt und nicht nur kognitiv gedacht werden, wird es möglich, die jeweiligen Bedürfnisse deutlich zu erkennen. In der praktischen Arbeit des Autors mit Unternehmen zeigt sich immer wieder, dass durch das konkrete Erleben auf den Bodenankern ein deutlich höherer Erkenntniswert zutage gefördert wird, der durch rein kognitives Denken dieser Positionen nicht erreicht werden kann.

Schritt 1 - Die Unternehmensposition

Die Unternehmensposition entspricht dabei der Ich-Position. Einer der Prozessbeteiligten geht zunächst auf diese Position und beschreibt sein Erleben. Die übrigen Prozessbeteiligten können hier - unterstützt durch einen Moderator - dieses Erleben aus ihrer Sicht anreichern. Aus dieser Perspektive lässt sich u.a. beschreiben, was wir für den Kunden tun und wie wir unsere Bedürfnisse dem Kunden als attraktive Idee vermitteln wollen. Wichtig ist hierbei, das sinnesspezifisch konkrete Erleben zu benennen.

Schritt 2 - Kunden-Position

Wechsel auf die Kundenperspektive. Mit dem Schritt in die Kunden-Position geht derjenige, der die Position durchschreitet, assoziiert in das Erleben als Kunde des Unternehmens. Aus dieser Perspektive lässt sich beschreiben, welche Bedürfnisse und Interessen durch das Angebot des Unternehmens erfüllt werden und welche nicht. Auch hier ist die Benennung des sinnesspezifisch konkreten Erlebens von zentraler Bedeutung: Was gibt es hier zu sehen, zu hören und zu fühlen?

Schritt 3 - Neutrale Position

Bei diesem Schritt wird die neutrale Position genutzt, um die gewonnenen Erkenntnisse auszuwerten. Bezogen auf die Gestaltung der Kundenbeziehung und die dazu erforderliche Aufbau- und Ablauforganisation kann jetzt überlegt werden, wie diese gestaltet werden sollten, damit die Kundenbeziehung möglichst optimal unterstützt wird.

Schritt 4 - Unternehmensposition

Beim zweiten Gang auf die Unternehmensposition geht es darum, die Frage zu klären: Was ist die positive Intention, die uns hier als Unternehmen antreibt? Dabei geht es weniger um die erste Ebene der Intentionen (vgl. Seite 63 ff.), sondern um die übergeordneten positiven Absichten, die das Verhalten des Unternehmens tragen.

Schritt 5 - Kundenposition

Nach dem Wechsel in die Position des Kunden wird auch aus dieser Perspektive beschrieben, welche positiven Intentionen hier die Kunden motivieren.

Schritt 5 - Neutrale Position

Aus der neutralen Position wird dissoziiert ausgewertet, welche Erkenntnisse sich aus diesen beiden Perspektiven ergeben. Welche Handlungsnotwendigkeiten und Perspektiven lassen sich aus dem Erlebten ziehen?

Schritt 6 - Unternehmensposition - Probehandeln

Mit den gewonnenen Erkenntnissen geht einer der Prozessbeteiligten noch einmal in die Unternehmensposition und erlebt, was sich verändert hat und wie sich diese Veränderung auswirkt.

Schritt 7 - Prozess-Perspektive

Nachdem die Erkenntnisse ausgewertet wurden, ist es hilfreich, noch einmal auf den gesamten durchlaufenen Prozess zu schauen, um aus dieser Metaperspektive auch noch die Regelhaftigkeit für künftige Prozesse zu erkennen und nutzbar zu machen. Was ist der übergeordnete Wert, der sich aus diesem Prozess ergeben hat?

[23] Problemlösung in komplexen Systemen

„Wer Querdenker störend findet, hat Recht – sie stören die Ruhe der bisherigen Nichtlösung.[42]

Mathias Varga von Kibed und Insa Sparrer

Mit zunehmender Unternehmensgröße werden nicht nur die Strukturen und Prozesse komplexer, sondern verständlicherweise auch das Beziehungsgeflecht zwischen den beteiligten Personen. Solange diese in einem guten Kontakt miteinander sind und die Beziehungen nicht durch Konflikte beeinflusst werden, nehmen wir dieses Beziehungsgeflecht einfach als gegeben an. Kommt es zu Störungen, kann dies je nach Größe und Intensität des Konfliktes zu erheblichen Beeinträchtigungen der gesamten Unternehmensentwicklung führen. Die Tetralemmaarbeit im Rahmen der systemischen Strukturaufstellung setzt hier an und eröffnet auf den ersten Blick ungewohnte Lösungsansätze.

Gerade im Arbeitsumfeld ist durch die komplexen Arbeitsabläufe und die daran beteiligten Personen schnell ein Punkt erreicht, an dem die Ursache-Wirkungs-Ketten nicht mehr durch einfaches Nachdenken erkannt werden können. Vergleichbar ist dieser Effekt mit einem Schachspiel, bei dem selbst ein geübter Schachspieler nur eine begrenzte Anzahl von Zügen voraussehen kann.

Um diese Komplexität eines Systems wieder erkennbar und gestaltbar zu machen, lässt sich die systemische Strukturaufstellung einsetzen (vgl. auch Seite 42 ff.). Dabei werden mit Hilfe von Stellvertretern oder Figuren die Systeme aufgestellt. Aufstellen bedeutet hier, dass die beteiligten Personen und Elemente eines Konfliktes im Raum so zueinander positioniert werden, bis der oder die Aufstellende die Relation der Beteiligten zueinander als treffend dargestellt erkennt. Ausgehend von dieser Ist-Situation wird dann mit Hilfe des Coachs schrittweise ein Lösungsmodell herausgearbeitet.

In Unternehmen, die mit dieser Arbeitsweise noch nicht vertraut sind, ist das Erstaunen oftmals groß, wie leicht sich auf diese Weise Lösungen auch für komplexe Probleme finden lassen.

---

[42] Kibed, Mathias Varga von, Sparrer, Insa, Ganz im Gegenteil, Tetralemmaarbeit und andere Grundformen Systemischer Strukturaufstellungen – für Querdenker und solche die es werden wollen, 5. Überarbeitete Auflage, Heidelberg 2006.

Diese Methodik lässt sich auch in Verbindung mit einer Geschäftsprozessoptimierung einsetzen. Der sich hieraus ergebende Gewinn liegt darin, dass die gefundene Lösung nicht nur im Sinne einer fachlichen Lösung stimmig ist, sondern auch die Beteiligten in ihrem täglichen Tun mitnimmt. Die Akzeptanz und die Effizienz einer solchen Lösung liegen deutlich höher als bei allen klassischen Wegen der Prozessoptimierung. Auch der Zeitbedarf der Projekte vom Start bis zur vollen Effizienz der Prozesse ist wesentlich geringer, da etwaige Vorbehalte bereits während des Aufstellungsprozesses erkannt und ausgeräumt werden können.

Der vermeintlich höhere Anfangsaufwand bei einer Optimierung wird so bereits im Projektverlauf durch eine deutliche Beschleunigung des gesamten Prozesses überkompensiert.

a. Systemische Strukturaufstellung als Methode der Organisationsanalyse

Jede Organisation ist ein komplexes System von Strukturen, Aktivitäten und Verhalten. Und wie bei jedem lebenden System gelten auch in einer Organisation Grundprinzipien, die darauf gerichtet sind, das Überleben des Systems zu sichern.

Werden diese **systemerhaltenden Prinzipien** (siehe **Abbildung 23.1**) bei der Veränderung von Strukturen, Aktivitäten sowie bei den Regeln für Führung und Zusammenarbeit nicht berücksichtigt, kann es zu erheblichen Spannungen und Verwerfungen des Gesamtsystems kommen.

Abbildung 23.1 [Systemerhaltende und systemverletzende Prinzipien nach Horn und Brick]

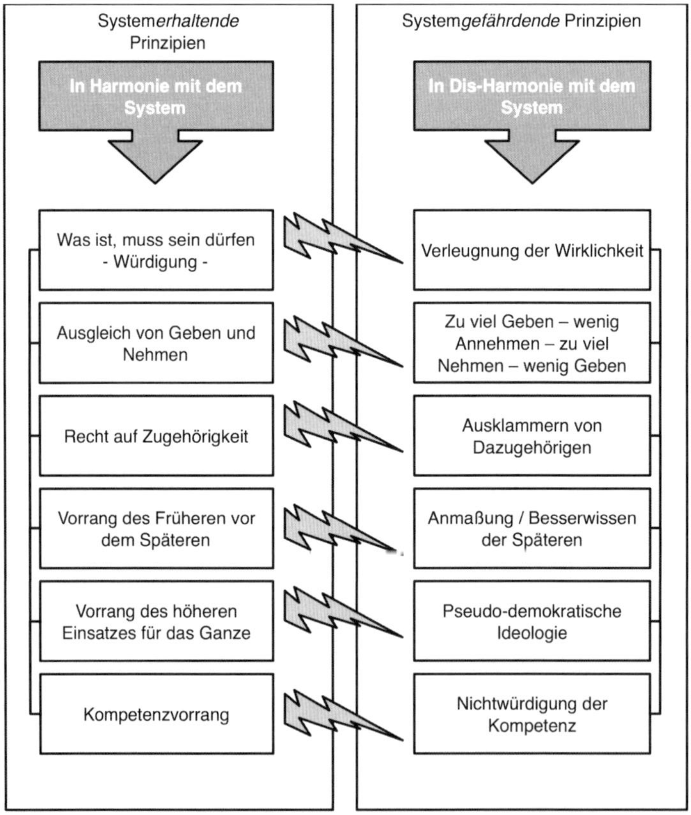

Eine wesentliche Aufgabe für die systemische Organisationsaufstellung ist zu erkennen, in welchen Bereichen der Organisation die systemerhaltenden Prinzipien verletzt wurden und wie durch die Wiederherstellung dieser „systemischen Grundordnung" die Basis für eine positive Weiterentwicklung der Organisation geschaffen werden kann.

b. Die Grundelemente der Lösungsfindung

„Niemand hat ein Problem, wenn es keine Hindernisse gibt, die ihn von seinem Ziel fernhalten."

Mathias Varga von Kibed und Insa Sparrer (Ganz im Gegenteil!)

Lösungen in einem System zu finden braucht die Grundannahme: Alle Beteiligten besitzen grundsätzlich alle Ressourcen, die benötigt werden, um ein tragfähiges Ergebnis zu finden. Konnte die Lösung bis zum Zeitpunkt der Aufstellung nicht gefunden werden, kann dies zwei Ursachen haben: Die Lösung ist entweder nicht in dem von einzelnen Personen vorhandenen Lösungsraum zu finden, oder der erkennbare gemeinsame Lösungsraum ist nicht ausreichend, um ein Lösung zu finden.

Ein Grundmodell, mit dem sich oftmals Lösungen für komplexe Probleme finden lassen, ist die Tetralemmaarbeit von Mathias Varga von Kibed und Insa Sparrer[43], die hier für den Einsatz in Unternehmen angepasst wurde.

Lösungen, die in einer Organisation tragfähig sein sollen, müssen die Bedürfnisse vieler Beteiligter zusammenbringen. Die häufig zu findende Annahme, eine Lösung zwischen vielen Beteiligten könne nur der kleinste gemeinsame Nenner sein, ist falsch. Diese Variante tritt nur dann ein, wenn eine Lösungsfindung als reine Verhandlungssache auf der Ebene des Verhaltens und Tuns gesehen wird. Auch den Fokus auf die Dinge zu lenken, die nicht funktionieren, und sie in den Kontrast zu dem zu stellen, was funktioniert, ist nur begrenzt hilfreich, da der Wahrnehmungsfokus auf dem Problem bleibt. Die Lösungsfindung wäre damit primär durch ein „weg vom Problem" geprägt.

Wenn in einem Unternehmen z. B. gesagt wird, „wir müssen die Kosten senken, um wieder wettbewerbsfähig zu sein", bleibt der Fokus in den meisten Fällen auf dem Thema Kosten. Hilfreich ist dies nicht, da damit alle Lösungsvarianten ausgeschlossen werden, die auf eine Erweiterung der Ressourcen hinwirken. Eine wichtige Basisfrage ist daher in einer solchen Situation: „Was wäre eigentlich dadurch erreicht, wenn wir die Kosten gesenkt haben und die Wettbewerbsfähigkeit wieder hergestellt ist?"

---

[43] Varga von Kibed, Mathias, Sparrer, Insa, Ganz im Gegenteil, Tetralemmaarbeit und andere Grundformen systemischer Strukturaufstellungen – für Querdenker und solche, die es gerne werden wollen, Heidelberg 2005.

Schon die Frage nach den positiven Intentionen der Beteiligten in Verbindung mit einem bereits erreichten guten Zustand in der Zukunft, die hinter den bisherigen Sichtweisen steht, hilft dabei, viele Gemeinsamkeiten zu erkennen. Auch die Frage nach den inneren Werten, die das Handeln begründen, zeigt in fast allen Fällen eine deutlich breitere Basis möglicher Lösungen.

Soll jedoch eine dauerhaft tragfähige Lösung gefunden werden, sind einige wesentliche Schritte mehr erforderlich, um die komplexe Situation inkl. ihrer verdeckten Elemente und Hindernisse zu erkennen. Besteht ein Problem bereits seit einiger Zeit und konnten die Beteiligten es nicht lösen, gibt es einen verdeckten Gewinn, der mit dem Problem verbunden ist. Gäbe es keinen positiven Nutzen, der mit dem Status quo verbunden ist, würden die Beteiligten anders handeln. Durch die Aufrechterhaltung der Situation wird ein Schutzwall geschaffen, um den verdeckten Gewinn zu erhalten.

Wird z. B. das Thema Wettbewerbsfähigkeit nicht in Angriff genommen, stellt sich die Frage: „Wer oder was hat durch die Aufrechterhaltung der aktuellen Situation einen Vorteil? Welcher Nutzen ist dadurch gegeben, dass das Thema nicht angegangen wird?"

In einer Organisation sind Themen dieser Art schnell durch eine hohe Komplexität gekennzeichnet, da viele Menschen auf den unterschiedlichsten Ebenen beteiligt sind. Die nachfolgend dargestellten Schritte zeigen einen Weg auf, wie in einem komplexen System eine Lösungsfindung gestaltet werden kann.

Arbeitsformat: Tetralemma

Schritt 1 - Die Ausgangssituation

Mit Hilfe von lebenden Personen oder auch mit Hilfe von Figuren (z. B. Playmobil, Holzfiguren) wird die aktuelle Situation im Raum so aufgestellt, dass die Relation der Beteiligten als Systemelemente zueinander sichtbar wird (vgl. **Abbildung 23.2**).

Nachdem die Ausgangssituation aufgestellt wurde, werden die Stellvertreter gefragt, was sie auf dieser Position wahrnehmen und wie es ihnen hier geht. Wird mit lebenden Personen gearbeitet, zeigt sich den Stellvertretern in realistischer Form das Erleben des jeweiligen Systemelements. Werden für die Aufstellung Figuren verwendet, ist es hilfreich, wenn die aufstellende Person die Figur mit der Hand oder dem Finger berührt, um mit dem Systemelement in Kontakt zu gehen. Die dabei erkennbare Problemstellung erhält schon durch die erste Aufstellung eine besondere Qualität, da die einzelnen Elemente des Problems nicht mehr gedanklich vermischt werden, sondern sichtbar im Raum stehen.

Die aktuelle Situation kann mit den folgenden Fragen beschrieben werden:

- Worin besteht der verdeckte Gewinn, die aktuelle Situation aufrechtzuerhalten?
- Welche Hindernisse halten die Beteiligten davon ab, eine Lösung zu finden?

Es ist hilfreich, den verdeckten Gewinn und die Hindernisse als Systemelement durch einen Stellvertreter einzubinden.

Abbildung 23.2 [Systemische Strukturaufstellung]

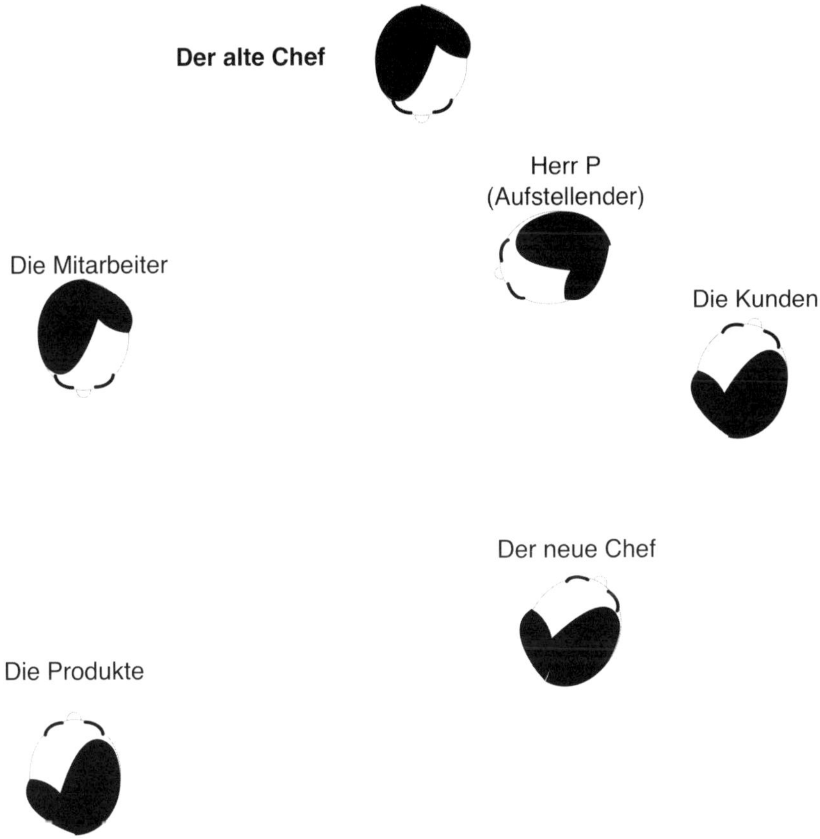

Schritt 2 - Das Gegenteil

Die ersten Fragen in Richtung einer Lösung lauten: Was wäre erreicht, wenn das Problem bereits vollständig gelöst wäre? Was wird hierdurch möglich?

Um diese Fragen zu beantworten, ist es hilfreich, das Gegenteil des Problemzustandes aufzustellen. Alle Systemelemente und ggf. weitere werden - wenn mit Personen gearbeitet wird - so aufgestellt, dass sie das erste Lösungsbild darstellen. Bei der Aufstellung mit Figuren können die Figuren umgestellt werden, oder es wird an einer anderen Stelle im Raum mit weiteren Figuren die Alternative zum Problemzustand aufgestellt.

Das jetzt entstandene Lösungsmodell stellt in den meisten Fällen für die Organisation bereits eine erste Entlastung dar, ist aber nicht hinreichend im Sinne einer stabilen Lösungsfindung. Diese Lösung bildet erst einmal nur den Gegensatz des Vorhandenen und ist damit als direkte Alternative nahe an der ursprünglichen Lösung.

Bezogen auf unser Beispiel wäre dies der Zustand, in dem die Wettbewerbsfähigkeit wieder vollständig hergestellt ist.

Schritt 3 - Beides

Im nächsten Schritt stellt sich daher die Frage: Wenn weder die Ausgangssituation noch das Gegenteil zutrifft, was wäre beides? Diese Lösung enthält alle relevanten Aspekte beider Positionen, die als grundsätzlich positiv angesehen werden. Dabei werden auch die positiven Aspekte der Ausgangssituation sichtbar. Die positiven Intentionen und Werte zu erfragen, die hinter diesen Modellen stehen, ist hier hilfreich und lenkt den Blick auf die übersehene Vereinbarkeit beider Modelle.

Die jetzt entstandene Lösung, ist schon mehr als der kleinste gemeinsame Nenner, da sie die positiven Intentionen und Werte einbezieht.

Diese Lösung wird in vielen Fällen bereits als sehr hilfreich angesehen, da sie nicht mehr im Kontext des ursprünglichen Dilemmas zwischen richtig und falsch steht. Dennoch sind wir nach wie vor im bekannten Lösungsraum. Die Gefahr ist groß, dass die Beteiligten in das ursprüngliche Dilemma zurückfallen.

Nehmen wir hier unser Beispiel zur Hand. Beides könnte z. B. darin bestehen, dass wir eine Lösung finden, in der wir die Kosten nicht auf ein absolutes Minimum drücken müssen und gleichzeitig die Wettbewerbsfähigkeit hergestellt werden kann, indem wir durch eine Marketingkampagne unsere Produkte im Zielmarkt deutlicher hervorheben.

Schritt 4 - Keines von beidem

Wenn es ein „beides" gibt, dann gibt es auch ein Gegenteil von diesem. Dies ist weder das eine noch das andere und auch nicht beides. Mit dieser Perspektive auf die Dinge wird die Kausalität erkennbar, die zum ursprünglichen Thema geführt hat. Die Beteiligten können so die zentralen Werte erkennen, die als Antrieb für das ursprüngliche Thema bedeutsam sind. Auch die Wertehierarchie wird sichtbar. Gleichzeitig können neue Optionen erkannt werden, die für eine Lösungsfindung von Bedeutung sind.

Da wir jedoch auch hier noch mit dem ursprünglichen Problem über die Werte verbunden sind, ist die Gefahr groß, den ganzen Zyklus noch einmal zu durchlaufen und wieder in das ursprüngliche Modell zurückzufallen. Typisch ist an dieser Stelle, dass jetzt die Beteiligten nacheinander noch einmal alle bisher gefundenen Lösungsvarianten durchlaufen.

Nehmen wir noch einmal unser Beispiel: Es werden weder die Kosten gesenkt noch wird die Wettbewerbsfähigkeit vollständig hergestellt. Es wird auch keine Marketingkampagne gefahren, um die Produkte im Markt hervorzuheben. An dieser Stelle bedarf es erst einmal einiger Überlegung, dieses Gegenteil in der inneren Repräsentation finden zu können. Werfen wir einen Blick auf die Werte, dann könnten z. B. die Wertstabilität und Nachhaltigkeit der Produkte eine zentrale Bedeutung haben. Das Ergebnis dieses Schrittes könnte z. B. sein, die Wertstabilität und Nachhaltigkeit der Produkte derart im Markt zu kommunizieren, dass ein direkter Vergleich der Wettbewerbsfähigkeit nicht mehr greift.

Schritt 5 - All dies nicht und selbst das nicht!

Alle bisherigen Positionen können betrachtet werden und dann wird gefragt: „Wenn auch diese vier bisherigen Lösungen nicht ausreichend sind, was ist es dann?" Normalerweise tritt hier in der Gruppe eine längere Phase des Nachdenkens ein, da dies die Position ist, aus der heraus wir das bisher Gefundene kritisieren.

Wenn es also weder das eine ist, noch das andere, auch nicht beides und ebenso nicht das Gegenteil von beidem, was ist es dann?

Dieser fünfte Schritt stellt einen kreativen Sprung dar, der ohne eine Musterunterbrechung nicht möglich ist und eine Lösung enthält, die qualitativ neu ist. Sie liegt damit eine Ebene höher als das ursprüngliche Thema.

Nehmen wir wieder unser Beispiel, um diesen Schritt durchzuspielen: Es ist also weder die Kostensenkung noch die voll erreichte Wettbewerbsfähigkeit, es ist nicht die Marketingkampagne und auch nicht der Schritt, die Produkte im Markt anders zu positionieren. Wenn es also all das nicht ist, was ist es dann? Macht man hier den kreativen Sprung der Musterunterbrechung, wird die Anzahl der möglichen Varianten sprunghaft größer. Um nur einige Beispiele zu nennen, könnte hier die Produktpalette im Sinne der Nachhaltigkeit komplett überarbeitet werden oder es werden neue Marktsegmente gefunden, in denen die wesentlichen Merkmale der inneren Qualitäten des Unternehmens eingesetzt werden können.

Die Anzahl der Möglichkeiten wird mit diesem Sprung deutlich größer. Der ursprüngliche Problemfokus wird konsequent verlassen, ohne dass dabei zentrale Werte des Unternehmens beeinträchtigt werden. Geschähe dies, wäre die Lösung nicht auf Dauer haltbar. Gleichzeitig gibt es mit diesem Schritt auch die Möglichkeit, begrenzende und einengende Denk- und Glaubenssätze im Sinne einer Lösung zu transformieren oder neue zu schaffen.

c. Die Vorgehensweise zur systemischen Strukturaufstellung

Auch für die Organisationsaufstellung gilt die alte Projektleiter-Weisheit: „Sage mir, wie ein Projekt beginnt, und ich sage dir wie es endet."

Die **Vorbereitung** der systemischen Organisationsaufstellung ist ein wesentlicher Erfolgsfaktor für das gesamte Verfahren. Sie beginnt bei der präzisen Auftragsklärung, geht über die Wahl der zu betrachtenden Systemebenen, bis hin zur Information der Stellvertreter, die durch den Aufstellenden für bestimmte Systemmitglieder, Systemteile oder Funktionen gewählt werden.

Bei der **Durchführung** geht es im ersten Teil um ein präzises Herausarbeiten der gesamten Systemdynamik. Im weiteren Verlauf wird schrittweise so lange an einem Lösungsbild gearbeitet, bis alle Stellvertreter ein stimmiges Bild vom Gesamtsystem haben. In einem der letzten Schritte nimmt der Aufstellende selbst seine Position im System anstelle seines Stellvertreters ein, um das Gesamtsystem in seiner neuen Form assoziiert zu erfahren.

Die anschließende **Nachbesprechung** dient dazu, die für die Umsetzung der Lösung notwendigen Maßnahmen zu definieren.

Für die Durchführung der Organisationsaufstellung sollten folgende Randbedingungen eingehalten werden. Jeder kann ohne Vorübung oder spezielle Fähigkeiten die Stellvertreterrolle übernehmen. Es können auch Figuren, Karten etc. als Stellvertreter genutzt werden. Frauen sollten durch Frauen und Männer durch Männer dargestellt werden. Niemand stellt sich selbst dar. Der/die Aufstellungsleiter/in (Coach) führt durch das Verfahren.[44]

[44] Vgl. auch Horn, Klaus-Peter, Brick, Regine, Das verborgene Netzwerk der Macht: Systemische Aufstellung in Unternehmen und Organisationen, Offenbach 2001.

Abbildung 23.3 [Phasen der Vorbereitung einer Strukturaufstellung]

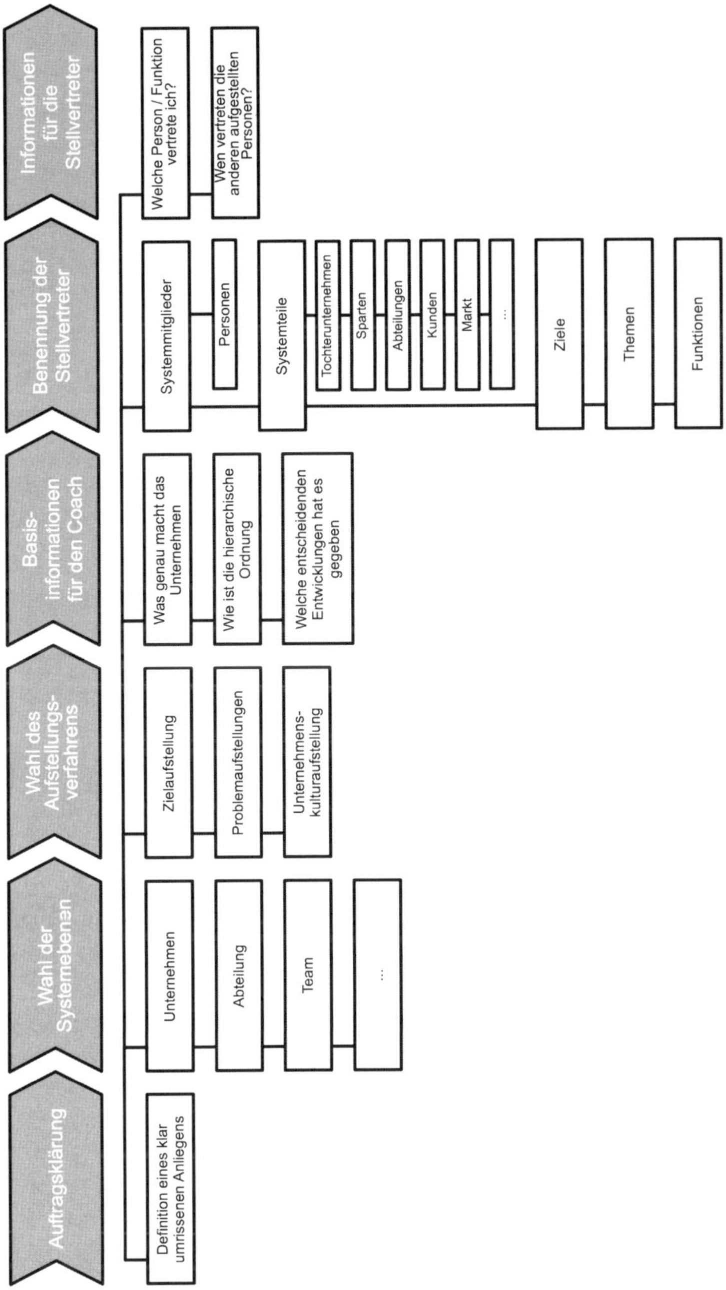

Abbildung 23.4 [Durchführung der Strukturaufstellung]

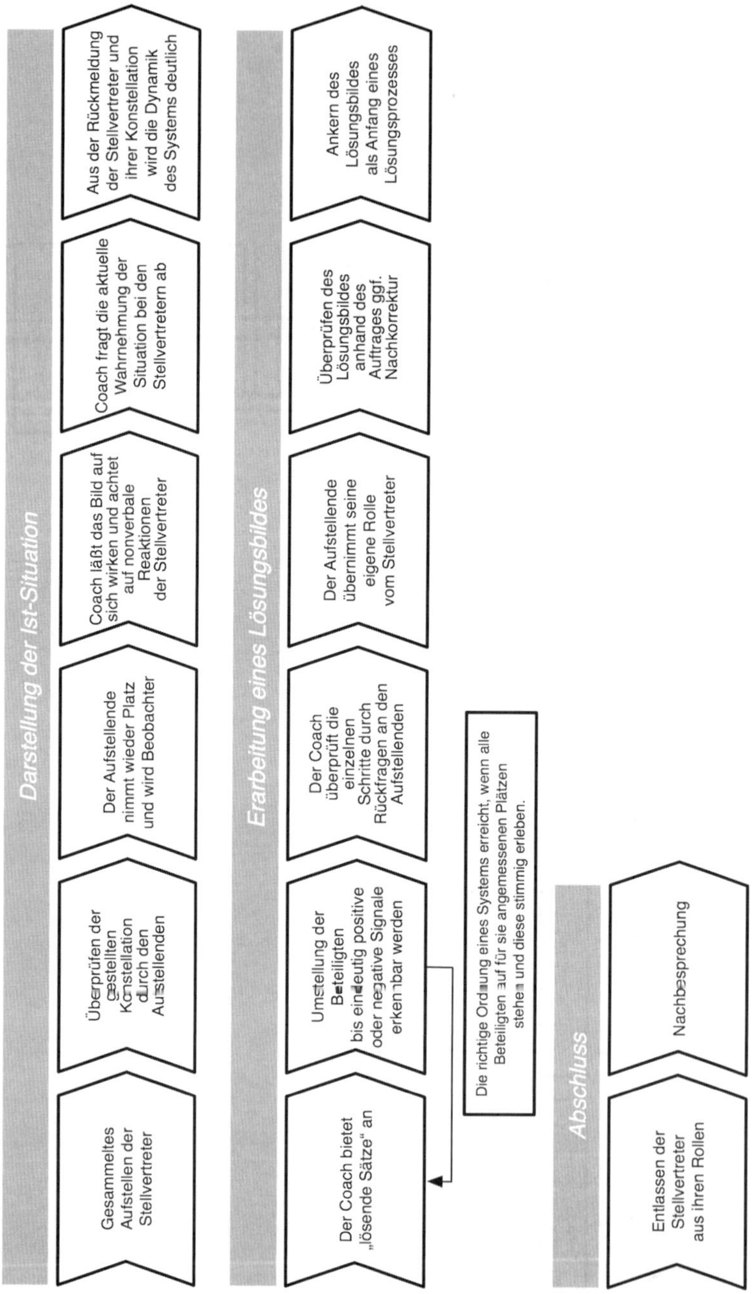

Führung und Zusammenarbeit

„Führungskunst heißt eine Welt zu schaffen, der andere zugehören wollen."

Gilles Pajou

(in: Robert Dilts, Von der Vision zur Aktion)

Visionen, Strategien und deren Umsetzung im Unternehmen stehen und fallen mit der Fähigkeit und Bereitschaft der Führungskräfte, ein Unternehmen kunstvoll zu führen. Die Kongruenz und Stimmigkeit, mit der Führung wahrgenommen wird, ist der zentrale Schlüssel für den Erfolg. Dieser Teil zeigt die wichtigsten Elemente auf, die Führung zu echter Führungskunst machen und zu einer guten und effektiven Zusammenarbeit führen. Hierzu zählen die Würdigung, positives Sponsorship und ein guter Kontakt von und zu den Mitarbeitern bzw. Kollegen genauso wie der konstruktive Umgang mit Konfliktsituationen.

Grundsätzlich ist es nicht entscheidend, ob ein Führungsstil besonders rau oder sanft ist. Von Bedeutung ist allen Führungsstilen die Bereitschaft, Leistung ernsthaft zu würdigen, und die Berechenbarkeit des Verhaltens der Führungskräfte.

Werden Mitarbeiter durch die Führungskräfte nicht gewürdigt, gibt es für diese auch wenig Grund, ihre volle Leistung einzubringen. Das Argument, die Mitarbeiter bekämen doch Geld für ihre Arbeit, zieht nur begrenzt. Ausnahmen bilden vielleicht Finanzinstitute, in denen das Geld zum Selbstzweck geworden ist. Wie sich auch dort zeigt, steigt die Bereitschaft zu Korruption und Manipulation der Unternehmenssysteme, wenn keine übergeordnete Bindung vorhanden ist. Würdigung ist der Schlüssel für Verbindlichkeit, Zugehörigkeit und Sinnhaftigkeit des eigenen Tuns. Die verlässliche Wertschätzung und die Anerkennung der Rolle sind dabei die zentralen Elemente, die für alle Mitarbeiter wie auch für die Führungskräfte die entscheidende Motivationsquelle darstellen. Die bereits auf Seite 30 ff. beschriebenen neurologischen Ebenen sind hier die Bezugsgröße. Wird eine der oberen drei neurologischen Ebenen entscheidend in Frage gestellt, entsteht Irritation und es kommt schnell zur inneren Kündigung.

Würdigung beginnt mit der inneren Haltung, mit der wir mit anderen Menschen umgehen. Sind wir der inneren Überzeugung, die Mitarbeiter und Kollegen seien ebenso kompetent wie wir selbst, ist die Wahrscheinlichkeit sehr groß, diese auch zu erleben. Menschen, die sich durch uns erkannt und gewürdigt fühlen, sind eher bereit, auch uns eine solche Würdigung zukommen zu lassen. Sind wir dagegen der Überzeugung, die anderen seien dümmer, fauler, unfähiger oder Ähnliches, dann ist es nicht verwunderlich, wenn wir eine solche Haltung bei anderen Menschen erleben.

Genauso wesentlich ist die Berechenbarkeit der Entscheidungen. Die Mitarbeiter müssen sich, wenn sie im Sinne der Führungskraft gute Arbeit leisten wollen, an dieser ausrichten können. Jede Unschärfe in der Berechenbarkeit führt zu Unklarheiten in dem, was gewollt oder erlaubt ist. Entscheidet eine Führungskraft an einem Tag so und am nächsten Tag in einer vergleichbaren Sache anders, entsteht Irritation. Die Mitarbeiter erkennen dies sehr schnell und richten ihr Verhalten danach aus. Schon kleine Unschärfen führen dazu, dass die Mitarbeiter bei einer Vorlage oder einer Produktentwicklung einen Teil ihrer Energie darauf verwenden, diese Unschärfe zu berücksichtigen. Interpretationen und übermäßig viele Abstimmungsprozesse statt verlässlicher Klärung sind die Folge.

Eine der wichtigsten Funktionen jeder Führungskraft ist es deswegen, das persönliche Wachstum der Mitarbeiter auf der Identitätsebene zu unterstützen. Das Identitätsempfinden jedes einzelnen Mitarbeiters ist entscheidend für seine Selbstwahrnehmung und damit für sein Rollenverständnis. Diese Selbstwahrnehmung geht weit tiefer als die Werte oder Glaubenssätze eines Menschen. Sie beeinflussen in hohem Maße die Bereitschaft, sich mit der Führungskraft und dem Unternehmen zu verbinden. Eine der höchsten Stufen dieser Identifikation ist erreicht, wenn ein Mitarbeiter in seiner Rolle nicht nur den Beruf, sondern seine Berufung gefunden hat. Auch wenn dies vielleicht nicht bei jedem Mitarbeiter zu erreichen ist, kann doch eine gute Führung die Mitarbeiter sehr nahe an diese Identifikation heranführen.

[24] Die Führungskraft als Sponsor

Das Verständnis von Identität entscheidet darüber, wie sich eine Person oder eine Gruppe wahrnimmt. Inneres Wachstum und Veränderung brauchen deswegen eine spezielle Form der Führungsarbeit, die als Sponsorship bezeichnet wird.

Beim Sponsorship richtet sich die Aufmerksamkeit grundsätzlich auf die Qualitäten und Potenziale der Mitarbeiter sowie die Schaffung einer Umgebung, in der die Mitarbeiter ihre einzigartigen Qualitäten bestmöglich im Sinne der Unternehmensziele zum Einsatz bringen können. Wenn es um die eigenen Ressourcen geht, ist die Führungskraft hier in vielen Fällen auf sich selbst angewiesen. Sie sollte daher im Sinne eines „Selbst-Sponsorships" dafür Sorge tragen, auch die eigenen Kernqualitäten zu fördern und zu sichern.

Sponsorship wird in großen Teilen über die verbale und nonverbale Kommunikation wesentlicher Schlüsselbotschaften vermittelt. Bleiben diese Botschaften aus oder wird gar mit einem negativen Sponsorship gearbeitet, sind die Folgen im Unternehmen oftmals dramatisch. Negatives Sponsorship breitet sich unter den Personen und im Unternehmen aus wie eine Seuche und zerstört große Teile der Leistungsfähigkeit und Leistungsbereitschaft. In der Folge verlassen gute Mitarbeiter das Unternehmen, sobald sie dies können. Jene, die dies aufgrund ihrer persönlichen Situation nicht so einfach können, gehen in die innere Emigration.

Die folgende **Tabelle 24.1** von Robert Dilts[45] zeigt eine vergleichende Zusammenfassung der emotionalen Bedeutung von positivem Sponsorship, Non-Sponsorship und negativem Sponsorship:

[45] Dilts, Robert, Professionelles Coaching mit NLP, Mit dem NLP-Werkzeugkasten geniale Lösungen ansteuern, Paderborn 2005, S. 164 ff.

Tabelle 24.1 [Sponsorship]

Aussage	Emotionale Bedeutung
Positives Sponsorship	
Du wirst gesehen.	Entspannung, Entlastung
Du existierst.	zentriert, in Frieden
Du hast einen Wert.	zufrieden
Du bist einzigartig.	kreativ
Dein Beitrag ist wichtig.	motiviert, energiereich
Du bist willkommen.	zuhause, loyal
Du gehörst dazu.	verbunden
Non-Sponsorship	
Du wirst nicht gesehen.	ängstlich, unsichtbar
Du wirst nicht bemerkt.	süchtig nach Aufmerksamkeit
Du bist nicht wertvoll.	leer
Du trägst nichts dazu bei.	wertlos, nicht gewollt
Du bist kein Teil der Gruppe.	verschoben, vertrieben
Du kannst leicht ersetzt werden.	unbehaglich
Negatives Sponsorship	
Du solltest nicht hier sein.	ängstlich
Du bist nichts.	unwürdig
Du bist ein Problem.	beschuldigt, beschämt
Du bist schlimmer als andere.	inadäquat
Du störst.	schuldig, ein Hindernis
Du bist nicht willkommen.	Verlangen zu gehen, entkommen
Du verdienst es nicht, hier zu sein.	abgelehnt, alleingelassen

[25] Guter Kontakt - Die Basis von Führung und Zusammenarbeit

In *gutem* Kontakt miteinander zu sein, ist die zentrale Grundlage gelungener Kommunikation. Ohne würdigenden und wertschätzenden Kontakt zu den Mitarbeitern bleibt Führung ein rudimentärer Versuch von Leitung. Ist der Kontakt zwischen Führungskraft und Mitarbeitern würdigend und wertschätzend, entsteht durch das gemeinsame Miteinander ein Feld, in dem die Ideen wie von alleine sprudeln und Lösungen leicht und schnell gefunden werden können.

Die zentrale Basis für einen guten Kontakt ist die Bereitschaft, den Kommunikationspartner wirklich verstehen zu wollen. Ohne Kontakt ist keiner von uns in einer Kommunikationssituation in der Lage, seine maximale Leistungsfähigkeit abzurufen.

Umso erstaunlicher ist es, wie viel Zeit und Energie in vielen Führungsetagen investiert wird, um sich abzugrenzen, abzuschotten und in Kommunikationssituationen den Kontakt zu vermeiden. Ein deutlicher Hinweis ist hierfür die abwertende Rhetorik. Die Beispiele auf Seite 179 f. zeigen, welche Folgen damit verbunden sind.

Warum also nicht den einfacheren und besseren Weg des guten Kontaktes gehen? Dies ist auch deswegen sinnvoll, weil die Bereitschaft zum Kontakt grundsätzlich immer gegeben ist, auch dann, wenn sie sich manchmal in zunächst unverständlichen Verhaltensmustern zeigt.

Abbildung 25.1 [Pacing, Rapport, Leading]

Pacing ist der erste Schritt auf diesem Weg. Es bedeutet, sich auf die „Welt des anderen aktiv einlassen". Dies erfolgt auf der ersten Ebene durch das Spiegeln von Körperhaltung und Gestik (Mirroring), durch Anpassen der Sprache (Repräsentationssysteme), der Sprechweise (Geschwindigkeit und Tonalität) und auch des Atemrhythmus. Es reicht jedoch nicht, einen anderen Menschen „nachzuäffen", dies wird im Normalfall sofort erkannt und führt eher zu Abwehr als zu gutem Kontakt. Pacing heißt sich dem anderen wirklich emphatisch zuzuwenden.

Hierzu gehören auch zustimmende Aussagen über Werte wie „das ist auch für mich von Bedeutung ..." oder auf Identitätsebene „da haben wir ja eine ganz ähnliche Rolle ..." und bezogen auf die Zugehörigkeit „da haben wir doch ganz ähnliche Wurzeln ...".

Besonders intensiv sind Pacing-Formen, bei denen auch die emotionale Seite einbezogen wird und das Pacing so weit geht, dass man in den gleichen emotionalen Zustand wie der Gesprächspartner kommt und dies auch (körper-)sprachlich zum Ausdruck bringt (Matching).

Die gegenteilige Haltung ist das „Mismatching", indem die Differenzen und die Andersartigkeit betont werden. Dies führt häufig zum „Rapportbruch" und dem Abbruch der Kommunikation.

Rapport ist das Geschenk, das wir für ein gutes Pacing bekommen. Rapport bedeutet „gutes Einvernehmen". Die Bereitschaft zum Rapport ist immer vorhanden. Es liegt also an uns, ob es uns gelingt, uns auf die Welt des anderen einzulassen und den Raum für ein gutes Einvernehmen zu schaffen. Erst wenn der Rapport vorhanden ist, ist sichergestellt, dass wir einander wirklich verstehen. Rapportbrüche sind immer damit verbunden, dass unsere Möglichkeiten, den anderen zu verstehen, eingeschränkt sind. Es gilt deswegen der Grundsatz:

Ohne Rapport keine Intervention!

Lediglich fünf bis sieben Prozent des Informationsaustausches erfolgen über Sprache. Der Stimme und Tonalität werden ca. 38 Prozent zugeordnet sowie 55 Prozent der Mimik, Körperhaltung und Bewegung (Sinnes-Physiologie). An diesen Zahlen lässt sich ermessen, wie hoch die Bedeutung des Pacing ist, um einen guten Rapport möglich zu machen.

Kommt es zu Rapportbrüchen, ist es unbedingt erforderlich, den Gesprächspartner erst wieder zu pacen, da sonst der Rapportbruch stärker wird und der Kommunikationspartner komplett aus dem Kontakt aussteigt.

Leading ist die Kunst, einen Gesprächspartner, mit dem ein guter Rapport besteht, respektvoll zu führen. Führen bedeutet hierbei jedoch nicht, dem anderen einfach nur zu sagen, was er zu tun oder zu lassen hat, sondern ihm Einladungen zu Veränderungen zu unterbreiten. Veränderung gelingen immer nur dann, wenn der Kommunikationspartner sein eindeutiges O. K. gibt. Hierzu gehören u.a. bewusste kleine Veränderungen in der eigenen Körpersprache, Gestik, Mimik, Atemweise oder auch sprachliche Interventionen. Leading bedeutet daher, im guten Einvernehmen ein Angebot zur Veränderung in die Mitte zwischen die Kommunikationspartner zu legen. Ist der Rapport gut, kann das Leading hier sehr weit reichen, wie die Veränderungsarbeit in der Coachingpraxis immer wieder zeigt.

a. Von der Konfliktbewältigung zur Konfliktprävention

„Nach der Lösung ist es oft schwer, die Bestandteile des Problems noch klar zu erkennen: Problem und Lösung sind oft nur die Eigenschaft der Struktur; sie entstehen beide durch unterschiedliche Arten und Weisen, die gleichen Elemente zueinander in Beziehung zu setzen."

Mathias Varga von Kibed und Insa Sparrer

(Ganz im Gegenteil!)

Ein Konflikt ist von allen möglichen Wegen der, der am meisten Kraft, Zeit und im Unternehmen häufig auch Geld kostet. Konfliktpotenziale im Vorfeld zu minimieren, ist damit der ressourcevollste und wirtschaftlichste Weg. Indem sich die Beteiligten ihre eigenen Bedürfnisse vergegenwärtigen, besteht die Möglichkeit, die Problemfelder in Ziele zu transformieren. Denn jedes Problem, jeder Fehler ist ein Ziel, das auf dem Kopf steht.

Bereits in der Schule und oftmals zu Hause lernen wir in erster Linie, auf Fehler und Unvollständigkeiten zu sehen. Bei dieser Form der Betrachtung werden die Fehler und damit verbundene Probleme stark fokussiert und die bereits vorhandenen Leistungen werden ausgeblendet. Die Probleme werden übergroß im Vergleich zu den erbrachten Ergebnissen.

Konflikte sind in erst einmal Probleme, die von den Beteiligten nicht aufgelöst werden konnten. Grundsätzlich gilt dabei: Der Konflikt entsteht nur deswegen, weil aus Sicht des Konfliktpartners ein Bedürfnis nicht erkannt und/oder gewürdigt wurde.

Ein erster Schritt zur Konfliktprävention bedeutet daher, gar nicht so sehr Konflikte frühzeitig zu erkennen. Vielmehr geht es darum, die Beteiligten zu befähigen, die Bedürfnisse des anderen zu erkennen und sowohl angemessen als auch lösungsorientiert darauf zu reagieren.

Nehmen wir einen alltäglichen Konflikt aus dem Berufsleben: Ein Vorgesetzter ist mit den Arbeitsergebnissen seines Mitarbeiters nicht zufrieden.

Eine häufig anzutreffende Reaktion ist, direkt auf die Fehler und Mängel einzugehen. Die Reaktion der meisten Mitarbeiter ist oftmals zwar zustimmende Erkenntnis, doch der Zustand, indem der Mitarbeiter sich nach dem Gespräch befindet, ist erst einmal ressourcenarm. Normalerweise braucht ein Mitarbeiter dann mehrere Stunden, manchmal sogar Tage, um diese Reaktion zu verarbeiten und einen neuen Lösungsweg zu kreieren. Ob dieser besser ist als der alte, ist dabei nicht sichergestellt, da mit der Kritik allein der Lösungsraum des Kritisierten nicht erweitert wurde.

Nutzen wir den Weg der Konfliktprävention, macht der Vorgesetzte im ersten Schritt deutlich, woran er erkennen wird, dass das Ziel vollständig erreicht ist. Je genauer und eindeutiger das zu erreichende Ergebnis beschrieben wird, desto klarer ist die Vorstellung des Mitarbeiters (vgl. hierzu auch Seite 95 ff.).

Bezogen auf den hier abgebildeten Konflikt muss auch beachtet werden: Der Konflikt existiert nur, weil ein Bedürfnis des Vorgesetzten nicht erfüllt ist. Ob dieses Bedürfnis berechtigt ist oder nicht, ist zunächst nicht relevant. Dabei kann es sich z. B. um das Bedürfnis handeln, dass die eigene Abteilung gute Leistungen bringt, damit der Vorgesetzte selbst gewürdigt wird. Es gibt aber auch Bedürfnisse wie etwa die Weitergabe des selbst empfundenen Drucks durch die übergeordneten Vorgesetzten. Die Anzahl möglicher Bedürfnisse ist bei den Beteiligten hoch.

Für alle Beteiligten gilt: Ein Konflikt ist von allen möglichen Wegen derjenige, der am meisten Kraft, Zeit und im Unternehmen häufig auch Geld kostet. Konfliktpotenziale im Vorfeld zu minimieren, ist damit der ressourcevollste und wirtschaftlichste Weg. Indem sich die Beteiligten ihre eigenen Bedürfnisse vergegenwärtigen, besteht die Möglichkeit, die Problemfelder in Ziele zu transformieren. Denn jedes Problem, jeder Fehler ist ein Ziel, das auf dem Kopf steht.

Kann der Mitarbeiter erkennen, was das Bedürfnis seines Vorgesetzten bezogen auf das Konfliktthema ist, und kann er erkennen, wann das Problem vollständig gelöst ist und wie er dies erreichen kann, löst sich der Konflikt auf. Wird im Sinne des positiven Sponsorships (vgl. hierzu auch Seite 179 f.) im Rahmen der Konfliktlösung auch die persönliche Wertschätzung gegenüber dem Mitarbeiter deutlich, ist dies im besten Sinne Konfliktprävention statt Konfliktbewältigung.

Die nachfolgende **Abbildung 25.2** zeigt, wie ein Konflikt geklärt werden kann und gleichzeitig dadurch die Basis geschaffen wird, um künftigen Konflikten vorzubeugen.

Abbildung 25.2 [Konfliktklärung und Konfliktprävention]

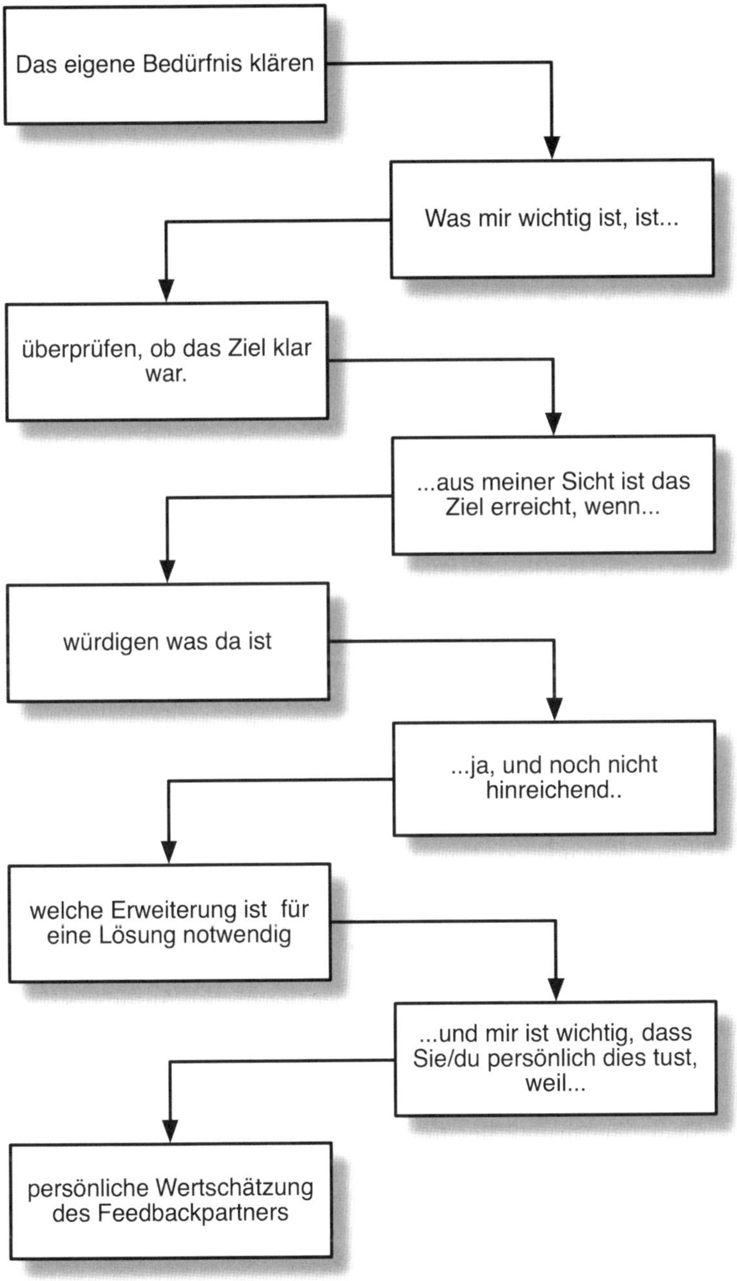

[26] Wahrnehmen statt interpretieren - Umgang mit Irritationen

„Irritation ist unser bester Freund."

Tom Andreas

Die eigene Wahrnehmung zu überprüfen eröffnet die Möglichkeit, individuelle Bewertungen zu kontrollieren und zu erkennen, was eigentlich tatsächlich konkret beschreibbar geschieht. Durch diese Rückbesinnung auf die Beschreibung werden wir auch in komplexen kommunikativen Situationen in die Lage versetzt, einen klaren Blick auf die Kommunikation zu bekommen. Der Nebel der Interpretationen verschwindet und es entsteht ein deutlich größerer Wahrnehmungsraum, in dem Lösungen gefunden werden können.

Irritationen und Konflikte entstehen in der Kommunikation oftmals durch eine „zu frühe" Interpretation des Wahrgenommenen. Dabei ordnen wir eine Teilinformation des Wahrgenommenen in unsere bereits bekannten Muster ein und vollenden innerlich den Kommunikationsprozess. Eine solche Interpretation erfolgt auf verbaler Ebene durch eine sprachliche Unterbrechung. Gleiches geschieht aber auch auf der nonverbalen Ebene. Wir interpretieren, anstatt tatsächlich wahrzunehmen, und unterbrechen damit die Möglichkeiten, den anderen wirklich zu verstehen. Dabei stülpen wir anderen eine Maske über, mit der wir dann kommunizieren. Missverständnisse und Konflikte sind die logische Folge. Diese schnelle Zuschreibung von Beurteilungen und Bewertungen wird oftmals als Menschenkenntnis verstanden. Da wir durch die schnelle Interpretation auch unsere eigene Wahrnehmung und Körpersprache beeinflussen, bestätigen wir häufig unser Modell der Welt und die damit verbundenen „Vorurteile".

Da im kommunikativen Prozess der nonverbale Anteil bei über 90 Prozent liegt, ist eine genaue Wahrnehmung dieser Ebene eine zentrale Basis gelungener Kommunikation.

Nachfolgend sind einige wichtige Elemente körpersprachlichen Ausdrucks dargestellt, die sinnesspezifisch wahrgenommen werden können:

- **visuell (sehen):**

  Atmung, Atemvolumen und Atemfrequenz, Gesichtsfarbe, Lippengröße und -farbe, Mimik, Augenbewegungen, Pupillengröße und Lidreflex, Hautfeuchtigkeit, Muskelspannung, Haltung und Haltungsveränderungen, ideomotorische (= unbewusste) Bewegungen und Gesten, Körperrhythmus ...

- **auditiv (hören):**

  Sprechtempo, Stimmlage, Lautstärke, Pausen, Sprechrhythmus, Sprachmelodie ...

- **kinästhetisch (fühlen):**

  Hauttemperatur, Feuchtigkeit, Muskelspannung, Druck ...

- **olfaktorisch/gustatorisch (riechen/schmecken):**

  Alkohol, Schweiß, Parfüm ...

Abbildung 26.1 [Verbale und Nonverbale Kommunikation]

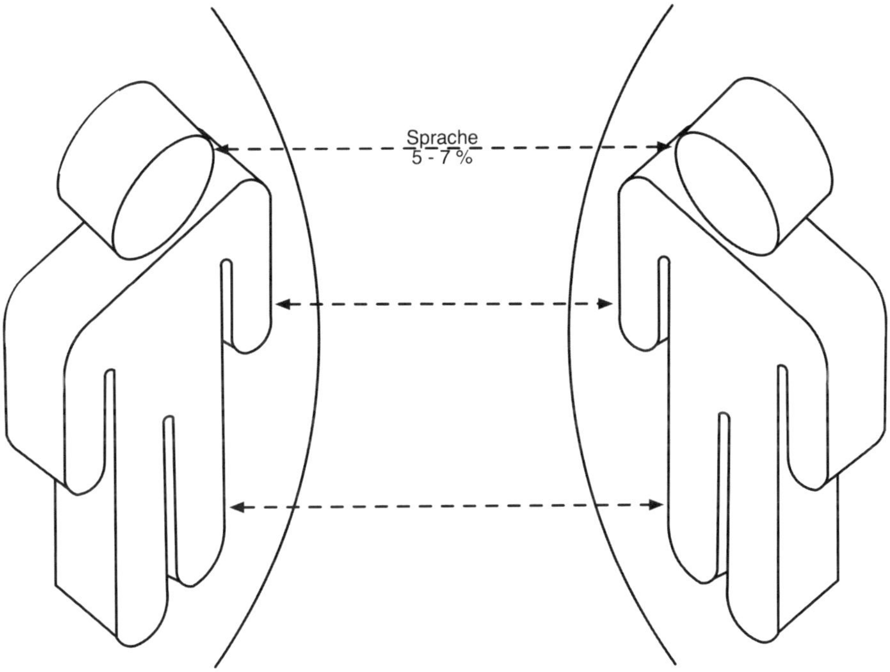

Im Unternehmen können durch diese Art der Kultur des Miteinanders schnell und einfach Lösungen gefunden werden, da mit der Anforderung der konkret erlebbaren Beschreibung eine Bewertung der Ergebnisse erst am Ende steht. So wird erkennbar, wo für eine eindeutige Bewertung noch Informationen fehlen und wann ausreichend viele Informationen vorliegen, um mit der notwendigen Sicherheit Entscheidungen zu fällen.

Die Beschreibung der wirklich beobachtbaren Phänomene und Ereignisse ist bei der Konfliktlösung ein wesentlicher Schritt zur Lösung. Denn ein Konflikt ist letztendlich auch ein Ergebnis der Tatsache, dass mindestens zwei Menschen einander Bewertungen zugeschrieben haben, die beim anderen Widerstände oder Frustration ausgelöst haben.

Arbeitsformat: Wahrnehmung statt Interpretation

Bitten Sie Ihr Gegenüber ein Gefühl auszuwählen und sich intensiv anhand einer konkreten, am besten kürzlich erlebten Situation daran zu erinnern und noch einmal mit allen Sinnen „wiederzuerleben", d.h. sich an alles, was es zu sehen, zu hören, zu fühlen und vielleicht auch zu riechen und zu schmecken gab, zu erinnern. Die Person, die dieses Gefühl noch einmal durchlebt spricht jedoch nicht darüber, sondern begibt nur in den Zustand.

Was können Sie von außen genau wahrnehmen (nicht „interpretieren"!)?

Arbeitsformat: Bewusste Wahrnehmung

1. A (die ausführende Person) erzählt eine spannende oder aufregende kurze Geschichte aus seinem Leben.
2. B (derjenige, der die Übung aktiv begleitet) hört zu, ohne zu unterbrechen, und beobachtet A in Bezug auf Mimik, Gestik, Atemrhythmus, unbewusste Bewegungen, Haltung, Hautfärbung, auf Tonlage, Klang der Stimme, Sprechrhythmus und -pausen, Redegeschwindigkeit, Modulation der Stimme etc.
3. C (der neutrale Beobachter) sieht zu, hält sich dabei die Ohren zu und konzentriert sich ausschließlich auf die Beobachtung der „Sinnes-Physiologie" von A.
4. Danach Informationsaustausch über das Wahrgenommene: Was haben Sie mitbekommen? Hat C mehr Informationen über die Sinnes-Physiologie und wie viel vom Inhalt trotz fehlender Worte mitbekommen?

[27] Wahrnehmungspositionen zur Klärung von Missverständnissen

Wahrnehmungspositionen bezeichnen bestimmte Blickwinkel oder Perspektiven, aus denen wir eine Situation oder Erfahrung wahrnehmen. Sie dienen der Anreicherung unserer „inneren Landkarte", dem besseren Verständnis und meist auch der Schaffung neuer Wahlmöglichkeiten, die uns den Prozess der Kommunikation erleichtern.

Die Wahrnehmungspositionen beschreiben in der Regel den Standort aus der Ich-Perspektive, der Du-Perspektive, der Perspektive eines neutralen Beobachters und der sogenannten Meta-Position („Der Beobachter hinter dem Beobachter"). Die Wahrnehmungserweiterung hilft uns dabei, eine Vielzahl an neuen Informationen zu sammeln und daraus zu lernen. Bereits bei der Klärung der Beziehung zwischen Kunden und Unternehmen wurde gezeigt, wie Wahrnehmungspositionen eingesetzt werden können (vgl. Seite 163 ff.).

Auch im Rahmen von Führung und Zusammenarbeit bietet dieses NLP-Format die Möglichkeit, mit wenig Aufwand Konfliktpotenziale frühzeitig zu entschärfen. Viele Konflikte entstehen, weil es im Rahmen des Kommunikationsprozesses zu Missverständnissen kommt. Mit Hilfe der Trennung der Wahrnehmungspositionen ist es möglich, hier wieder einen klaren Blick auf die Kommunikationsprozesse zu bekommen und die Situation sachlich zu beschreiben.

Es gibt ein Minimum von drei Sichtweisen, wie wir unsere Erfahrungen betrachten können. Man kann erstens eine Erfahrung aus der eigenen Perspektive der Ich-Position betrachten. Zweitens kann man den Blickwinkel einer anderen Person einnehmen und nachvollziehen, wie diese Person die Situation erleben würde. Wir nennen das die Du-Position. Drittens können wir die Situation aus der Perspektive eines neutralen Beobachters betrachten. Diese unterschiedlichen Positionen einzunehmen, ermöglicht es uns, die Konfliktsituationen besser zu verstehen und ggf. aufzulösen, weil wir deutlich besser verstehen, was eine andere Person in einer bestimmten Situation antreibt. Durch die Nutzung von Bodenankern wird mit diesem Format erreicht, die einzelnen Perspektiven klar voneinander zu trennen und so Vermischungen sowie den damit verbundenen vermischten Zustand aufzulösen. Durch das bessere Verständnis unserer „Landkarte" der Kommunikation entstehen neue individuelle Wahlmöglichkeiten.

Abbildung 27.1 [Wahrnehmungspositionen]

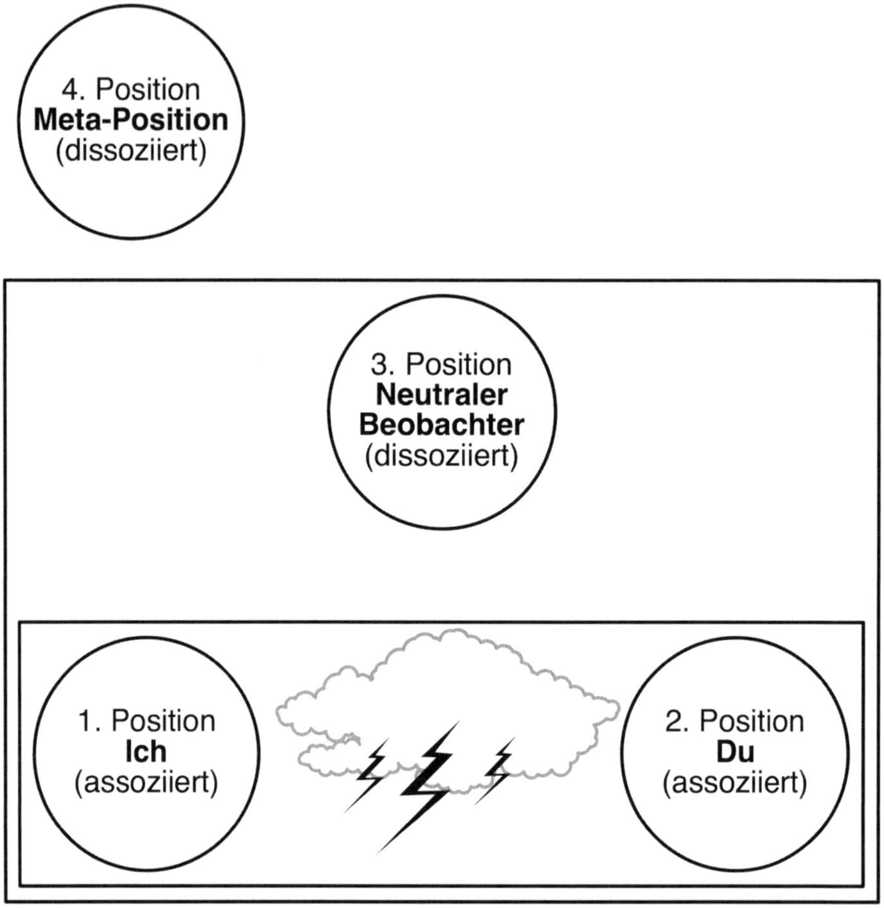

Arbeitsformat: Wahrnehmungspositionen

1. A (derjenige, der den Konflikt erlebt) sucht eine konflikthafte Situation zwischen sich und einer anderen Person, zu der er /sie mehr Informationen gewinnen möchte und Lösungen sucht. Handelt es sich um einen wiederkehrenden Konflikt oder ein Konfliktmuster, wählt A eine spezifische, konkrete Situation, in welcher der Konflikt aufgetaucht ist.

2. B (der unterstützende Begleiter) bittet A, für die drei Wahrnehmungspositionen von der Metaposition aus drei entsprechende Standorte im Raum festzulegen und mit Zetteln zu markieren.

3. B lädt A ein, sich auf der ersten Position den Konflikt noch einmal zu vergegenwärtigen („assoziiert") und die folgenden Fragen für sich zu beantworten:

   - **(Erste Runde)** Was ist aus dieser Perspektive das grundsätzlich Positive an dieser Beziehung?
   - **(Zweite Runde)** Wie fühlen Sie sich hier? Wie erleben Sie den anderen? Wie erleben Sie die Beziehung, den Konflikt? Was genau tun Sie hier?
   - **(Dritte Runde)** Welches grundlegende Motiv haben Sie hier? Welche grundlegende positive Absicht steckt hier hinter Ihrem Verhalten?
   - **(Vierte Runde)** Was möchten Sie? Was wollen Sie grundsätzlich von dieser Beziehung? Was bedeutet der Konflikt im Zusammenhang mit den genannten Wünschen?

4. B lädt A ein, sich auf der zweiten Position (ebenfalls „assoziiert") den Konflikt noch einmal zu vergegenwärtigen und die folgenden Fragen für sich zu beantworten:

   - **(Erste Runde)** Was ist aus dieser Perspektive das grundsätzlich Positive an dieser Beziehung?
   - **(Zweite Runde)** Wie fühlen Sie sich hier? Wie erleben Sie den anderen? Wie erleben Sie die Beziehung, den Konflikt? Was genau tun Sie hier?
   - **(Dritte Runde)** Welches grundlegende Motiv haben Sie hier? Welche grundlegende positive Absicht steckt hier hinter Ihrem Verhalten?
   - **(Vierte Runde)** Was möchten Sie? Was wollen Sie grundsätzlich von dieser Beziehung? Was bedeutet der Konflikt im Zusammenhang mit den genannten Wünschen?

5. B lädt A ein, sich auf der dritten Position (als der unbeteiligte, neutral-wohlwollende Beobachter) „dissoziiert" den Konflikt noch einmal zu vergegenwärtigen und die folgenden Fragen für sich zu beantworten:

   - **(Erste Runde)** Was gibt es hier von außen aus der Perspektive des unbeteiligten Beobachters an grundsätzlich Positivem an dieser Beziehung zu entdecken?
   - **(Zweite Runde)** Was gibt es von außen an Verhalten und Beziehung zwischen beiden zu entdecken?
   - **(Dritte Runde)** Wie wirken hier von außen betrachtet die Motive? Welche positive Absicht ist hier von außen zu erkennen? Gibt es vielleicht Gemeinsamkeiten in der positiven Absicht?
   - **(Vierte Runde)** Was bedeutet hier von außen gesehen der Konflikt im Hinblick auf die genannten Wünsche?

6. B lädt A ein, wieder auf der Meta-Position die Frage für sich zu beantworten:

   Was haben Sie an neuen Informationen gewonnen, wenn Sie sich die ganze Situation hier von außen noch einmal anschauen? (Dissoziiert!)

Jeweils am Ende der Runden das Betrachten und „Einsammeln" der neugewonnenen Informationen auf der Meta-Position nicht vergessen!

Projektmanagement

„Sage mir, wie ein Projekt beginnt, und ich sage dir, wie es endet."

Unbekannter Projektleiter

Fast alle Organisationen stehen heute verstärkt vor der Herausforderung, innerhalb kurzer Zeiträume komplexe Lösungen zu erarbeiten und zu implementieren, um im Wettbewerb bestehen zu können. Aufgrund dieser Anforderungen stößt an vielen Stellen die funktionale Unterteilung von Organisationen immer dort an Grenzen, wo interdisziplinäre Lösungskompetenz gefordert ist. Als Konsequenz wird zur Lösungsfindung und Implementierung der Ergebnisse verstärkt auf Projektarbeit gesetzt. Im abschließenden Teil erfahren Sie mehr über die Merkmale eines Projektes und wie Sie anhand des Projekt-Reviews überprüfen können, ob alle Parameter berücksichtigt wurden, um das Projekt erfolgreich auszugestalten und sicher ins Ziel zu bringen.

Die Grundidee der Projektarbeit ist sehr einfach: Menschen aus unterschiedlichen Organisationseinheiten bringen ihr Know-how zusammen und organisieren sich, um ein gemeinsames Ziel mit begrenzten Ressourcen in einem vereinbarten Zeitrahmen optimal zu erreichen. Ein Projekt ist ein zielgerichtetes, einmaliges, zeitlich begrenztes Vorhaben, das in einer bestimmten Organisationsform im Unternehmen realisiert wird. Von anderen Vorhaben unterscheidet es sich durch seine Größe, Bedeutung, Komplexität, Neuartigkeit, sein Risikopotenzial und seine Kostenrelevanz.

Für die Führungsarbeit entsteht durch die oben beschriebene Herausforderung ein Widerspruch: Ein Projekt befindet sich aufgrund seines Charakters außerhalb des Tagesgeschäftes, gleichzeitig hat es aber spätestens nach Beendigung unmittelbare Auswirkungen darauf. Folglich versuchen die Führungskräfte, Projekte, soweit möglich, innerhalb ihres Zuständigkeitsbereiches von eigenen vertrauenswürdigen Mitarbeitern durchführen zu lassen. Diese Mitarbeiter sind jedoch in den meisten Fällen auch diejenigen, die im Tagesgeschäft eine zentrale Bedeutung haben. Handelt es sich um kleine Projekte, ist dies sicherlich kein größeres Problem. Sind die Projekte jedoch größer dimensioniert, können diese Arbeiten nicht mehr neben dem Tagesgeschäft erledigt werden. Ein spezifisches Projektmanagement ist dann unbedingt erforderlich.

Arbeitsteilung hat die Menschen auseinandergeführt, Projektmanagement muss sie wieder zusammenführen[46].

Projektarbeit hat als Organisationsform dort ihren Sinn, wo die Linienorganisation nicht in der Lage ist, die anstehenden Aufgaben zu bewältigen. Die auf Aufgabenteilung, Bereichsabgrenzung und Einzelentscheidungen beruhende hierarchische Organisationsform ist komplexen Aufgabenstellungen nicht gewachsen. Quer zur Linienorganisation werden Projekte durchgeführt, die ein schnelleres und leistungsfähigeres Handeln ermöglichen sollen. Bereichsdenken wird ebenso in Frage gestellt wie Hierarchiebarrieren. Erfolgreiche Projektarbeit erfordert und schafft Strukturen, die der Linienorganisation widersprechen, sie fördert partnerschaftliche Verhaltensweisen. Man kann von einer „horizontalen Kultur" sprechen.

Projektmanagement ist eine besondere Arbeits-, Organisations- und Führungsform.

Immer noch wird Projektmanagement oft auf das Thema Projektmanagementmethoden reduziert. Projektmanagement auf Projektstrukturplan, Netzplantechnik oder Zeitschätzverfahren zu begrenzen, würde bedeuten, eine Expedition in ein unbekanntes Gebiet mit der Fähigkeit, einen Expeditionsplan zu erstellen, gleichzusetzen. Erfolgreiches Projektmanagement ist jedoch viel mehr: Es bedeutet die Einführung einer spezifischen Organisationsform, die neben und in der bestehenden hierarchischen Organisation wirkt. In der weitverbreiteten Form der Projektorganisation werden die Mitarbeiter temporär in die Projektgruppe delegiert und bleiben disziplinär ihren Linienvorgesetzten, fachlich aber dem Projektleiter unterstellt. Dies bedingt bei allen Beteiligten eine hohe Akzeptanz und ein entwickeltes Führungs- und Organisationsverständnis für das Projektmanagement, denn Doppelunterstellungen sind anfällig für Störungen.

Erfolgreich ist Projektmanagement dann, wenn es im Unternehmen von Mitarbeitern und Führungskräften als eine besondere Arbeits- und Organisationsform in und neben der bestehenden Linienorganisation verstanden und als umfassendes Führungskonzept gelebt wird. Ferner müssen Projektziele, Projektaufgaben, Projektorganisation sowie die Instrumente zur Planung, Überwachung und Steuerung des Projektes aufeinander abgestimmt werden und eine Einheit bilden.

Projektmanagement bedeutet, Widersprüche ressourcevoll zu klären.

Es kann leicht zu Rollenkonflikten zwischen dem Linienvorgesetzten und dem Projektleiter kommen. Die primäre Aufgabe der Linie besteht darin, das Tagesgeschäft zu bewältigen. Im Gegensatz dazu hat der Projektleiter die Aufgabe, Innovationsprozesse durchzuführen. Beide benötigen dazu personelle Ressourcen, oft den- oder dieselben Mitarbeiter. Beide müssen ihre Rolle in der Organisation erfüllen, was zu Interessenkonflikten führen

[46] Vgl. zu den nachfolgenden Absätzen auch, Hansel , J., Lomnitz, G., Projektleiter-Praxis, 2. Aufl. Berlin, Heidelberg 1993.

kann. Gleichzeitig sind beide aufeinander angewiesen und müssen die Ressourcenprobleme lösen. Das Management hat die Prioritäten zu setzen, gerade dann, wenn der Rollenkonflikt zwischen Linie und Projekt auch bei großem Verständnis von den Beteiligten nicht aufzulösen ist.

Projekte leiden darunter, wenn Probleme nicht rechtzeitig genug erkannt werden. Sie werden ausgeblendet oder aus Gründen der fehlenden Qualifikation einfach nicht gesehen. Bekannte Probleme und Fehlentwicklungen werden nicht klar genug mit dem Management besprochen, vor allem dann, wenn andere Bereiche tangiert werden oder es sich um das Management auf den höheren Führungsebenen handelt. Bei Fehlentwicklungen im Projekt muss auch die Frage gestellt werden, was getan wurde, um Konflikte zu lösen bzw. die Situation zu stabilisieren (vgl. hierzu auch Seite 139 ff. und 179 ff.).

Projektarbeit bedeutet bereichsübergreifende Kooperation.

Der Erfolg eines Projektes wird durch die aktive, rechtzeitige Mitarbeit aller am Projekt beteiligten Stellen bestimmt. Die zentrale Voraussetzung für erfolgreiche Projektarbeit ist die Klärung der Rollen im Projekt: Welche Aufgaben übernehmen die verschiedenen Fachbereiche und wie können deren Ressourcen optimal aufeinander abgestimmt werden? Die Rollen müssen verstanden und die Beteiligten damit einverstanden sein. Die bereichsübergreifende Zusammenarbeit kommt sowohl in der Projektorganisation als auch durch die Art und Weise der Zusammenarbeit zum Ausdruck.

Projektarbeit bedeutet hierarchiestufenübergreifende Zusammenarbeit. Um schnell zu klaren Entscheidungen zu kommen, müssen Projektleiter und Projektmitarbeiter dem Management (Auftraggeber, Lenkungsausschuss) ihre Ergebnisse präsentieren und Probleme deutlich mitteilen. Das erfordert von den beteiligten Mitarbeitern und Führungskräften eine Auseinandersetzung mit ihrem Verhältnis zu Macht und Autorität. Projektarbeit bedeutet Grenzen klären und Verbindlichkeit erreichen.

Viele Probleme treten im Projektverlauf deshalb auf, weil vor Projektbeginn nicht fundiert genug geplant und geklärt wurde. Dadurch wird die notwendige Verbindlichkeit und Energie für die Projektarbeit verhindert und es können Abweichungen entstehen.

Projektmanagement bedeutet einen Problemlösungsprozess methodisch gestalten.

Der Problemlösungsprozess umfasst Planung, Steuerung und Kontrolle des Projektes sowie die Koordination mit anderen Projekten und Aufgaben. Methodisches Arbeiten ist notwendig. Dabei helfen Projektmanagementmethoden und -tools. Hierzu gehören z. B. eindeutige Zielklärungen (vgl. Seite 95 ff.), die Zeitprogression (vgl. Seite 101 ff.) oder auch Mindmapping-Werkzeuge sowie Projektplanungs- und -monitoring-Software.

Wesentliche Bestandteile der Projektplanung sind die Personal- und Sachmittelplanung, die Qualitätssicherung sowie die Aufwandsschätzung und Kostenplanung.

Projektmanagement ist ein Lernprozess von Personen, Gruppen und der Organisation.

Die Etablierung des Projektmanagements ist keine einfache Veränderung. Es geht um die Einführung von Strukturen und um die Änderung von Denk- und Verhaltensweisen im Unternehmen. Von zentraler Bedeutung hierbei ist das Bewusstsein, Projekte herausgehoben im Unternehmen zu positionieren, um ihnen über die Organisationseinheiten hinweg die notwendige Handlungsfreiheit zu ermöglichen.

Voraussetzung für ein erfolgreiches Projektmanagement ist ein Organisationsbewusstsein, das durch systematische Projektauswertungen und prozessbegleitende Reflexion erreicht werden kann.

Ein Handbuch ist schnell geschrieben, doch bis es lebt ...

Entscheidend für erfolgreiche Projektarbeit ist letztlich die Entwicklung einer Unternehmenskultur, die Projektarbeit ermöglicht und fördert. Der Einführungsprozess ist das Kernproblem bei der Etablierung von Projektmanagement, er erfordert von allem einen Lernprozess.

In einem „Leitfaden Projektmanagement" sollten die diversen Rollen und die damit verbundenen Aufgaben definiert sein. Dieser Leitfaden kann als Orientierungshilfe für alle Projektbeteiligten dienen. Auftraggeber, Projektleiter, Projektmitarbeiter, Mitglieder des Lenkungsausschusses und die Führungskräfte der Linienorganisation finden hier Informationen zur Projektaufbauorganisation und zur Planung und Steuerung von Projekten.

[28] Merkmale eines Projektes

Eine große Gefahr besteht darin, dass ein Projekt nicht als solches erkannt wird. Oftmals entstehen Projekte aus der Optimierung der normalen Tagesarbeit. So kann z. B. die Erkenntnis, mit einer neuen Software könne ein Arbeitsablauf vereinfacht werden, dazu führen, dass die Arbeitsabläufe über mehrere Geschäftsbereiche hinweg analysiert und neu gestaltet werden müssen.

Ein wichtiger Schritt der Führungsarbeit ist, ein Projekt als solches rechtzeitig zu erkennen und es entsprechend den Anforderungen aufzustellen. Hierzu gehören insbesondere folgende Aspekte:

- Eindeutige und klare Zielvereinbarungen im Sinne der wohlgeformten Ziele (vgl. Seite 95 ff.).
- Definierter Zeitrahmen bis zum vollständigen Abschluss des Projektes.
- Definition aller Ressourcen, die im Projekt benötigt werden, wie Personal, Zeit, Finanzen. Hierzu gehört auch der Rahmen, in dem eigene Mitarbeiter uneingeschränkt für das Projekt zur Verfügung stehen.
- Das Projektmanagement muss so hoch in der Hierarchie angesiedelt sein, dass es auch weitreichende Entscheidungen ohne größere Verzögerungen treffen kann. Gleichzeitig muss mit dieser Aufstellung deutlich werden, wer der Sponsor (der Entscheider auf der Leitungsebene) des Projektes ist und welche Bedeutung es für das Unternehmen hat.
- Eine eindeutige Projektorganisation, die über den gesamten Projektzeitraum Bestand hat und über eine eindeutige innere Strukturorganisation verfügt.

Abbildung 28.1 [Merkmale eines Projektes]

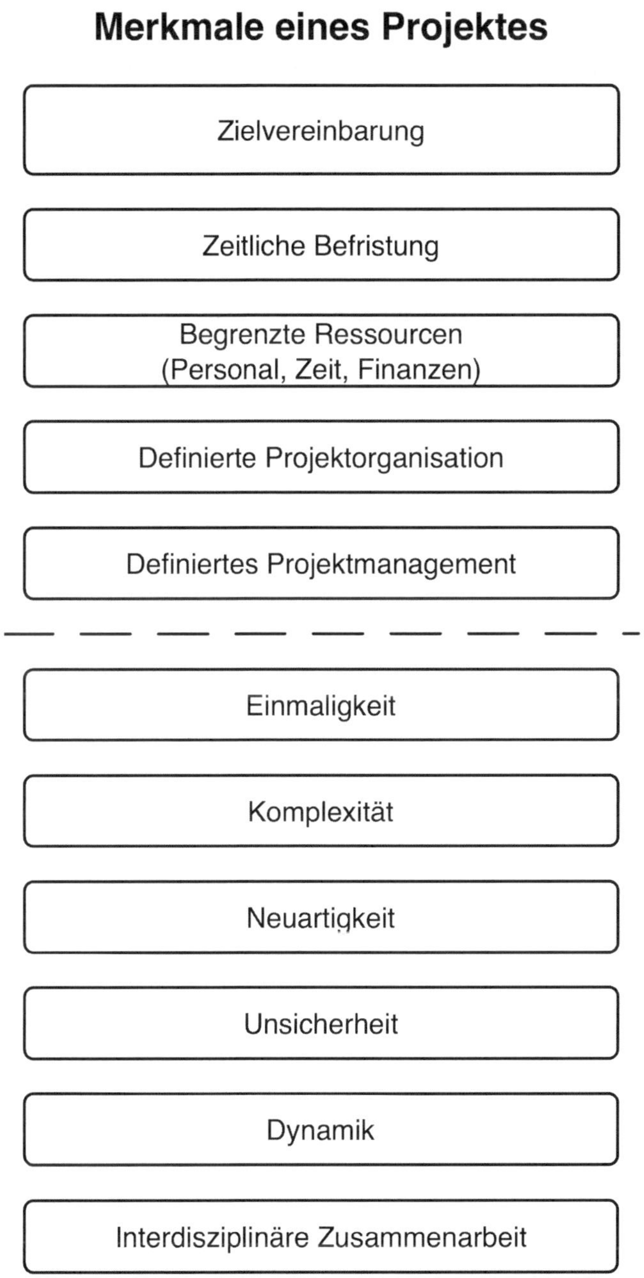

Zielvereinbarung

Im Mittelpunkt von Projekten steht in der Regel die Erreichung bestimmter Sachergebnisse. Als Voraussetzung hierfür müssen diese zu Beginn der Projekte als Ziele eindeutig festgelegt werden (vgl. Seite 95 ff.). Nur über eine ausreichende Zieldefinition mit einer darauf aufbauenden Planung kann ein Projekt überwacht, gesteuert und zu dem gewünschten Erfolg geführt werden. Vorhaben mit einer unzureichenden Zielpräzisierung sind für die Anwendung des Projektmanagements ungeeignet. Grundsätzlich gilt daher, dass geklärt werden muss, was durch das Projekt erreicht sein soll und woran erkennbar ist, dass das Projekt erfolgreich ist.

Zeitliche Befristung

Projekte sind soziale Gestaltungen auf Zeit. Ein Projekt hat eine begrenzte Lebensdauer, die durch einen Anfangs- und Endzeitpunkt definiert ist. Wichtig ist hier darauf zu achten, dass die Projektlaufzeit tatsächlich realistisch definiert ist und begrenzt bleibt.

Begrenzte Ressourcen

Im Vordergrund stehen dabei Begrenzungen, die durch den Budgetrahmen bzw. die Kostenvorgaben auferlegt werden. Die personelle Kapazitätsfrage verbunden mit der Frage nach den erforderlichen Qualifikationen steht oftmals im Vordergrund der Ressourcenproblematik.

Definierte Projektorganisation

Projekte brauchen für den Zeitraum ihrer Durchführung eine definierte Organisationsstruktur. Grundsätzlich muss die Projektorganisation so hoch im Unternehmen verankert sein, dass auf alle beteiligten Bereiche ohne hierarchische Einschränkungen zugegriffen werden kann. Auf dieser Ebene sollte auch das Lenkungsgremium für das Projekt angesiedelt sein, damit Entscheidungen zu Meilensteinen ohne weitere Abstimmungsbedarfe gefällt werden können. Deshalb sollten in diesem Gremium diejenigen Personen sitzen, die für eine Entscheidung benötigt werden.

Die Struktur sollte dabei so angelegt sein, dass das Projektteam überschaubar ist und die Möglichkeit hat, bei Bedarf Experten für Spezialthemen hinzuzuziehen (vgl. **Abbildung 28.2**).

Idealerweise ist ein solches Team nicht größer als sechs bis acht Personen, andernfalls wird sonst auch innerhalb des Projektteams eine eigene Hierarchie notwendig. Sind aus fachlichen Gründen größere Projektorganisationen erforderlich, muss das Projekt in Teilprojekte unterteilt werden, die jeweils Teilprojektteams und etwa die oben genannte Größe haben.

Definiertes Projektmanagement

Projekte oder Teilprojekte ohne eine definierte Projektleitung sind nicht funktionsfähig. Ferner müssen für ein funktionierendes Projektmanagement alle Aufgaben, Verantwortlichkeiten und Kompetenzen klar definiert und vereinbart werden. Die Entscheidungskompetenz für das Projektbudget muss so gestaltet sein, dass das Projektteam im laufenden Projektgeschäft einfach und flexibel arbeiten kann. Gleichzeitig muss geregelt sein, an welchen Stellen und bei welchen Größenordnungen über die Nutzung des Budgets zu berichten ist.

Abbildung 28.2 [Grundmodell der Projektorganisation]

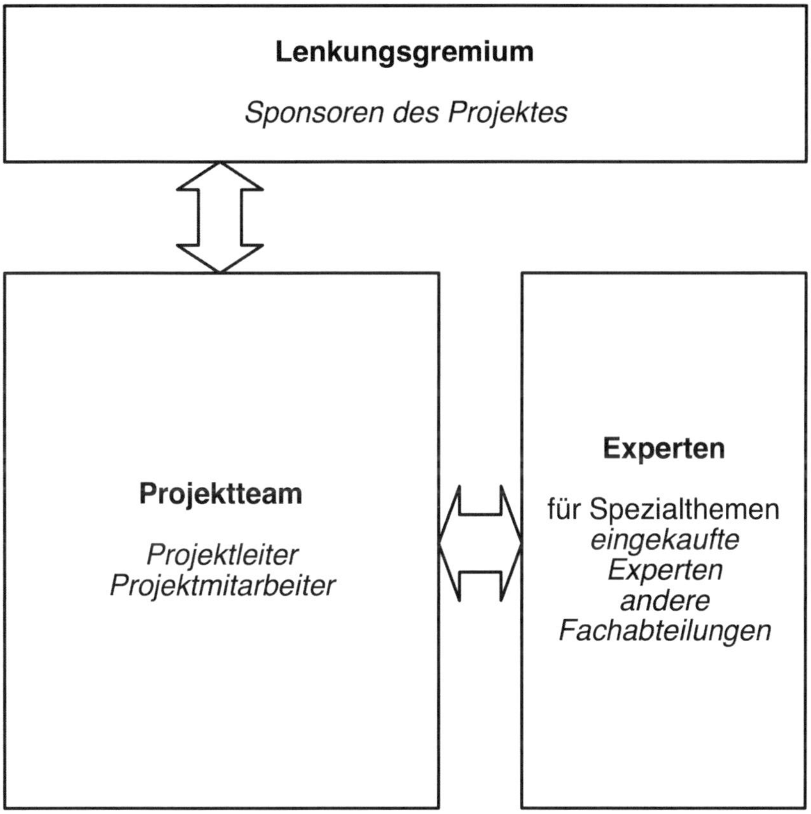

In diesem Kontext gilt es auch zu klären, in welchem Umfang die Projektbeteiligten für die Projektarbeit freigestellt werden müssen und ob ggf. externe Unterstützung erforderlich ist.

Einmaligkeit

Projekte sind gekennzeichnet durch ihre Einmaligkeit. Demzufolge wird das Vorhaben unter spezifischen Bedingungen (Mitarbeiter, Budget, Organisation, technische Ausstattung, usw.) durchgeführt, die sich nicht wiederholen.

Ebenso ist die Zielsetzung der Projektaufgabe in der Regel einmalig. Das gilt für die Gesamtheit der Aufgaben, nicht jedoch für alle Teilaufgaben. So kann der Anteil sich wiederholender Teilaufgaben in Entwicklungsprojekten ziemlich hoch sein. Bei Projekten mit Wiederholungscharakter besteht die Möglichkeit, Projektstrukturen und -abläufe zu standardisieren.

Komplexität

Die Komplexität eines Projektes wird durch Art, Zahl und Zustände seiner Elemente sowie durch die Zahl und Verschiedenheit der Beziehungen zwischen den Elementen bestimmt. Dabei werden nicht nur die Elemente und Beziehungen des Systems (beteiligte Personen und Stellen) betrachtet. Projekte sind Systeme mit einem hohen Komplexitätsgrad. Um die Komplexität zu beherrschen, ist es hilfreich, die in diesem Buch aufgezeigten Formate und Modelle des NLPs und der systemischen Arbeit zu nutzen.

Größe

Die Größe eines Projektes kann als Teilaspekt der Komplexität betrachtet werden. Die Projektgröße kann über die Zahl der Mitarbeiter, Mannjahre, die Zeitdauer des Projektes, das Budgetvolumen, das Auftragsvolumen oder auch über technische Kenngrößen gemessen werden. Die Größe eines Projektes ist ein wichtiger Bestimmungsfaktor für die Ausprägung der Planungs-, Überwachungs-, Steuerungs- und Koordinierungsverfahren in einem Projekt sowie für den Formalisierungsgrad der Projektorganisation.

Neuartigkeit

Mit der Neuartigkeit wird die Erstmaligkeit der Projektergebnisse und/oder auch des Vorgehens zur Erreichung der Ergebnisse (Einsatz neuer Methoden, Werkzeuge, neue Organisationsformen usw.) angesprochen.

Unsicherheit und Risiko

Der Unsicherheitsfaktor in Projekten bezieht sich sowohl auf die Erreichung der gewünschten Sachleistungen wie auch auf die Einhaltung der vorgegebenen Termine und Kosten. Aus den Unsicherheitsfaktoren ergeben sich eine Reihe von Projektrisiken. Diese sind im Verhältnis zu den Projektchancen und dem prognostizierten Projektnutzen zu bewerten. Die Bewertungsergebnisse sind wichtige Daten für die Entscheidung, ob ein Projekt begonnen, weitergeführt, modifiziert oder abgebrochen werden soll.

Dynamik

Mit der Dynamik wird die Häufigkeit, Intensität und Irregularität von Änderungen angesprochen. Forschungs- & Entwicklungs-Projekte (FuE) sind zumeist durch eine hohe Dynamik gekennzeichnet. Dies ist insbesondere dann der Fall, wenn sie eine große Unsicherheit, Innovationskraft und eine längere Laufzeit (z. B. größer als zwei Jahre) haben. Die Änderungen beziehen sich auf die Zielvorgaben, Vorgehensweisen und Randbedingungen des Projektes. Die Änderungsgründe können vielfältig sein, wie z. B. neue Erkenntnisse in der Forschung und Entwicklung, neue oder veränderte Anforderungen des Auftraggebers bzw. des Marktes. Die Dynamik in FuE-Projekten erfordert eine hohe Flexibilität der Projektorganisation.

Interdisziplinäre Zusammenarbeit

Viele Projekte erfordern in zunehmendem Maße die Zusammenarbeit verschiedener Fachdisziplinen. Aufgrund der Breitbandigkeit komplexer Systemvorhaben wird es immer schwieriger, interdisziplinäre Projekte durch einzelne Fachabteilungen oder -bereiche allein abwickeln zu lassen.

Tabelle 28.1 [Muster Projektkontrakt]

Kurzbezeichnung des Projektes	
Zielsetzung	Was ist erreicht, wenn das Projekt fertig ist?
Aufgabenstellung	
Welche Fragen sind zu beantworten?	
Terminziel/Meilensteine	Woran ist erkennbar, dass der Meilenstein erreicht ist? ■ Phase A: … tt.mm.jj ■ Phase B: … tt.mm.jj ■ Phase C: … tt.mm.jj ■ Phase D: … tt.mm.jj
Ökologie-Rahmen	Welche Konsequenzen werden mit der Realisierung des Projektes in Kauf genommen?

Projektleiter	
Projektbeteiligte	
Verantwortung des Projektleiters	
Kompetenzen des Projektleiters	
Laufzeit des Kontraktes	■ Von: tt.mm.jj ■ Bis: tt.mm.jj
Ressourcen (finanziell und personell)	Projektbudget nach Projektphasen: ■ Projektvorbereitung: Reise-, Sach- und Nebenkosten Mitarbeiter/innen: ■ Herr … X Personentage ■ Frau … X Personentage
Berichtswesen Welche Inhalte, wann, an wen?	■ Inhalt: ■ Frequenz: monatlich
Hinweise auf wichtige Rahmenbedingungen/Abhängigkeiten zu anderen Aktivitäten	

Ort, Datum ______________	Ort, Datum ______________
Auftraggeber/in	Projektleiter/in

Tabelle 28.2 [Laufende Projektverfolgung]

Zielsetzung		
Aufgabenstellung		
	Ressourcen	Anmerkung
Geplante Finanzressourcen		
Verbrauchte Finanzressourcen		
Geplante Personalressourcen		
Verbrauchte Personalressourcen		

Tabelle 28.3 [Detaillierte Projektverfolgung]

Lfd. Nr.	Leistungs-paket	Beschrei-bung	Verant-wort-lichkeit	Mit wem	Zeit-rah-men	Status	Erläute-rung	Wieder-vorlage

[29] Projekt-Review

In den meisten Fällen wird über ein Projekt-Review nur dann nachgedacht, wenn es bereits auffällige Probleme in einem Projekt gibt. Ist dieser Zustand erreicht, ist in den meisten Fällen das Projektergebnis in akuter Gefahr. Diese Probleme zu beheben heißt, alle Elemente des Projektes zu überprüfen und ggf. kurzfristig neu auszurichten.

Die ersten Schritte in einem Projekt-Review bestehen in einer sorgfältigen Projektdiagnose:

Welche Zielsetzung hatte das Projekt, als es gestartet wurde?

Nicht selten verändert sich die Zielsetzung im Projektverlauf, da am Anfang nicht wirklich klar war, was erreicht sein sollte, wenn das Projekt fertiggestellt ist. Das Ziel ist gerade in Unternehmen in vielen Fällen ein Vergleichsziel im Sinne eines „besser",„weniger", „größer" etc. Auch sog. Weg-von-Ziele im Sinne es „wir wollen nicht mehr ..." sind hier sehr verbreitet. Ziele dieser Art sind für die Projektarbeit grundsätzlich problematisch. Sie sind für alle diejenigen, die Teil des bisherigen Zustands sind, eine unausgesprochene Kritik. Gleichzeitig werden diese mit einem solchen Projektauftrag verpflichtet, ihren Wahrnehmungsfokus weiter auf das zu richten, wovon man eigentlich weg will. Oftmals fehlt auch die sinnesspezifisch konkrete Formulierung, was genau zu sehen, zu hören und zu erleben ist, wenn das Projekt im besten Sinne gelungen ist.

Zu überprüfen, ob die Zielformulierung am Anfang vollständig war, ist die erste Aufgabe eines Projekt-Reviews. Mit dieser Frage werden in vielen Fällen bereits Gründe für Fehlentwicklungen erkennbar.

Gilt diese Zielsetzung immer noch oder muss sie im Sinne wohlgeformter Ziele (vgl. Seite 95 ff.) neu formuliert werden?

Läuft ein Projekt über eine längere Zeit, kann es, wie oben bereits skizziert, geschehen, dass sich die ursprüngliche Zielsetzung des Projektes verändert. Dies kann so weit gehen, dass von dem ursprünglichen Projekt nur noch der Kern übrig bleibt und die neuen oder veränderten Anforderungen das Projekt dominieren.

Zu Beginn des Reviews sollte daher auf jeden Fall noch einmal die Zielsetzung überprüft werden. Es ist auch empfehlenswert für das Projekt, ein komplettes Pflichtenheft mit allen veränderten Anforderungen aufzunehmen. Nur so lassen sich die neuen oder veränderten Anforderungen präzise einfangen und in das Gesamtprojekt integrieren.

Im Sinne der Wohlgeformtheit der Zielsetzung ist für jede der Anforderungen das positive Ziel ohne Vergleich zu formulieren. Durch diese Vorgehensweise wird auch geklärt, welche positive Intention mit dieser Anforderung verbunden ist.

Durch eine sinnesspezifische Klärung wird genau beschrieben, was als Ergebnis erkennbar sein muss, damit die Anforderung erfüllt ist.

Mit der Frage nach der Selbsterreichbarkeit, die über 51 Prozent liegen sollte, wird der Frage nachgegangen, welche internen und externen Ressourcen tatsächlich für die Anforderung in diesem Projekt zur Verfügung stehen.

Eine präzise Kontextualisierung beschreibt sehr genau den Anwendungsfall oder die Anwendungsfälle, die durch die jeweilige Anforderung erfüllt sein müssen.

Über die Feedback-Kriterien und Meilensteine kann für jede Anforderung exakt geklärt werden, wie was zu welchem Zeitpunkt von wem erreicht sein muss, damit das Projekt erfolgreich ist.

Der abschließende Öko-Check zeigt auf, ob die Beteiligten wirklich bereit sind, alle Konsequenzen in Kauf zu nehmen, die mit dem Projekt selbst und dem Ergebnis verbunden sind. Hier gilt es grundsätzlich, mindestens drei negative Konsequenzen zu finden. Wichtig ist, dass die Konsequenzen von den Beteiligten als wirklich relevant wahrgenommen werden. Fragen, die hier helfen können, sind z. B.:

- Sind die Beteiligten bereit, die notwendigen Zeitressourcen für das Projekt so fest zuzusagen, dass sie durch den Projektleiter eingefordert werden können?
- Was geschieht mit der übrigen Arbeit?
- Wenn das Ergebnis so gut wird wie beschrieben, welche Konsequenzen ergeben sich für die Beteiligten und für mittelbar Betroffene?
- Wie wirkt sich das Projekt auf die beruflichen und privaten Beziehungen der Beteiligten aus?

Sind die sechs Kriterien wohlgeformter Ziele (vgl. Seite 95 ff.) sorgfältig für alle Anforderungen überprüft, entsteht bereits ein erster Überblick über den Projektzustand. Alle Anforderungen, die bis zu diesem Zeitpunkt nicht bereits durch die sechs Kriterien beschrieben sind, bieten Raum für Interpretationen, die zu Irritationen führen können.

Ist die strategische und die wirtschaftliche Bedeutung des Projektes allen Beteiligten verständlich und wird diese bis in die obere Leitungsebene geteilt?

Schon in der Planungsphase eines Projektes sind die Fragen zu klären, welche strategische und welche wirtschaftliche Bedeutung ein Projekt für das gesamte Unternehmen oder den Geschäftsbereich hat. Dabei sollten diese nach Möglichkeit auch unter den Gesichtspunkten der Nachhaltigkeit beantwortet werden (vgl. Seite 84 ff.).

Wird wie in der nachfolgenden **Fehler! Verweisquelle konnte nicht gefunden werden.** die vereinfachte Form der Prüfung der jeweiligen Bedeutung angewendet, müssen unter den beiden Begriffen der wirtschaftlichen und der strategischen Bedeutung die jeweiligen Kriterien gesammelt werden. So wird erreicht, dass nicht einfach mit wichtig und unwichtig argumentiert wird, sondern die Möglichkeit besteht, einzelne Argumente zu sammeln, die die jeweilige Bewertung unterstützen oder entwerten. Das Ergebnis ist ein Stärken-Schwächen-Profil für beide Achsen der Bewertung.

Abbildung 29.1 [Priorisierung von Projekten]

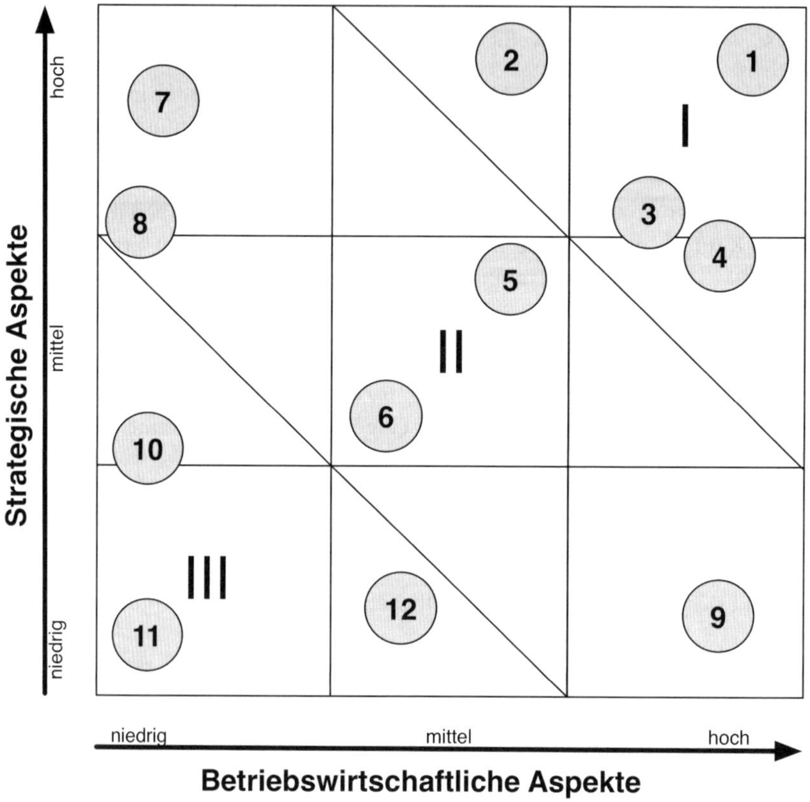

Tabelle 29.1 [Kriterien für die Priorisierung von Projekten]

	unterstützende Kriterien	hinderliche Kriterien
Strategische Bedeutung		
Wirtschaftliche Bedeutung		

Im Rahmen des Reviews geht es darum zu prüfen, ob eine eindeutige Priorisierung des Projektes und der Anforderungen stattgefunden hat und ob die strategische und wirtschaftliche Bedeutung immer noch den gleichen Stellenwert bei den zentralen Entscheidern hat. Haben sich Verschiebungen ergeben, ist zu klären, was hierfür ursächlich ist.

Eine Fortsetzung des Projektes ist für das Unternehmen normalerweise nur dann hilfreich, wenn die strategische und die wirtschaftliche Bedeutung hoch sind und bleiben. Verliert ein Projekt während seiner Laufzeit an Bedeutung, ist dies ein wichtiger Hinweis darauf, dass bereits bei der Konzeption des Projektes relevante Vorbehalte nicht berücksichtigt oder nicht gesehen wurden.

Inwieweit konnte der Projektleiter das Projekt tatsächlich eigenverantwortlich steuern?

Die kongruente Verbindung von Aufgabe, Verantwortlichkeit, Kompetenz und Qualifikation ist ein Grundelement für alle übertragenen Aufgaben (vgl. Seite 154 ff). In einem Projekt wirkt sich jede Unschärfe unmittelbar auf die Leistungsfähigkeit des gesamten Projektteams aus.

Im Review ist daher zu prüfen, ob der Projektleiter neben der Aufgabe und der Verantwortung auch alle notwendigen Kompetenzen hat, um innerhalb des Projektes alle Entscheidungen zu fällen.

In vielen Unternehmen werden für Projekte die Mitarbeiter ausgesucht, denen auch in der Linientätigkeit die höchste Kompetenz zugeschrieben wird. In der Konsequenz bekommen diese Mitarbeiter oftmals beide Aufgaben. Auf der einen Seite sollen sie das Projekt realisieren und auf der anderen Seite ihre „normale" Tätigkeit als Mitarbeiter in der Linienfunktion erfüllen.

Aus dieser Konstellation entstehen mehrere Konflikte:

- Der Mitarbeiter ist ständig im Konflikt zwischen beiden Tätigkeiten, da ein Projekt in der Regel eine Vollzeittätigkeit darstellt.
- Dadurch, dass der Mitarbeiter in seiner Linienfunktion bleibt, bleibt er auch in der hierarchischen Bindung und kann nur begrenzt über den Organisationsbereich hinweg tätig werden.
- Die für die Komplexität des Projektes erforderliche Kompetenz, schnell Entscheidungen zu fällen, wird nur unzureichend übertragen.
- Die Möglichkeit, das Ergebnis verantwortlich zu steuern, ist durch die Einbindung in die Linienfunktion u. U. begrenzt.

Der Projektleiter braucht die Gesamtverantwortung für alle Belange, die im Rahmen des Projektauftrages zu entscheiden sind.

Hat das Projekt einen Sponsor?

Jedes Projekt braucht einen Projektsponsor, für den das Projekt eine zentrale Bedeutung hat. Gibt es keinen engagierten Sponsor, für den die Ergebnisse des Projektes wichtig sind, ist es insbesondere bei länger laufenden Projekten schwierig, die notwendigen Entscheidungen und das notwendige Budget zu bekommen. Demzufolge muss der Sponsor für das Projekt im Unternehmen so hoch verankert sein, dass er alle finanziellen und sachlichen Entscheidungen aus eigener Kompetenz entscheiden oder zumindest effektiv beeinflussen kann.

Für das Review ist zu prüfen, ob das Projekt noch einen Sponsor auf der Leitungsebene hat und wenn ja, welche Bedeutung dem Projekt zukommt. Hier ist zu klären, ob die aktuelle Zielsetzung und die damit verbundene Intention durch den Sponsor konsequent unterstützt werden.

Gibt es keinen Sponsor mehr, weil das Projekt für die Leitungsebene nicht mehr relevant ist, muss die Gesamtbedeutung des Projektes für das Unternehmen geklärt werden. Ist der mit dem Projekt verbundene strategische und wirtschaftliche Wert nicht mehr hoch genug, muss geprüft werden, ob das Projekt beendet werden kann und soll.

Ist die Organisationsstruktur für das Projekt geeignet, um zügig und effizient das Projektziel zu erreichen?

Wie auch in einer normalen Linienfunktion ist der Erfolg entscheidend davon abhängig, ob die Beteiligten ein Ziel in eigener Verantwortung und Kompetenz erreichen können. Für die Organisationsstruktur eines Projektes gilt dies in noch größerem Maße, da durch den Projektcharakter in einem eng begrenzten Zeitfenster Ergebnisse erzielt werden sollen.

Für die Organisationsstruktur eines Projektes brauchen deshalb alle Projektmitarbeiter eindeutige Aufträge, die sie in die Lage versetzen, eigenverantwortlich ihrem Teil zum Projekt zu leisten (vgl. hierzu auch Seite 196). Dies gilt auch für Großprojekte. Hier besteht der Unterschied vor allem darin, die komplexen Kompetenzfelder über eine Hierarchie an den Schnittstellen miteinander zu vernetzen. Idealerweise ist das zentrale Projektteam auf sechs bis acht Personen begrenzt. Auf diese Weise sind Entscheidungen schnell abstimmbar. Für Großprojekte wird das Gesamtprojekt in Teilprojekte unterteilt, bei denen jeweils vergleichbare Strukturen wiederzufinden sind.

Abbildung 29.2 [Modell für die Projektorganisation großer Projekte]

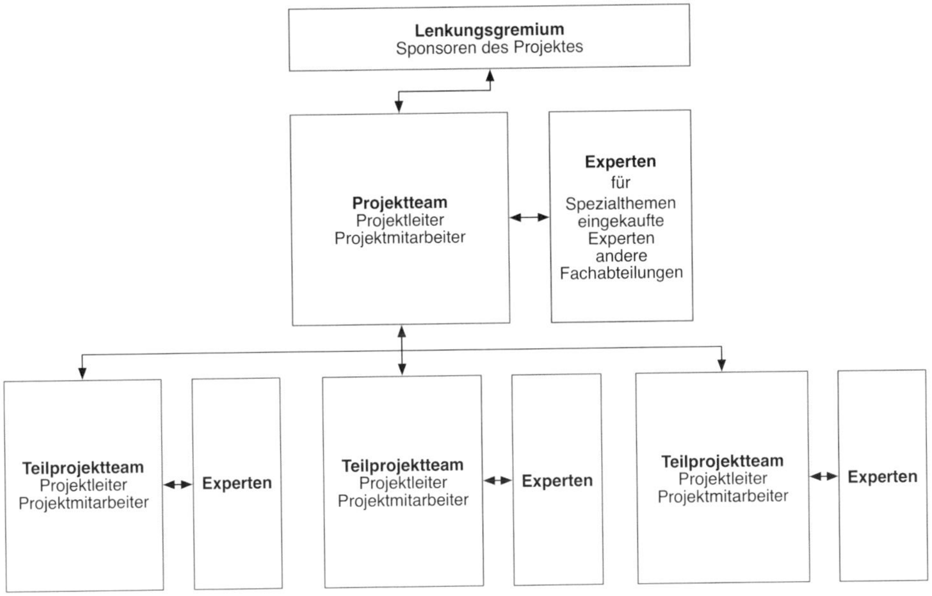

Im Rahmen des Reviews muss also insgesamt geprüft werden, ob die einzelnen Aufgabenbereiche und Kompetenzen eindeutig sind. Überall dort, wo Mitglieder des Projektteams keine eindeutige Zuordnung von Aufgaben, Verantwortlichkeiten und Kompetenzen besitzen, sind organisatorische Veränderungen notwendig. Das gilt auch für Veränderungen, bei denen Aufgaben einer Personengruppe zugeordnet sind, ohne dass die einzelnen Personen genau abgrenzbare Aufgabenbereiche haben.

Dort, wo die Zuständigkeiten zwischen den Beteiligten unscharf sind, müssen diese im Sinne einer Zielklärung über die wohlgeformten Ziele eindeutig zugeschnitten werden.

Sind alle für die Zielerreichung notwendigen Ressourcen vorhanden?

Zu den Ressourcen eines Projektes gehören Personen, Know-how, Infrastruktur und Finanzmittel. Schon bereits bei Projektstart müssen diese Ressourcen verfügbar sein.

Nicht selten werden Projekte gestartet, ohne dass die Personen in vollem Umfang zur Verfügung stehen. Auch bei den Finanzmitteln wird deren Verfügbarkeit häufig nur angenommen. Eine tatsächliche Verfügbarkeit des Budgets ist oftmals nicht gesichert.

Für das Review ergibt sich hieraus die Notwendigkeit, entlang der Projektplanung auch die Ressourcenplanung zu überprüfen. Am einfachsten kann dies entlang der einzelnen Projektphasen und den darin enthaltenen Leistungspaketen erfolgen.

Sind die internen Verhaltensmuster der Beteiligten so geartet, dass sie als Team in der Lage sind, das Ziel zu erreichen?

Oftmals wird vernachlässigt, dass ein Projektteam nur dann seine Ressourcen voll ausschöpfen kann, wenn alle Beteiligten auch auf der Verhaltensebene gut miteinander arbeiten. Dieser Teil des Know-hows trägt im gleichen Maße zum Projekterfolg bei wie das fachliche Wissen.

Für das Review bedeutet dies zu hinterfragen, wie die Teamarbeit bisher funktioniert hat. Da jeder der Beteiligten aus seiner Sicht versucht, sein Umfeld möglichst stimmig zu organisieren, wird die Ursache für ggf. vorhandene Schwierigkeiten selten in der eigenen Person gesucht. Erkennbar werden die Probleme eines Projektteams am leichtesten an folgenden Merkmalen:

- Abstimmungen zwischen den Beteiligten finden nicht statt oder werden nach einer Abstimmung anders umgesetzt als vereinbart.
- Zeitliche Vereinbarungen zwischen den Beteiligten werden nicht eingehalten.
- Ergebnisse einzelner oder von Teilteams werden von anderen Projektbeteiligten abgelehnt.
- Anstelle einer Lösungsorientierung existiert ein Problemfokus.
- Probleme werden nicht innerhalb des Projektteams gelöst, sondern über das Lenkungsgremium oder den Sponsor eskaliert.

Schon beim verstärkten Auftreten eines dieser Merkmale sollte in jedem Fall gemeinsam mit dem Team im Rahmen eines Reviews ein Teamklärungsprozess durchgeführt werden.

Methodisch bietet sich hier das Teamalignment an, das gleichzeitig dazu genutzt werden kann, Unschärfen in der Aufgaben- und Zuständigkeitsabgrenzung zu klären (vgl. hierzu Seite 59 ff.). Bei der Beschreibung der ersten neurologischen Ebenen - Kontext, Umfeld und Ort - werden die Beteiligten gebeten, ihre spezifische Umgebung eindeutig und abgrenzungsscharf zu den anderen Teammitgliedern zu beschreiben. Bereits hier zeigen sich dann ggf. vorhandene Überschneidungen. Auf der zweiten Ebene lassen sich sehr gut die Tätigkeitsfelder abgrenzen. So lässt sich gut beschreiben, wo es an den Schnittstellen Schwierigkeiten gibt. Auf der dritten Ebene lassen sich ggf. fehlende Fähigkeiten erkennen und auch Konflikte, die auf der Ebene der individuellen Kompetenzen zu finden sind. Dies ist immer dann der Fall, wenn bei einzelnen Teammitgliedern die Idee vorhanden ist, dass sie selbst über eine größere Kompetenz verfügen als ein anderes Mitglied im Team.

Auf der Ebene der Werte und Denksätze geht es vor allem darum, das individuelle und gemeinsame Verständnis zu hinterfragen. Auf der Ebene der Identität und Rolle lässt sich klären, ob und wie das Verständnis darüber bezogen auf das Projekt wahrgenommen wird. Gibt es hier Missverständnisse, lässt sich gemeinsam mit dem Team klären, welche Rollenerwartungen bezogen auf die Rollen der einzelnen Teammitglieder bestehen. Auf der Ebene des Sinns lässt sich abschließend erfragen, inwieweit allen Beteiligten die Sinnhaftigkeit des Projektes bewusst ist und wie sie sich für das Team darstellt. Auch die Frage der Zugehörigkeit kann hier beantwortet werden. Dabei geht es zum einen um die Frage, ob sich alle Teammitglieder dem Team selbst zugehörig fühlen und zum anderen, in welcher Weise sie sich mit dem Projekt dem Unternehmen als Ganzes verbunden fühlen.

Sind die Regeln für Kommunikation und Verhalten so, dass offen über Probleme gesprochen werden kann?

Da ein Projekt durch seine Komplexität und zeitliche Begrenztheit von Beginn an darauf aufbaut, dass die Beteiligten gekonnt miteinander zusammenarbeiten, sind die Regeln des Miteinanders von zentraler Bedeutung.

Im Rahmen des Reviews ist zu klären, ob die Regeln für Kommunikation und Verhalten geklärt sind. Entscheidend ist hier nicht nur die Kommunikation im Projektteam selbst, sondern auch die Kommunikation zum Auftraggeber und zu ggf. weiteren beteiligten Personen oder Gruppen. Nicht selten sind gerade die Kommunikationsprobleme zwischen den Fachabteilungen und dem Projektteam der Auslöser für Irritation im Projektverlauf. Die Ursache für solche Irritation können auch unscharfe Vereinbarungen zur Abstimmung von Teilergebnissen oder unscharfe Zielvorgaben sein.

Grundsätzlich ist davon auszugehen, dass jeder der Beteiligten versucht, für sich etwas Gutes zu erreichen, also eine positive Intention verfolgt. Das gilt auch dann, wenn das Verhalten selbst Anlass für Irritationen bietet.

Basierend auf dieser Grundannahme, geht es im Kern darum, die Intentionen der Einzelnen zu erkennen und mit den Intentionen abzugleichen, die dem Projektauftrag zugrunde liegen. Bei näherem Nachfragen zeigt sich häufig, wie ähnlich die Intentionen der Beteiligten spätestens auf der Ebene der Werte sind. Die daraus abgeleiteten Verhaltensmuster können jedoch sehr unterschiedlich sein. Ein Abgleich der Intentionen und die Klärung, welche Verhaltensmuster gelten sollen, bilden damit eine gute Basis, um Irritationen dauerhaft zu beizulegen.

Was ist im Projekt bisher gut gelungen?

Kommt es zu Schwierigkeiten in einem Projekt, wird der Wahrnehmungsfokus häufig ausschließlich auf das gelenkt, was nicht gelungen ist. Da sich jedoch alle Projektbeteiligten für das Projekt engagieren, ist bis zu diesem Zeitpunkt auch schon eine Menge entstanden, was es zu würdigen gilt.

Für das Review ist es wichtig, die gelungenen Elemente des Projektes einzusammeln und sichtbar zu machen, damit diese bei den weiteren Arbeiten genutzt werden können. In diesen Teilergebnissen ist auch erkennbar, welche Strukturen, Aktivitäten und Verhaltensmuster im Projektteam und mit den weiteren Beteiligten im Unternehmen gut zusammenpassen. Häufig findet sich in den gelungenen Bestandteilen eines Projektes auch das Erfolgsmuster, das für das gesamte Projekt nutzbar gemacht werden kann.

Diese bereits vorhandene Erfolgsstrategie lässt sich mit Hilfe der Beteiligten herausmodellieren. Transformieren wir Grundphasen des NLP-Modeling-Prozesses von Robert Dilts (vgl. Seite 34 ff.) für die Projektarbeit, lassen sich folgende Schritte zusammenfassen:

- Nutzen Sie das gesamte Projektteam, da jedes Teammitglied Teil der bisher erreichten Ergebnisse ist. Dies gilt auch dann, wenn diese nur mittelbar beteiligt waren.
- Betrachten Sie die erreichten Ergebnisse aus unterschiedlichen Perspektiven. Nutzen Sie hierbei auch die unterschiedlichen Wahrnehmungspositionen (vgl. auch Kapitel Seite 189 f.) und die unterschiedlichen Sichten der Teammitglieder. Sie können auch selbst mit Hilfe der gesammelten Informationen die unterschiedlichen Wahrnehmungspositionen durchlaufen.
- Filtern Sie die Ergebnisse des Informationssammelns nach relevanten kognitiv beschreibbaren Informationen und Verhaltensmustern. Organisieren Sie die Muster zu einer logischen, kohärenten Struktur oder zu einem „Modell".
- Testen Sie das Modell, das Sie konstruiert haben, indem Sie mit den Beteiligten durchspielen, wie sie es auf die weiteren Projektschritte anwenden können. Prüfen Sie, ob das Modell für die Beteiligten funktional ist.
- Reduzieren Sie das Modell auf die einfachste und eleganteste Schrittfolge, mit der noch die erwünschten Ergebnisse zu erreichen sind.
- Vereinbaren Sie mit den Teammitgliedern das Verfahren, das sicherstellt, dass künftig diese Schrittfolgen im Projekt eingehalten werden.
- Legen Sie mit dem Team und dem Sponsor fest, welches die am besten geeigneten Instrumente sind, um die Ergebnisse des Projektes künftig zu messen, und definieren Sie die Grenzen oder die Reichweite für die Gültigkeit des erarbeiteten Modells.

Welche Hindernisse gab es? Was wurde bisher nicht gesehen oder erkannt?

Hindernisse in einem Projekt sind auch ein Hinweis darauf, dass in der inneren Ökologie des Projektes, dem Projektteam oder den Randbedingungen des Projektes Bestandteile nicht stimmig sind. Hindernisse sind in vielen Fällen verdeckte Ressourcen.

Oftmals ist die innere Haltung des Projektteams oder Beteiligter im Umfeld Ursache des Hindernisses. Verändert sich die Einstellung, zeigen sich die Ressourcen, die hier verdeckt sind.

Entstehen die Hindernisse durch Randbedingungen im Unternehmen, ist das ein wichtiger Hinweis darauf, mit vergleichbaren Problemen künftig anders umzugehen. Werden diese Randbedingungen in die weitere Projektgestaltung integriert, entsteht so ein Modell, mit dem künftig Hindernissen dieser Art vorgebeugt werden kann.

Worin liegt der verdeckte Gewinn, dass das Ziel bisher nicht erreicht wurde?

Entwickelt sich ein Projekt langsamer als geplant oder werden bestimmte Teilziel nicht erreicht, gibt es normalerweise systemimmanente Hindernisse. Diese tragen oftmals dafür Sorge, dass an Stellen, die durch das Projekt direkt oder indirekt betroffen sind, zentrale Werte nicht verletzt werden.

Die Frage nach dem verdeckten Gewinn geht den Werten nach, die durch die „Behinderungen" gesichert werden. Können diese Gewinne des bisherigen Nichterfolges in Ressourcen umgewandelt werden, sind dies oftmals besonders verlässliche Energiequellen für den weiteren Projektverlauf.

Sind die verdeckten Gewinne nicht ohne weiteres zu erkennen, ist es hilfreich, die Projektsituation mit einer systemischen Strukturaufstellung darzustellen. Mit Hilfe der auf das Thema bezogenen räumlichen Anordnung der Figuren lässt sich so sehr schnell erkennen, worin die verdeckten Gewinne liegen (vgl. Seite 168 ff.).

Für den weiteren Projektverlauf ist es wichtig, diese Gewinne für das Projekt nutzbar zu machen. Auf diese Weise werden sie zu einer relevanten Stütze des Projektes. Auch die Beteiligten, die dafür Sorge getragen haben, dass der verdeckte Gewinn gesichert wurde, sollten in den weiteren Projektverlauf eingebunden werden. Dies muss nicht direkt im Projektteam sein. Sie sollten aber auf jeden Fall in die Feedback-Schleifen eingebunden sein.

Welche Veränderungen und Erweiterungen sind notwendig, um das Projekt ans Ziel zu bringen?

Sind die Ergebnisse der vorhergehenden Fragen zusammengetragen, lässt sich relativ einfach beantworten, welche Veränderungen in der Projektgestaltung vorgenommen werden müssen, damit es erfolgreich abgeschlossen werden kann.

Im Rahmen des Reviews gilt es, eine neue Projektplanung zu erarbeiten, in der die relevanten Aspekte Eingang finden. Damit jetzt keine neuen Fehler entstehen, sollten erst die inhaltlichen Fragen im Vordergrund stehen, die Ressourcenfragen dagegen zunächst zurückgestellt werden. Auf diese Weise wird sichergestellt, dass kein Element des Projektes mit Blick auf die Ressourcen unzureichend geklärt wird.

Ist das Projekt bezogen auf die einzelne Aspekte aufgestellt, können den einzelnen Projektphasen und Leistungspaketen finanzielle, personelle und infrastrukturelle Ressourcen zugeordnet werden.

Erfolgt die Zuordnung der Ressourcen konsequent entlang der neuen Projektplanung, ist dies gleichzeitig ein Teil der Prüfung der inneren Ökologie des neuen Projektplans. Kommen hier Ressourcenbedarfe heraus, die nicht realistisch im Unternehmen zu bewältigen sind, muss entweder der Projektplan auf der Zeitachse gestreckt oder die Zielsetzung des Projektes überarbeitet werden.

Welche negativen Konsequenzen sind damit verbunden, dass das Projekt realisiert wird?

Es gibt kein Projekt ohne Konsequenzen für das Unternehmen, da es sonst keinen Grund gäbe, ein Projekt durchzuführen. Das bedeutet auch, es gibt für etwas oder jemanden negative Konsequenzen.

Bedeutsam für das Review ist genau aufzuzeigen, welche Konsequenzen mit dem laufenden Projekt verbunden und welche zu erwarten sind, wenn das Projekt beendet wurde. Hier sollten auch die systemischen Auswirkungen betrachtet werden.

Ein einfaches Modell hierfür ist das zirkuläre Fragen[47]. Dabei werden in einem ersten Schritt die betroffenen Personen, Organisationseinheiten oder Funktionen des Unternehmens herausgearbeitet und im Raum mit Hilfe von Figuren oder anderen Gegenständen aufgestellt. Dabei werden die Figuren räumlich so lange aufgestellt, bis alle beteiligten Systemelemente und ihre Beziehungen zueinander sichtbar werden. Durch die Aufstellung wird zunächst nur das Beziehungsgeflecht in der Ist-Situation der beteiligten Elemente abgebildet.

In einem zweiten Schritt wird dann die Frage gestellt: Wie verändert sich die Beziehung zwischen den Beteiligten, wenn das Projekt vollständig realisiert wurde? Durch die Veränderung der Beziehungsstruktur wird sehr einfach und schnell sichtbar, welche Konsequenzen ggf. zu berücksichtigen sind oder wo vielleicht durch geeignete Maßnahmen der Projekterfolg gesichert werden kann.

Sind alle Fragen den Reviews zufriedenstellend beantwortet und ist auch die innere Ökologie des Projektes sichergestellt, steht dem Projekterfolgt nichts mehr im Wege.

47 Zirkuläre Fragen wurden in der systemtherapeutischen Praxis entwickelt und werden dort heute erfolgreich eingesetzt, um zirkuläre Prozesse in Beziehungssystemen aufzudecken und starre Kommunikations- und Interaktionsmuster, die Konflikte innerhalb des Systems verursachen, durch eine gezielte Einnahme von unterschiedlichen Beobachterpositionen und Perspektivwechseln zu verflüssigen. Der Fragende (der Therapeut oder übertragen auf Lehr- und Lernprozesse z. B. der Lehrende) eröffnet den Beteiligten durch seine triadische Frageweise Möglichkeiten, sich in andere Positionen hineinzuversetzen und sich dabei auf einen Perspektivenwechsel innerhalb des Systems einzulassen. Die triadische Frageweise provoziert ein „Mutmaßen im Beisein der Anderen", denn die Beteiligten werden angeregt, ihre Vermutungen über Wünsche, Bedürfnisse, Meinungen, Beziehungen usw. anderer Beteiligter zu äußern. Im wechselseitigen Bezug aufeinander werden neue Denkprozesse eingeleitet und Veränderungen möglich.
Quelle: http://methodenpool.uni-koeln.de/zirkulaer/frameset_zirkulaer.html

Literaturverzeichnis

AGENDA 21-Treffpunkt: http://www.agenda21-treffpunkt.de/archiv/ag21dok/kap01.htm.

APPLE, http://www.fscklog.com/2008/07/apple-entschuld.html

BIRNBACH, Dieter und BRUDERMÜLLER, Gerd (Hrsg.): Zukunftsverantwortung und Generationensolidarität, Würzburg 2001.

BLEICHER, Knut: Das Konzept integriertes Management, 4. revidierte Auflage, Frankfurt Main 1996.

CLAUSEWITZ, Carl von: Vom Kriege, Neuauflage, Hamburg 2008.

COMPUERWOCHE ONLINE, 10.11.2005.http://www.computerwoche.de/heftarchiv/2005/46/1207117/index.html,

DIHT: Lexikon der Nachhaltigkeit, http://www.nachhaltigkeit.info/artikel/diht_1001.htm.

DILTS, Robert: Applications of Neuro-Linguistic Programming: A Practical Guide to Communication, Learning and Change, Meta Publications, Capitola CA, 1983.

DILTS, Robert: Modeling mit NLP, Das Trainingshandbuch zum NLP-Modeling-Prozess, Paderborn 2003.

DILTS, Robert: Professionelles Coaching mit NLP, Mit dem NLP-Werkzeugkasten geniale Lösungen ansteuern, Paderborn 2005, S. 164 ff.

DILTS, Robert: Strategies of Genius Volumes I, II & III; Meta Publications, Capitola CA, 1994-1995.

DILTS, Robert: Von der Vision zur Aktion, Paderborn 1998.

DVNLP, http://www.dvnlp.de/Vorannahmen_des_NLP.40.0.html

FISCHERMANNS, Guido und LIEBELT, Wolfgang: Grundlagen der Prozessorganisation, 4. überarbeitete Auflage, Gießen 1997

FREY, Thomas und BOSSERT, Martin: Signal- und Systemtheorie, Wiesbaden 2008.

GOOGLE, http://www.google.com/corporate/

GRAWE, Klaus: Neuropsychotherapie, Göttingen 2004.

HANSEL, Jürgen, und LOMNITZ, Gero: Projektleiter-Praxis, 2. Aufl. Berlin, Heidelberg, 1993.

HEINZ, Reiner: Kommunales Management, Überlegungen zu einem KGSt-Ansatz, Stuttgart 2000.

HORN, Klaus-Peter und BRICK, Regine: Das verborgene Netzwerk der Macht: Systemische Aufstellung in Unternehmen und Organisationen, Offenbach 2001.

HÜTHER, Gerald: Bedienungsanleitung für ein menschliches Gehirn; Göttingen 2001.

ISERT, Bernd und RENTEL, Klaus: Die Wurzeln der Zukunft: Lebensweg-Arbeit, Aufstellungen und systemische Veränderungen, Paderborn 2000.

KAPLAN, Robert S. und NORTON, David P.: The Balanced Scorecard – Measures that Drive Performance. In: Harvard Business Review 1992

KIBÉD, Matthias Varga von und SPARRER, Insa: Ganz im Gegenteil, Tetralemmaarbeit und andere Grundformen systemischer Strukturaufstellungen – für Querdenker und solche die es werden wollen, Heidelberg 2000.

KLAUS, Georg: Wörterbuch der Kybernetik, Frankfurt am Main und Hamburg 1969.

Lexikon der Nachhaltigkeit,
http://www.nachhaltigkeit.info/artikel/ziele_und_wege_3/definitionen_52/index.htm

LOMNITZ, Gero: Multiprojektmanagement, Projekte planen, vernetzen und steuern, Augsburg 2001.

LUHMANN, Niklas: Soziale Systeme. Grundriss einer allgemeinen Theorie, 1984, neue Auflage, Frankfurt am Main 2001.

MAC-Essentials, http://www.mac-essentials.de/index.php/mac/article/19840/

MAISEL, Lawrence S.: Performance Measurement Practises: A Long Way from Strategy Management <Performance Measurement Practises>, Balanced Scorecard Report May-June 2001, Harvard Business School Publishing.

MOHL, Alexa: Der große Zauberlehrling, Teil 2, Paderborn 2006.

POPPER, Karl: Logik der Forschung, Wien 1935, Hrsg. von Herbert Keuth, Mohr Siebeck, Tübingen 2005.

ROSS, Ashby, W.: An Introduction to Cybernetics, London, 1956, dt. Übersetzung, Frankfurt am Main 1974.

ROTH, Gerhard: Das Gehirn und seine Wirklichkeit - Kognitive Neurobiologie und ihre philosophischen Konsequenzen, Frankfurt 2001.

ROTH, Gerhard: Fühlen, Denken, Handeln - Wie das Gehirn unser Verhalten steuert, Frankfurt 2003.

SCHMIDT, Götz: Grundlagen der Aufbauorganisation, 3. überarbeitete Auflage, Gießen 1995.

SCHMIDT, Götz: Methoden und Techniken der Organisation, Gießen 1991.

Uni-Koeln.de, Zirkuläres Fragen, http://methodenpool.uni-koeln.de/zirkulaer/frameset_zirkulaer.html

WIKIPEDIA: Hellinger, Bernd, http://de.wikipedia.org/wiki/Bernd_Hellinger#cite_ref-2

WIKIPEDIA: Kibed, Mathias Varga von, http://de.wikipedia.org/wiki/Matthias_Varga_von_Kibéd.

WIKIPEDIA: Nachhaltigkeit, http:/de.wikipedia.org/wiki/Nachhaltigkeit.

WIKIPEDIA: Zirkuläres Fragen, http://de.wikipedia.org/wiki/Wikipedia

WILBER, Ken: Integrale Psychologie: Geist, Bewusstsein, Psychologie, Therapie 2001.

Stichwortverzeichnis

Der Autor

Ekkehart Padberg

1992 schloss Ekkehart Padberg (geb. 1963) sein Studium der Betriebswirtschaftslehre als Diplom-Kaufmann ab. Nach ersten Linien- und Leitungsfunktionen in Unternehmen und öffentlich rechtlichen Institutionen, wechselte er 1995 zur KGSt consult GmbH, Köln, wo er als Controller, Berater und Seniorberater tätig war. In dieser Zeit machte er nachhaltige Entwicklungskonzepte für Unternehmen zu einem Schwerpunkt seiner Arbeit. Hierzu zählen dialogorientierte Vorgehenskonzepte für die Veränderungsarbeit, um Führungskräfte und Mitarbeiter bestmöglich in den Prozess integrieren zu können.

Seit 2000 ist Ekkehart Padberg selbstständiger Unternehmensberater und gründete 2001 die Padberg-Beratung GmbH. Das Bonner Unternehmen ist darauf spezialisiert, für Unternehmen und öffentliche Institutionen Weiterentwicklungsprozesse so zu gestalten, dass die beteiligten Menschen diese mit Engagement unterstützen. Um diese Aufgabe für alle Facetten des Unternehmens wahrnehmen zu können, absolvierte er zusätzlich die Ausbildungen zum Coach, DVNLP, sowie zum NLP-Lehrtrainer, DVNLP. Heute arbeitet er neben seiner Tätigkeit als Unternehmensberater auch als zertifizierter Ausbilder für NLP im Business und als Führungskräfte-Coach für zahlreiche Unternehmen.